궁궐의 우리 나무

사진 출처 및 유물 소장처

궁궐의
우리 나무

✦ 박상진 ✦

109가지 우리 곁 나무와
친해지는 첫걸음

눌와

다시
개정판을
내면서

―――――――

천만 시민이 부대끼면서 살아가는 서울에는 널찍한 숲을 가진 궁궐이 있다. 일상의 삶이 지겨울 때 전철만 타면 금방 달려갈 수 있는 축복받은 공간이다. 궁궐은 조선시대 임금님이 정무를 보던 곳이며 아울러 살림집이 있던 곳이다. 전각도 필요하지만 임금님의 정서적인 안정을 위해서 숲도 있어야 한다. 오늘날 우리는 비교적 잘 보존된 궁궐의 숲을 거닐고 전각을 둘러보면서 5백 년 조선왕조의 역사 현장을 되뇌어 볼 수 있다. 궁궐마다 수백 칸의 기와집 전각들은 우리가 아끼는 소중한 문화재이지만, 이에 못지않게 궁궐에는 함께 현장을 지켜온 수많은 나무들이 자라고 있다. 조금은 위압적인 전각들보다는 아늑하고 친근하게 반겨주는 나무가 더 정겨울 때도 많다. 궁궐에 자라는 나무는 그냥 나무가 아니다. 짧게는 수십 년에서 길게는 수백 년을 훌쩍 넘는 세월 동안 한 자리를 지키면서 나라의 온갖 풍상을 다 겪었다. 우리 민족이 겪는 수많은 아픔을 그들은 모두 알고 있다.

　이 책은 경복궁, 창덕궁, 창경궁, 덕수궁의 4대 주요 고궁에 자라는 나무를 대상으로 얽힌 역사문화적인 이야기를 찾아보는 일부터 출발했다. 아울러 나무마다 식물학적인 주요 특징도 함께 소개코자 했다. 우선《삼국사기》,

《삼국유사》,《고려사》, 조선왕조실록의 4대 사서를 비롯하여 시가집, 농서, 문집, 의학서와 일부 중국 고서 등에 기록된 관련 나무 이야기를 다양하게 찾아서 다루었다. 또 나무를 설명할 때 자칫 식물도감처럼 어렵고 딱딱하지 않도록 전문용어를 피하고 쉬운 일상용어를 사용했다. 좀 더 나무와 쉽게 가까워질 수 있게 이름이 붙여진 연유와 시인들의 시에 포함된 관련 구절, 알려진 전설들을 소재로 이 땅에서 궁궐 나무가 우리와 함께 살아가는 의미를 되새겨보고자 했다.

22년 전인 2001년 가을, 빈 라덴의 9·11테러로 온 세상이 뒤숭숭할 때 《궁궐의 우리 나무》는 처음 출간됐다. 큰 사건이 터지면 책을 잘 읽지 않는 데다 과학교양도서는 처음부터 관심을 끌기가 쉽지 않다. 다행히도 궁궐이라는 장소성과 나무에 얽힌 역사문화 이야기를 함께 다룬 점에서 독자분들의 큰 성원에 힘입어 지금까지도 중쇄를 이어갈 수 있게 되었다. 다시 한번 독자분들에게 깊이 감사를 드린다. 궁궐은 비교적 변화가 적은 곳이다. 함부로 건물을 짓고 길을 내는 일은 하지 않기 때문이다. 그러나 일부 전각을 복원하고 나무를 새로 심거나 다른 곳에 옮기기도 하는 등 부분적인 변화는 관리 차원에서 꾸준히 이어지고 있다. 이를 반영하여 2014년에는 전면 개정판을 출간한 바 있다. 하지만 그 이후의 변화도 적지 않았다. 이에 없어지거나 옮겨지고 새로 심은 나무와 일부 내용을 보강하여 또 다시 개정판을 내게 되었다. 아울러서 이 책의 자랑인, 현장에서 쉽게 해당 나무를 찾아갈 수 있는 나무지도도 확인을 거쳐 정확도를 높였다. 다룬 나무의 숫자는 109종으로서 궁궐뿐만 아니라 우리 주변에 흔히 만나는 나무는 거의 포함되었다.

끝으로 김효형 대표를 비롯해 함께 고생한 눌와 식구들에게도 깊은 감사를 드린다.

2023년 11월
박상진

차 례

──────── Chapter 4 ────────
덕수궁의 우리 나무

일러두기

- 이 책은 2023년 11월 현재 서울에 있는 조선시대의 주요 궁궐(경복궁, 창덕궁, 창경궁, 덕수궁)에서 찾아볼 수 있는 나무를 기준으로 구성하였다.

- 궁궐에서 자라는 나무에 달려 있는 이름표가 간혹 책에서 소개하는 이름과 다른 경우가 있다. 이 책에서는 지은이의 견해를 따랐다.

- 책에서 소개하는 나무는 옛날부터 우리나라에서 자라왔거나, 우리나라에 들어온 지 오래되진 않았더라도 나름의 사연을 가지고 있는 수종을 선정했다.
같은 나무가 많은 경우 관람로 주변에 있거나 그 수종을 대표할 수 있는 모습을 갖춘 나무를 선정했다.

- 각 궁궐에서 나무를 소개하는 순서는 궁궐을 돌아보는 동선을 고려해 정했다.

- 일부 나무는 궁궐에 있는 나무 대신 근연 관계인 대표 수종을 중심으로 설명했다.

- 참나무(상수리나무, 굴참나무, 졸참나무, 갈참나무, 신갈나무, 떡갈나무를 아울러 이르는 말)는 참나무 종류에 대한 포괄적인 설명을 먼저 제시한 후, 경복궁에 있는 상수리나무를 대표 나무로 선정해 소개했다. 나머지 참나무 종류들은 각각의 고유한 특징을 중심으로 더 간략한 형태로 소개했다.

- 창경궁 느릅나무 장에 대표로 선정한 실제 나무는 정확히는 미국느릅나무다. 그렇지만 창경궁의 다른 느릅나무도 대부분 미국느릅나무로 추정되어, 부득이 미국느릅나무 사진을 싣고 지도에도 넓은 의미에서 느릅나무로 통칭했다.

- 창덕궁의 후원은 우리 궁궐 중에서 숲의 원형을 가장 많이 간직하고 있으며 그 안에서 자라고 있는 나무의 종류 또한 다양하다. 그러나 전문 해설사의 안내를 받아 정해진 장소만을 관람할 수 있는 제한관람을 시행하고 있어 그 동선에 있는 나무만을 소개했다.

- 이 책은 식물학 전문용어보다는 일반인들이 이해하기 쉽게 푼 우리말을 사용했다.
(예) 활엽수闊葉樹→넓은잎나무 / 교목喬木→큰키나무 / 우상복엽羽狀複葉→깃꼴겹잎 / 소엽小葉→작은잎 / 엽액葉腋→잎겨드랑이 / 총포總苞→꽃싸개 / 화서花序→꽃차례 / 건과乾果→마른열매 / 수피樹皮→나무껍질

- 궁궐의 정기휴일은 경복궁은 화요일, 창덕궁·창경궁·덕수궁은 월요일이다. 매표시간과 관람시간은 궁궐별, 계절별로 상이하며 각 궁궐의 홈페이지에서 확인할 수 있다.

화살나무

나를 닦을 수 있는 얼룩결

Winged spindle tree

✿ 책에서 설명하는 주인공 나무의 전체 사진
(시간이 지남에 따라 나무가 더 자라거나, 궁궐의 조경 관리,
자연재해 등으로 인해 실제 나무의 모습과는 다를 수 있다.)

К. 복숙한 잔볼나가 월발한 / 보기 드물게 크고 둥그렇게 자란
마람답 잎 / 병풍문 잎 화살나무

| 과명 | 노박덩굴과 | 학명 | *Euonymus alatus* | 분포지역 | 한국·일본·중국 |

화살나무란 이름처럼 나뭇가지에 화살의 날개 모양을 한 얇은 코르크가 세로로 줄줄이 붙어 있어서 이 나무는 누구라도 쉽게 찾을 수 있다. 코르크 날개는 매 닿고 있을까마 화살나무는 잎이는 넓은잎 작은키나무로 사람 키 남짓 자라고 새순이 매운도 부드럽다. 자첫 산토끼 같은 초식동물의 먹이가 되기 어우므로 자구새를 갖추한 것이라 여겨진다. 폭 5mm쯤 되는 얇은 날개를 보통 4개씩 달고 있어 본래보다 훨씬 굵어 보이므로, 이것을 멋으로고 덤비면 초식동물을 물리쳐 볼을 것이다. 한자 이름은 '귀신이 쓰는 화살 날개란 뜻의 귀전우鬼箭羽이고 또 '불을 막는다'는 뜻으로 위모衛矛라고도 하는데, 모두 코르크 날개 때문에 붙여진 이름이다.

날개의 코르크 성분은 수베린Suberin이라 하는데 초식동물이 좋아하는 탄수이 전혀 없다. 과식과학에서 말로면 소리만 요란하고 맛이라고는 '내 맛도 내 맛도 없다'고 할 수 있다. 아름아름한 껍이름 좋아하는 너석들이 양분 없는 화살나무 가지는 거다물지도 않을은 것은 너무나 당연하다. 머리 좋은 조상이 유전자 설계를 기막하게 해준 덕분에 화살나무는 갖가지 얇은 껍에 나무들보다 훨씬 많이 살아남았다.

✿ 나무를 구별하는 기준이 되는 잎, 꽃, 열매,
나무껍질이나 줄기의 사진

✿ 식물을 분류하는 기준인 과명, 국제적인 명명규약에 따라
정한 이름인 학명 그리고 분포지역

✿ 책에서 소개하는 나무의 참고 사진,
전국에 널리 알려진 유명한 나무나 숲 또는 그 나무의
쓰임새를 알 수 있는 목제품 및 문화재의 사진

노동이 피는 황록색 꽃, 갈려진 열매 속에서 붉은 가운데로 매단 씨앗, 날개가 없는 매끈한 줄기

동물들은 맛이 없이 먹지 않지만 화살나무 가지의 코르크는 한약재로 알려져 있다. 《동의보감》에는 '핏소리를 막고 가래질이는 것을 낮게 하며 배 속에 있는 기생충을 죽인다. 또 월경이 끊나지 말고 대며, 산후 어혈이 지므로 아픈 것을 멋게 한다'고 밝혀졌다. 부작용이 많이 잘 못하는다. 그러나 특이 조금 없어 복폭과 마곤가지로 잎부분도 먹을 수 없다. 최근에는 암을 치료한다. 민간요법이 치료제로 알려지기도 했다.

잎은 흔히 보는 잎가루와 잎물을 가진 보통의 나뭇잎 모양이다. 마주나기로 달리고 바뀌형에이 잎 가장자리에 튿니가 있다. 눈썰미 뛰어난 단풍이 곱고 이른 봄에 나오는 새순은 나물로 먹을 수 있다. 눈썰매 황록색의 작은 꽃이 4~5월에 갈라시면 가운데에 새별간 육모에 감싸인 씨앗이 해당하다. 특이한 모양의 가지와 가을에 붉은 꽃무, 무게처럼 생긴 아름다운 열매를 감상하기 위해 정원수로 많이 싶는다.

헝 새 나무로는 잎, 꽃, 열매 등의 모양이 화살나무와 거의 화 같으나 가지에 코르크 날개인 날개가 없는 화살나무가 있다. 상신털나가 화살나무에 볼

✿ 각 나무별로 책에서 소개하는 나무의 위치를 표시한 지도
(각 장의 본문 앞에는 각 궁궐의 전체 지도가 실려 있다.)

어린 가지를 보호하기 위해 생기난 코르크 날개가 무리 지은 모습

여수있던 날개를 활짝 잊어버리며, 모양새는 척 같으나 화살나무와는 다른 이름을 갖게 되었다. 날개가 없어 초식동물에게 더 많이 희생된 탓인지 화살나무만큼 흔하지는 않다.

화살나무 종류 구별하기

화살나무는 노박덩굴과의 찢지린나무로 크게 구별한다. 날 푸른나무는 사철나무와 줄사철나무가 있으며 잎지는나무는 본문에서 설명한 화살나무와 회잎나무 회화나무 청화살나무 나무, 나래회나무, 참회나무 등이 있다. 잎지는나무 류로 구별하는데, 우선 회잎나무는 화살나무와 거의 같으나 줄기에 코르크가 처럼 얇긴 코르크 날개가 붙어있는 화살나무 종류를 크게 구별한다. 날개가 없는 5등까로 갈라지며 날개가 없으면 줄 하나뿐, 얇은 날개가 있는 것은 화살나무, 날개가 4갈래로 갈라지며 긴 날개가 있고 날개 끝이 뾰족 떨어 나래회나무, 날개가 없고 꼬리 갈래 4갈래이면 참회나무다. 이들은 꽃 우위나라 산속에 흔히 만나는 참회나무나무, 참회나무만은 높기 자람은 20~30cm에 이르는 중간나무가 되기도 한다.

✿ 같은 종류의 나무나 비슷해서 혼동하기 쉬운
나무들에 대한 상세한 설명

64

65

66

67

Chapter 1

경복궁의
우리 나무

1392년 조선왕조를 일으킨 태조 이성계는 서둘러 도읍을 한양지금의 서울으로 옮기고 궁궐 공사를 시작했다. 백악북악산을 진산으로 하고 목멱남산을 안산으로 삼은 현재의 터에, 1394년 12월부터 공사를 시작하여 10개월 만인 다음 해 9월 완공했으며, 궁궐의 이름에는 '만년토록 큰 복 누리기[景福]'를 바라는 마음을 담았다. 경복궁景福宮은 조선왕조의 다섯 궁궐 가운데 가장 먼저 지어졌으며, 정궁正宮의 면모와 명예를 갖춘 조선왕조 대표 궁궐이다.

정문인 광화문光化門에서 흥례문興禮門, 근정문勤政門을 거쳐 근정전勤政殿, 사정전思政殿, 강녕전康寧殿, 교태전交泰殿까지 일직선으로 배치해 건축의 기본 축을 이루며, 이 축을 중심으로 전각들이 모여 쓰임이 다른 다양한 공간을 이룬다.

근정전 영역은 나라의 주요 의례와 행사가 치러지는 궁궐의 중심 공간이고, 사정전 영역은 왕이 신료들과 만나 정사를 돌보는 곳이었다. 강녕전 영역에서는 왕의 일상생활이, 교태전 영역에서는 왕비의 일상생활이 이루어졌다. 이 밖에 외국 사신을 접대하거나 연회를 여는 장소로 사용되었던 경회루慶會樓 영역, 세자와 세자비가 지낸 동궁東宮 영역, 왕대비가 지낸 자경전慈慶殿 영역, 왕과 왕실 사람들이 휴식하던 향원정香遠亭 영역, 왕의 초상화를 모시거나 왕실 사람들의 제례 공간으로 쓰인 태원전泰元殿 영역, 고종과 명성황후가 지낸 건청궁乾清宮·집옥재集玉齋 영역 등으로 구성되었다.

처음 궁궐이 세워졌을 때에는 780여 칸 규모였다가 차차 경회루, 교태전 등의 전각을 추가로 지었다. 1592년 임진왜란 때 불타버린 이후 270여 년 동안 빈터로 남아 있다가 1865년 고종 때에 이르러 330동 7,200칸 규모로 중건되었으나, 1895년 명성황후가 시해당하고 고종이 러시아공사관으로 옮겨간 뒤 일제에 의해 크게 훼손되었다. 근정전, 경회루, 아미산과 향원정, 자경전 등 몇몇 건물만이 남아 있다가, 1990년대부터 주요 공간들에 대한 복원 공사가 진행되면서 중건 당시의 모습을 되찾아가고 있다.

복사나무 · 좀작살나무 · 소나무 · 홍경각
산딸나무
피나무 · ⑮ 조록싸리 · 복사나무 · 경회루 · 옹지당 · 강
산수유
살구나무 · 뽕나무 · 버드나무 · 경성전
뽕나무 · 화살나무 · 산사나무 · 버드나무 · ⑬ 능수버들
매화나무 · 비술나무 · ⑭ 오갈피나무 · 능수벚나무 · 능수벚나무 · 능수버들 · 버드나무 · 천추전 · 사
팥배나무 · 능수버들 · 황매화 · 능수버들 · 회화나무 · 버드나무 · 향나무
때죽나무 · ⑫ 잣나무 · 은행나무 · 뽕나무 · 왕버들 · 살구나무 · 수정전 · 측백나무
잣나무 · ⑫ 왕버들 · 왕버들 · 소나무
⑩ · ⑪ 화살나무 · 오갈피나무 · 백목련 · 느티나무 · 소나무 · 자두나무 · ⑨ · 서어나무 · 은행나무
산수유 · 홍단풍 · 소나무 · 벚나무 · 산수유 · 참빗살나무 · 서어나무 · 딱총나무 · 느티나무
영추문 · 라일락 · 느티나무 · 말채나무
눈주목 · 살구나무 · 소나무 측백나무 · 휴게소 · 느티나무
느티나무 · 왕벚나무 · 잣나무 · 화장실 · 은행나무 · 왕벚나무
백목련 · 서어나무

느티나무

국립고궁박물관
별관 · 밤나무

꽃개오동 · 느티나무
섬잣나무 · 떡갈나무 · 가래나무
팽나무 · 참오동나무 ③ · 갈매나무 · 느티나무 · 소나무 · 자두나무 · 복사나무 · 살구나무
칡 · 앵두나무 · 앵두나무
박태기 · 은행나무 · 영제
나무 · ② 매자나무 · ④ 이팝나무 · 매화나무 · 앵두나무 · 복사나
참느릅나무 · ① · 물푸레나무 · 무궁화 · 매화나무
뽕나무 · 탱자나무 · 찔레꽃
회화나무 · 개암나무 · 백송 · 보리수 · 복자기나무 · 계수나무 · 홍레
자작나무 · 다릅나무 · 나무 ⑤ 소나무
회화나무 · 회화나무

국립고궁박물관 · 용성문

해당화

소나무
석류 · 배롱나무
느티나무
앵두나무
좀작살나무 · 소나무 · 산수유 · 살구나무 · 광화
배롱나무
화살나무

N

경복궁

불두화 ㉚
꽃개오동
비술나무
꽃개오동
가래나무
참느릅나무
비술나무
참느릅나무
비술나무   살구나무   화장실
고욤나무
반송
오갈피나무
경복궁관리사무소
생강나무   향나무
오갈피나무
비술나무   상수리나무
좀작살나무
생강나무
미선나무   고추나무
돌배나무
은행나무 ⑧
살구나무   전나무
자두나무
⑦ 앵두나무   소나무
산딸나무   소나무
쪽동백나무   매화나무   살구나무   건춘문
미선나무   살구나무
때죽나무 ⑥   개암나무   꼬리조팝나무

해당화
화장실
향나무
소나무
튤립나무
명자꽃

<경복궁주차장>
느티나무
잣나무   튤립나무
소나무
매자나무   튤립나무
느티나무
사철나무   느티나무
화살나무
잣나무   느티나무
소나무   무궁화
산철쭉   개나리
회화나무
무궁화
모과나무   은행나무
눈향나무
왕벚나무   갈참나무   은행나무
등나무   은행나무   향나무
갈참나무

<소주방>
<동궁> 자선당   비현각
말채나무
살구나무
말채나무
융문루

킹당
건생전
춘전
나무
자두나무   살구나무
앵두나무
매화나무   나무
복사나무

일러두기

● 나무
– 나무 무리
■ 시설물(경비실, 안내실 등)
CCTV
출입금지
■ 비석 또는 장승
● 우물 또는 음수대
풍기대
가로등 또는 조명

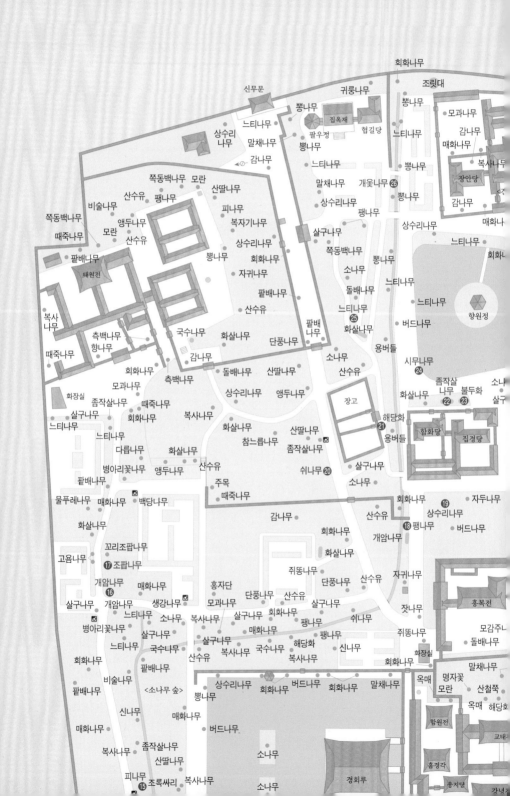

일러두기

- ● 나무
- ● 나무 무리
- ■ 시설물(경비실, 안내실 등)
- ▣ CCTV
- ⟿ 출입금지
- ■ 비석 또는 장승
- ● 우물 또는 음수대
- ⚑ 풍기대
- ⚲ 가로등 또는 조명

느티나무

자선당 유구

▣ 주엽나무

● 귀룽나무 〈녹산〉

주엽나무

상수리나무

무 주엽나무
채나무 매화나무
서어나무
졸참나무 ⟿
살구나무
감나무 전나무

상수리나무

소나무 화장실
㉘ 병꽃나무
▣ 팽나무

큰나무

드나무 소나무 전나무 귀룽나무

산벚나무 산사나무

산벚나무 층층나무 왕벚나무

살구나무 전나무

국립민속박물관

화 개나리 ㉙ 향나무 모과나무 반송
주엽나무 앵두나무 배롱나무 백목련
말채나무 ㉚ 전나무 비술나무 느티나무
불두화 풀또기 왕벚나무 앵두나무 뽕나무
나무 백당화 산수유 호두나무 매화나무
모과나무 미선나무 향나무 백송 호두나무
병아리꽃나무 잣나무 재수합 살구나무
거리 ㉛ 병아리꽃나무 주목 매화나무 솟대
살구나무 명자꽃 조팝 배롱나무 느티나무
자경전 나무 전나무 왕벚나무
살구나무 앵두 개나리 실화백
나무 살구나무 벽오동
비술나무 향나무 왕벚나무 층층나무 ㉞
㉜ ㉜ 잣나무 해당화 자작나무
살구나무 꼬리조팝나무 배롱나무 전나무
병꽃나무 ㉟ 모감주나무
소나무 불두화 꽃개오동
꽃개오동
연갑당 꽃개오동
가래나무

모감주나무 비술나무
감나무 뽕나무
대추나무
자두나무 ㉝
감나무 비술나무
명자꽃 플라타너스
물푸레나무 살구나무
참빗살나무 회화나무
팽나무
말채나무
주엽나무
㉟
꾸지나무 ㊱ 귀룽나무
전나무
섬오갈피나무
㊲ 모감주나무
㊳ 비술나무

뽕나무
뽕나무
말채나무
뽕나무

N

아지랑이 속에 펼치는 붉은 보랏빛 꽃묶음의 향연

박태기나무

Chinese redbud

매화, 산수유, 생강나무, 목련 등 일찌감치 꽃 소식을 알리던 봄꽃이 거의 떨어져버리고 개나리, 진달래, 벚꽃, 복사꽃도 절정을 지나 봄의 화사함이 아쉬울 즈음, 잎도 내지 않은 채 온통 붉은 보랏빛 꽃방망이를 뒤집어쓰는 나무가 있다. 이름하여 박태기나무다.

우리나라의 꽃들이 대부분 흰색이거나 맑은 연분홍색인 것에 비해 박태기나무는 차별화한 색으로 승부하는 '튀는' 꽃이다. 가지 마디마디마다 마치 작은 나비처럼 생긴 꽃이 7~8개씩 모여서 나뭇가지 전체를 완전히 덮어버린다. 특이하게도 꽃자루도 꽃차례도 없이 가지나 줄기의 아무 곳에나 바로 꽃이 핀다. 꽃에는 독이 있으므로 아름다움에 취해 꽃잎을 따서 입에 넣으면 안 된다.

경상도와 충청도를 비롯한 일부 지방에서는 밥알을 밥티기라고 한다. 이 나무의 꽃봉오리가 달려 있는 모양이 마치 밥알, 즉 밥티기와 닮아서 박태기나무란 이름이 생겼다. 꽃 색깔이 붉은 보랏빛이지만 양반들이 먹던 하얀 쌀이 아니라 조나 수수를 생각하면 된다. 그래도 꽃의 이미지와는 어울리지 않는다. 중국 이름은 자형紫荊이니 그대로 번역해 '자주꽃나무'라고 했다

↖ 표면이 윤기가 나는
　　하트 모양 잎

4월 중순이 되면 붉은 보랏빛
꽃을 잔뜩 피우는 박태기나무

과명 콩과	학명 *Cercis chinensis*	분포 전국 식재, 지역 중국 중남부 원산

꽃차례나 꽃자루 없이 줄기에서 바로 피는 꽃, 콩깍지 모양의 열매, 나이를 먹어 흑갈색이 된 줄기

면 더 멋있었을 것 같다.

　박태기나무의 북한 이름은 구슬꽃나무다. 꽃의 모양을 보고 붙인 이름으로 활짝 핀 꽃보다는 이제 막 피어나려는 꽃봉오리가 구슬 같다는 의미일 것이다. 나무의 꽃봉오리 하나를 두고도 남한은 밥알, 북한은 구슬을 연상할 정도이니 앞으로 통일이 되어도 같은 민족으로서 동질성을 찾기가 참 어려울 것 같다. 지은이에게 박태기나무와 구슬꽃나무 중 하나를 선택하라면 박태기나무보다 낭만적인 구슬꽃나무에 점을 찍고 싶다.

　박태기나무는 본래 우리 땅에서 자라던 나무가 아니라 아득한 옛 어느 날 중국에서 시집온 나무로 아름다운 꽃방망이를 감상하기 위해 널리 심는 정원수다. 우리나라에서는 주로 중부 이남의 절에 흔히 심긴 것으로 보아 스님들이 수입한 것으로 짐작된다. 겨울이면 옷을 벗어버리는 잎지는 넓은잎 작은키나무[灌木]이고 다 자라도 높이는 3~4m가 고작이다. 나무 껍질은 어릴 때는 회백색이지만 나이를 먹으면 흑갈색으로 얕게 갈라진다.

　유럽 남부에서 자라는 서양 박태기나무Cercis siliquastrum는 높이 7~12m까지 자라는 중간 키나무[小喬木]다. 예수의 12제자

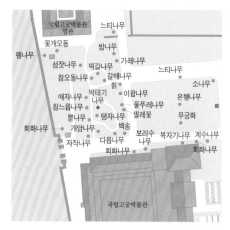

중 한 사람으로 예수를 배신한 이스가리옷 유다가 목을 맨 나무가 바로 서양 박태기나무였다. 이후 사람들은 이 나무를 유다나무Judas tree라고도 부른다.

잎은 어긋나기로 달리고 가장자리에 톱니가 없으며 두껍다. 아기 손바닥만 한 크기의 잎은 거의 완벽한 하트 모양이다. 표면엔 윤기가 있으며 5개의 큰 잎맥이 발달해 있고 뒷면은 황록색이다. 열매는 작은 콩깍지 모양으로 다닥다닥 붙어서 겨우내 달려 있다. 콩과 식물이 대체로 그러하듯 척박한 땅도 가리지 않으며 무리 지어 심어도 서로 싸움질 없이 사이좋게 잘 자란다. 껍질과 뿌리를 삶은 물을 마시면 소변이 잘 나오는 것으로 알려져 있어 민간약으로 쓰인다. 그 외 중풍, 고혈압을 비롯하여 통경, 대하증 등 부인병에도 효과가 있다고 한다.

일부 옛 문헌엔 박태기나무의 한자 이름이 소방목蘇方木으로 쓰여 있다. 하지만 소방목은 열대 지방에서 자라는 늘푸른 넓은잎 큰키나무[喬木]로 박태기나무와는 전혀 연관이 없다. 소방목은 소목蘇木이라고도 불리며,《동의보감東醫寶鑑》에 부인병을 치료하는 약재로 기록되어 있으며 붉은 물을 들이는 염색재로도 귀중히 여기던 나무다. 일본 사신이 직접 상납하거나 일본 상인을 통해 구입하여 왕실과 신하들에게 나눠주었다고 하며, 조선왕조실록에도 90여 차례나 등장한다.

2

샛노란 꽃 함부로 꺾다가는

매자나무

Korean barberry

매자나무는 주변에서 흔히 만날 수 있는 나무가 아니다. 녹음이 차츰 짙어 가는 5월 중순 무렵의 깊은 산속 계곡에서, 자그마한 주걱 모양의 연초록 잎 사이로 샛노란 꽃이 송골송골 매달릴 때 비로소 우리들의 눈길을 끌게 된다. 드물게 만나는 만큼 더욱 귀하게 보인다. 노랑과 초록의 조화가 기막히게 잘 어울리는 매자나무는 가을이 깊어지면 꽃이 달린 바로 그 자리마다 팥알만 한 붉은 열매를 포도송이처럼 줄줄이 매다는데, 이것이 바로 이 나무의 매력 이다.

　매자나무는 다 자라도 사람 키 남짓한 아담한 몸집이다. 잎지는 넓은잎 작은키나무이고 혼자가 아니라 여럿이 포기를 이루어 자란다. 손가락 길이 에 주걱 모양의 잎은 약간 도톰하고 가장자리에 둔한 톱니가 있어 귀엽다. 잎은 어긋나기로 달리지만 짧은 가지에는 대여섯 장씩 모여 달린다. 붉은빛 단풍도 매자나무의 또 다른 매력이다. 첫인상은 깔끔하고 정제되어 있는 느 낌이라 얌전하고 다소곳한 양반가의 규수가 연상된다. 그러나 함부로 꺾으 려다가는 품속에 간직하고 있던 은장도가 튀어나오듯 의외의 반격을 당할 수 있다. 삼발이처럼 생긴 짧고 날카로운 가시를 잎 사이사이에 보일 듯 말

경복궁 • 매자나무

22

↖ 아래로 줄지어 매달리는 작고
귀여운 꽃

국립고궁박물관의
전통염료식물원에
자라고 있는 매자나무

과명 매자나무과	학명 *Berberis koreana*	분포 지역 중부 이북, 한국 원산

가장자리에 불규칙한 톱니가 난 잎, 가을이 깊어지면 붉어지는 팥알 크기의 열매, 모여 자라는 줄기

듯 숨겨놓고 있기 때문이다.

　매자나무의 옛 이름은 '작은 황벽나무'란 뜻의 소벽小蘗이다. 조선 후기의 실학자 유희가 쓴《물명고物名攷》에는 "겉껍질을 벗기면 얇은 황색 껍질이 있고 쓴맛이 나며 황벽나무와 비슷하나 크기가 작다"고 하였다. 잎의 모양이나 나무의 생김새가 전혀 딴판인 이 나무가 왜 엉뚱하게 황벽나무와 비교되었을까? 매자나무의 노란 속껍질에는 황벽나무의 속껍질과 마찬가지로 베르베린Berberine이란 물질이 들어 있기 때문이다. 이 물질은 노란빛을 띠며 줄기와 가지, 뿌리에도 다 들어 있으나 특히 뿌리에 많다고 한다. 옛날에는 매자나무의 뿌리를 노란 물을 들이는 데 썼기 때문에 황염목黃染木이라고도 부른다.

　중국 명나라의 이시진이 쓴《본초강목本草綱目》에는 "매자나무 줄기나가지를 베어 가시를 다듬어 적당한 길이로 잘라 햇볕에 말린다음 약재로 쓰는데, 열을 내리고 습한 것을 없애며 뜨거운 기운을 내리게 하고 해독한다"고했다. 민간요법에서는 눈병에 걸렸을 때 매자나무 줄기나 가시를 삶은 물로 눈을 씻으면 좋다고 한다. 일본인들은 매자나무

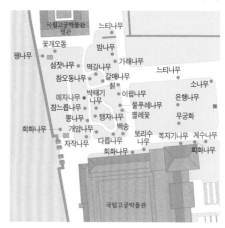

잎이나 삶은 물을 안약으로 이용하며 나무 이름도 아예 '눈 나무'란 뜻으로 메기[티치]라고 했다.

좁은 한반도를 고향으로 하는 나무는 흔치 않지만 이 나무의 학명에 코레아나*koreana*란 단어가 들어 있어 토종 우리 나무임을 금세 알 수 있다. 그래서 더욱 예쁘고 사랑스러워 보인다. 노란 꽃과 붉은 열매에다 자그마한 키, 가시까지 갖추고 있으니 넓은 정원의 가장자리에 생울타리나무로도 심어볼 만하다. 열매를 먹으러 찾아오는 산새를 만날 수 있는 특전은 덤이다. 그러나 주변에 보리밭이나 밀밭이 있다면 심지 않는 것이 좋다. 보리, 밀, 옥수수 등의 벼과 식물에 녹병綠病을 일으키는 중간기주로 알려져 있기 때문이다. 이런 이유로 일부 나라에서는 아예 심지 못하게 한다.

매자나무 종류 구별하기

매자나무 종류는 세계적으로 200여 종에 이르며 정원수로 널리 심는다. 우리나라에는 매자나무와 매발톱나무 및 당매자나무, 일본에서 들어온 일본매자나무까지 4종이 자란다. 매자나무는 줄기의 가시가 1cm 이하로 짧으며 잎에는 둔한 톱니가 있고 어린 가지는 적갈색을 띤다. 매발톱나무는 이름 그대로 매의 발톱을 연상시킬 만큼 1~3cm의 길고 날카로운 가시가 3개씩 붙어 있다. 잎 가장자리의 톱니가 뾰족하며 어린 가지는 회색에 가깝다. 당매자나무는 가시가 0.5cm 정도로 짧고 잎 가장자리에 톱니가 없으며 꽃은 8~15개씩 피어 밑으로 처지는 원뿔 모양 꽃차례를 만든다. 일본매자나무는 당매자나무와 비슷하나 가시가 약간 더 길고 꽃은 2~5개씩 모여 달린다.

매발톱나무 가시

당매자나무 꽃

일본매자나무 열매

이보다 큰 잎사귀는 없다

참오동나무

오동나무, Royal paulownia

"대궐 뜰 오동잎에 밤비 소리 싸늘한데/ 귀뚜라미 귀뚤귀뚤 이내 수심 일으키네/ 한가로이 거문고에 새 곡조를 올려보니/ 한없는 가을 시름 흥과 함께 굴러가네."

연산군 12년1506에 연산군이 직접 지은 시다. 같은 해 중종반정으로 쫓겨날 것을 예견이라도 한 듯 처량한 느낌을 준다. 이처럼 옛사람들은 붉게 물드는 단풍을 보는 대신 커다란 오동잎에 두둑두둑 떨어지는 가을비 소리를 들으며 가버리는 한 해를 아쉬워한 것 같다. 주자의 〈권학문勸學文〉에도 가을의 오동나무를 노래한 대목이 있고, 대중가요 〈오동동타령〉도 "오동추야 달이 밝아 오동동이냐"로 시작한다.

오동나무의 잎은 타원형이지만 흔히 오각형이 되기도 하며, 나뭇잎 한 장으로 어른 얼굴을 가릴 수 있을 만큼 커다랗다. 특히 어릴 때는 잎 길이와 너비가 70~80cm에 이르기도 하여 작은 우산을 편 만큼이나 크다. 1천여 종에 이르는 우리나라의 나무 중에 이보다 잎사귀가 큰 나무는 없다.

바람에 찢어지기 쉽고 벌레가 눈독 들이기 십상인데 오동나무는 왜 넓은 잎사귀를 고집하는 것일까? 다른 나무보다 더 많은 햇빛을 받아 더 많은

↖ 원뿔 모양의 꽃차례에 모여
　달리는 보랏빛 꽃

빠르게 자라고 목질이 좋아
쓰임새가 많은 참오동나무

과명	현삼과	학명	*Paulownia tomentosa*	분포 지역	전국 식재, 중국 원산

햇빛을 받는 데 유리한 매우 넓은 잎, 끝이 뾰족한 열매, 짙은 회갈색의 매끄러운 나무껍질

영양분을 만들어서 빠른 속도로 몸집을 불리겠다는 속셈이다. 그래서 오동나무는 15년에서 20년 정도면 재목의 구실을 하고도 남는다. 짧게는 40~50년, 길게는 100년 가까이 되어야 겨우 나무 구실을 하는 다른 나무들이 눈 흘기고 질투할 만하다.

빨리 자라는 나무는 대체로 단단하지 못하여 쓸모가 없다고 한다. 그러나 이 말은 적어도 오동나무와는 무관하다. 1년에 나이테 지름이 2~3cm씩이나 커질 정도로 빨리 자라지만 세포 하나하나를 쓸모 있게 키워내는 '슈퍼트리'다. 자라는 속도가 빠르고 강도가 적당할 뿐만 아니라 습기를 적게 빨아들이고 잘 썩지 않으며, 불에 잘 타지 않는 장점까지 갖추었다. 당연히 쓰임새가 넓어서 장롱, 문갑, 소반, 목침, 장례용품 등 생활 도구에 두루 쓰인다. 악기를 만들 때 오동나무를 공명판으로 쓰면 다른 나무들은 감히 넘볼 수 없는 독보적인 소리를 낸다. 가야금, 거문고, 아쟁, 비파 등 우리의 전통 악기는 모두 오동나무로 만든다. 조선 중기의 문신 신흠은 《야언野言》에서 "오동은 천년이 지나도 가락을 잃지 않고, 매화는 일생 추워도 향기를 팔지 않는다"라고 했을 정도로 오동나무는 악기재로 유명했다.

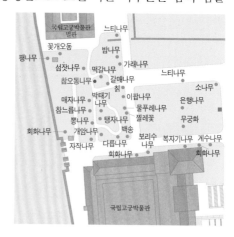

5월, 모내기를 앞둔 논 한편에 참오동나무 꽃이 활짝 피었다.

흔히 딸을 낳으면 오동나무를 심어두었다가 시집갈 때 장을 만든다는
말을 한다. 그러나 우리 쪽에는 이런 내용이 기록으로 남은 바가 없다. 딸을
낳으면 오동나무를 심는다는 말은 일본의 대표적인 오동나무 산지인 후쿠
시마[福島]현 일대에 전하는 이야기다. 중국 명나라의 약학서인《본초강목》
을 보면 오동나무에 대한 설명의 끝 부분에 "어린 딸이 있는 집에서는 오동
나무를 심을 만하다. 나무가 잘 자라기 때문에 아이가 커서 시집갈 때쯤이
면 잘라서 옷장을 만들 수 있는 크기가 된다"고 했는데,《본초강목》의 이 내
용이 그대로 일본에 전해져 풍속으로 자리 잡은 것이다. 조선시대 때 우리나
라는 유교의 영향으로 남존여비 사상이 아주 강했다. 그래서 딸이 태어나면
축복하는 사람이 없었고, 산모는 어른들 앞에서 고개를 들지 못할 정도였다.
이런 사회 풍토에서 아버지가 딸을 위해 오동나무를 심는다는 것은 당시의
시대 상황과 맞지 않을뿐더러 믿을 만한 근거도 없다.

우리 옛 기록에 오동나무가 등장하는 부분을 살펴보자. 우선《삼국유사
三國遺事》에는 '동수桐藪'와 '동지야桐旨野'라는 지명이 나타난다. '오동나무 꽃
절'이라는 뜻을 담은 이름을 가진 대구의 동화사桐華寺는 창건 당시에는 유

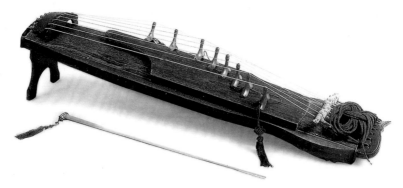

오동나무 판재로 만든 아쟁

가사瑜伽寺라 했으나 신라 흥덕왕 7년832에 중창할 때 겨울철임에도 절 주위
에 오동나무 꽃이 만발했으므로 지금의 이름으로 고쳐 불렀다고 한다.《고
려사高麗史》에도 오동나무가 널리 사용된 것으로 추정되는 기록이 있다.

　　조선왕조실록을 보면 조선시대에는 오동나무를 심고 관리하기를 나라
에서 널리 권했음을 알 수 있다. 조선 성종 12년1481 "오동나무는 악기와 군
대 병기에 긴요하게 쓰이므로 금년부터 서울의 여러 관사에는 각각 10그루
씩, 외방의 여러 고을에는 각각 30그루씩 심게 하고, 공조工曹와 관찰사가 세
심하게 살피도록 하라"는 왕의 특명이 있었다. 명종 15년1560에는 영천 군수
심의검이 향교 앞뜰에 있는 오동나무를 베어 거문고를 만들었다가 벼슬에
서 쫓겨난 것은 물론 벌을 더 주어야 한다는 논의가 있었으나 간신히 면했
다고 한다. 현종 11년1670에도 남포 현감 최양필이 거문고를 만들 요량으로
향교 오동나무를 베었다가 파직을 당한 기록이 있다. 쓸모 있게 자란 향교의
오동나무를 넘보다 크게 경을 친 것이다. 공공의 물건을 함부로 쓰면 안 된
다는 당시의 법도가 돋보이는 사례다.

　　또한 세종 28년1446의 기록에는 "왕비의 상제喪制에 세자는 위가 둥글고
아래는 모가 지게 한 오동나무 지팡이를 쓴다"고 했다.《세종실록》의 '오례
五禮'에는 오동나무 지팡이를 사용하는 이유에 대하여 "삭장削杖은 오동[桐]이
다. 어머니를 위하여 동桐을 사용하는 것은 동同을 말함이다. 속마음으로 슬
퍼함이 아버지에게와 같음을 취한 것이다"고 하여 오동나무의 쓰임새를 밝

히고 있다. 얼마 전까지만 해도 모친상을 당하면 오동나무 지팡이를 쓰는 풍속이 남아 있었다.

이렇게 쓰임새가 많은 오동나무에 대한 옛사람들의 사랑이 각별했던 탓인지, 동桐이란 이름이 들어간 가짜 오동나무가 여럿 있다. 벽오동碧梧桐, 자동刺桐, 음나무, 유동油桐, 의동倚桐, 이나무, 야동野桐, 예덕나무, 개오동 등 오동과 아무런 관련이 없는 나무들도 잎만 비슷하면 '동'이란 접두어나 접미어를 하사받는 영광을 얻었다.

우리가 흔히 오동나무라고 부르는 오동나무속屬의 나무는 중국 원산인 참오동나무와 울릉도 원산이라고 하는 오동나무*Paulownia coreana* 2종이 있다. 둘 모두 자주색의 예쁜 꽃이 달리지만 참오동나무에는 통처럼 생긴 꽃의 안쪽에 자줏빛 줄이 점점이 나 있고 오동나무에는 그런 줄이 없는 것이 차이점이다. 그러나 자주색 줄은 같은 나무에서도 있는 꽃과 없는 꽃이 섞여 있는 등 종의 특징으로 보기 어렵다는 주장이 많다. 일부 학자들은 오동나무와 참오동나무를 같은 종으로 취급하기도 한다. 우리가 흔히 만나는 오동나무는 참오동나무가 대부분이고 궁궐에 있는 오동나무도 참오동나무다.

참오동나무는 중부 이남의 따뜻한 곳에 주로 심는 잎지는 넓은잎 큰키나무로 높이 15~20m, 줄기 둘레는 두세 아름에도 이를 수 있다. 회갈색의 나무껍질은 오래되어도 껍질이 잘 갈라지지 않고 작은 숨구멍이 점점이 보인다. 잎은 마주나기로 달리고 매우 크며 뒷면에 갈색 털이 있다. 잎의 가장자리는 밋밋하거나 얕게 갈라지며 어린잎에는 톱니가 있다. 꽃은 5~6월에 가지 끝에 달리는 원뿔 모양의 꽃차례에 모여 피고 흰색 또는 보라색이다. 열매는 늦가을에 익고 달걀 모양이며 끝이 뾰족하다.

살아서 못 먹은 밥, 죽어서라도 배불리 먹거라

이팝나무

Retusa fringetree

5월은 아이들의 눈망울처럼 해맑고 화창하다. 갓 나온 싱그러운 연초록 새 잎은 생명이 아름답다는 것을 새삼 느끼게 한다. 어린이날을 조금 지나 봄날이 더욱 따사로워질 즈음, 커다란 아름드리나무 전체를 뒤덮을 만큼 하얀 꽃이 잔뜩 피는 나무가 있다. 이팝나무다. 꽃은 가느다랗게 4갈래로 갈라지며 꽃잎 하나하나의 모습은 마치 뜸이 잘 든 밥알처럼 생겼다. 가지 끝마다 원뿔 모양의 꽃차례가 달려 잎이 보이지 않을 만큼 나무 전체를 뒤덮는다. 배고픔에 시달리던 옛사람들에겐 이팝나무 꽃의 모습이 수북하게 올려 담은 흰쌀밥 한 그릇과 닮아 보였던 모양이다. 그래서 쌀밥의 다른 이름인 이밥을 붙여 '이밥나무'라 하다가 이팝나무가 되었다. 이팝나무의 꽃 피는 시기가 대체로 음력 24절기의 입하立夏 전후이므로, 입하 때 꽃이 핀다는 의미로 '입하나무'로 부르다가 이팝나무로 변했다는 이야기도 있다.

먼저 가슴을 아리게 하는 사연을 가진 이팝나무들을 찾아가본다. 전북 진안 마이산 서남쪽 마령면의 마령초등학교에는 이팝나무 고목 몇 그루가 작은 숲을 이루고 있다. '아기사리'라는 옛 아이들의 무덤 터다. 옛날 마령 사람들은 어린아이가 죽으면 야트막한 동구 밖 야산이었던 이 자리에 묻었

↖ 가장자리가 밋밋하고 표면에
광택이 있는 타원형 잎

하얀 꽃을 가득 피운 이팝나무

| 과명 물푸레나무과 | 학명 *Chionanthus retusus* | 분포 중남부 인가 부근. 지역 중국, 일본 |

수북이 피는 흰 꽃, 흑청색으로 익은 굵은 콩알만 한 열매, 오래되어 세로로 깊게 갈라진 나무껍질

다고 한다. 아이들은 배불리 먹지 못한 탓에 영양실조에 시달리다가 죽었고, 아이를 잃은 부모들의 가슴앓이는 쉽게 가라앉지 않았다. 작은 입에 흰쌀밥 한술 마음껏 넣어준 적이 없는 슬픔에 통곡하던 부모들은 죽은 아이의 영혼에게라도 흰쌀밥을 마음껏 먹일 방법을 생각했다. 꽃 피는 모습에서 이밥을 상상하고는 이팝나무를 심어두면 두고두고 아이의 영혼이 배불리 먹을 것이라고 믿었다. 그래서 아이를 묻고 돌아선 부모들이 이팝나무를 한 그루씩 갖다 심기 시작한 것이다. 결국 어린 영혼들이 마음껏 먹을 수 있는 '이밥'이 달리는 이팝나무 숲이 자연스레 생겨났다. 그러나 1920년 개화의 바람을 타고 학교가 들어올 즈음, 아무도 지켜주지 않은 아기사리는 학교 부지로 편입되어 버린다. 슬픈 기억을 간직하고 있던 이팝나무들은 이때 대부분 사라지고 몇 그루만이 남아 있다. 천연기념물로 겨우 보호받고 있어 보는 이의 마음을 더 아프게 한다.

이팝나무는 잎지는 넓은잎 큰키나무로 다 자라면 높이가 20~30m에 이르고 줄기 둘레는 두세 아름을 훌쩍 넘는 큰 나무다. 아름다운 꽃이 피고 가지를 넓게 펼칠 뿐만 아니라 오래 살아서 마을 앞의 쉼터 나무로 흔히 심었다. 옛 선비들도 관심을

가질 만한 나무였으나 주로 한자로 쓴 그들의 시문집에 이팝나무는 등장하지 않는다. 우리가 이팝나무의 한자 이름으로 알고 있는 육도목六道木은 일본 도쿄[東京]의 한 거리 이름에서 따온 일본 한자이며, 유소수流蘇樹는 꽃이 늘어지면서 핀다는 뜻의 중국 이름이다. 나무에 무슨 귀족 나무가 있고 서민 나무가 있겠냐만 굳이 따진다면 이팝나무는 분명 배고픔의 고통을 아는 대표적인 서민 나무다. 사람들이 이팝나무를 가로수로 심는 등 관심을 갖기 시작한 것은 근래에 들어서다. 가난하고 배고픈 시절을 극복한 오늘날, 이팝나무는 어렵던 시절을 되돌아보는 풍요의 상징으로 점점 더 각광을 받는 것 같다.

이팝나무는 중국 남부와 일본의 극히 제한된 지역에서도 자라지만 분포 중심지는 우리나라다. 일본에서는 '멸종위기종 Ⅱ급', 중국에서는 '국가Ⅱ급 보호식물'이며 세계적으로도 희귀 식물에 들어간다. 그러나 우리나라에는 천연기념물 7곳을 포함하여 고목만 100여 그루가 넘는다. 자라는 지역은 경북 포항, 대구, 전북 고창을 잇는 선의 남쪽과 충남 당진을 거쳐 북한의 황해도 옹진에 이르는 서해안, 즉 한반도의 중남부다. 그러나 지구온난화의 영향으로 지금은 서울의 궁궐과 청계천 등 중북부 지방에서도 잘 자라고 있다.

어린 줄기의 나무껍질은 황갈색이고 얇게 벗겨지나 나이를 먹은 나무껍질은 회갈색으로 세로로 깊게 갈라진다. 잎은 마주나기로 달리고 타원형이며 어린아이 손바닥만 한 크기다. 표면에는 매끈한 광택이 있고 가장자리가 밋밋하다. 잎의 모양이나 크기가 언뜻 보면 감나무와 비슷하다. 굵은 콩알만 한 열매는 처음에는 짙은 푸른색이었다가 9~10월에 흑청색으로 익어 겨울까지 계속 달려 있다. 우리 이팝나무 이외에 최근에 수입한 버지니아이팝나무*Chionanthus virginicus*가 있다. 꽃 피는 시기가 우리 이팝나무보다 늦어 6~7월이며 꽃이 훨씬 크고 화려하다. 잎이 잘 보이지 않을 정도로 꽃이 많이 피며 향기가 강하다. 최근에 정원수로 드물게 심고 있다.

5

달나라의 그 계수나무일까?

계수나무

Katsura tree

창덕궁昌德宮 존덕정尊德亭 뒤쪽 산 중턱에는 숙종 14년1688에 지은 작은 정자 청심정淸心亭이 있다. 그 주련柱聯, 기둥이나 벽에 세로로 써 붙이는 글씨에는 이런 글 귀가 있다. "바위의 계수나무에는 높이 선장의 이슬이 맺히고[巖桂高凝仙掌露] / 동산의 난초엔 맑게 옥병의 얼음이 비치네.[畹蘭淸暎玉壺氷]" 연세대 이광호 교수가 번역한 내용이다. 청심정 주위 바위에 자라는 계수나무에 신선의 이슬 이 맺혀, 이 이슬을 먹으면 정자의 주인 또한 신선이 될 수 있다는 암시를 한 것이라고 한다. 300여 년 전 창덕궁에는 과연 계수나무가 있었을까?

　달나라 계수나무를 시작으로 옛사람들의 시나 노래에는 계수나무가 수 없이 등장한다. 실제로 있는 어떤 나무를 형상화한 것일까 아니면 단순히 상 상 속의 나무일 뿐일까. 우리 역사 속에서 계수나무는《삼국유사》'가락국기 駕洛國記'에 처음으로 등장한다. 수로왕이 허왕후를 모시러 바다 가운데로 신 하를 보낼 때 "좋은 계수나무로 만든 노를 젓게 했다[揚桂楫而迎之]"는 내용이 있다. 계룡산 갑사甲寺의 월인석보목판은 선조 2년1569에 새겨 책을 찍어내 던 판목으로 문화재청 자료에 계수나무에 돋을새김을 했다고 소개되어 있 다. 그러나 지은이가 현미경으로 조사한 결과 실제로는 단풍나무였다.

↖ 가장자리에 둔한 톱니가 있는
하트 모양 잎

국립고궁박물관 입구 오른편에
서 있는 계수나무

과명 계수나무과	학명 *Cercidiphyllum japonicum*	분포 지역 전국 식재, 일본 원산

꽃술이 아래로 처진 수꽃, 익으면 회갈색이 되는 가늘고 갸름한 열매, 세로로 갈라진 회흑색 나무껍질

　그렇다면 문헌 속 계수나무의 실체를 좀 더 구체적으로 알아보자. 당나라 시인 왕유는 "산속에 계수나무 꽃이 있으니, 꽃이 싸락눈 같을 때까지 기다리지 말고 빨리 돌아오시구려"라고 했다. 조선 중기의 문신 윤휘도 중국에 가서 9월에 계수나무 꽃이 한창 핀 것을 보았는데, 꽃이 싸락눈같이 작았다고 했다. 성종 14년1483 중국 사신이 임금에게 지어 올린 시에 "늦가을 좋은 경치에…… 계수나무 향기가 자리에 가득하네"라고 했다. 싸락눈같이 작은 꽃, 가을에 피는 꽃, 향기가 강한 꽃이 특징이다. 이를 바탕으로 검토하면 문헌 속에 나오는 대부분의 계수나무는 따뜻한 지방에서 흔히 정원수로 심는 은목서나 금목서 등의 목서 종류로 짐작할 수 있다. 중국의 이름난 관광지 계림桂林의 계수나무도 바로 목서다. 중국 사람들은 목서 종류를 은계, 금계, 단계丹桂 등으로 부르므로 실제 나무와 연관을 짓는다면 목서가 옛사람들이 말하는 계수나무와 가장 가까운 나무다. 15세기 명나라 화가 여기의 〈계국산금도桂菊山禽圖〉 등 중국의 옛 그림에 나오는 계수나무를 봐도 역시 목서 종류임을 알 수 있다. 결국 옛 문헌에 등장하는 계수나무와 오늘날 식물도감에 나오는 계수나무는 전혀 다른 나무인 셈이다.

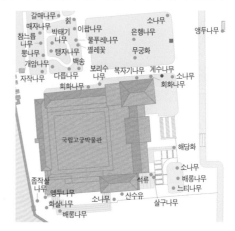

경복궁 · 계수나무

38

이 외에도 계수나무로 불리는 나무가 여럿 있다. 그리스 신화에 나오는 다프네Daphne는 아폴론에게 쫓기다 다급해지자 나무로 변해버린다. 중국 사람들은 이 나무를 계수나무 계桂 자를 써서 월계수月桂樹라 번역했다. 유럽 남부 지방에서 자라며 노블로럴Noble laurel이

늦가을에 싸락눈같이 작은 흰 꽃이 피는 은목서

라고 불리는 나무에도 다프네의 나무와 같은 월계수란 이름을 붙였다. 또 한 약재나 향신료로 쓰이는 계수나무도 있다. 껍질에서 톡 쏘는 매운맛이 나는 계피桂皮나무와 껍질에서 약간의 단맛과 향기가 나는 육계肉桂나무이다. 이 들의 껍질인 시나몬Cinnamon은 향신료로 유명한데, 나무 이름에 들어 있는 계 자 때문에 역시 계수나무로 불린다.

그러나 지금까지 살펴본 계수나무들은 식물학에서 말하는 진짜 계수나 무가 아니다. 오늘날 우리 주변에서 심고 가꾸는 실제 계수나무는 문헌에 나 오는 계수나무와는 아무런 관련이 없는, 일제 강점기에 들여온 일본 원산의 외래 나무로 줄기 둘레가 한 아름이 넘게 자라는 큰 나무이고 잎이 하트 모 양인 잎지는 넓은잎 큰키나무다. 암수딴그루이고 회흑색의 나무껍질은 세로 로 얕게 갈라진다. 봄에 잎이 나기 전 붉은빛이 도는 작은 꽃이 핀다. 가늘고 갸름한 열매는 가을에 회갈색으로 익는다. 일본 사람들은 이 나무의 이름을 한자로 계桂라고 쓰고 '가츠라'라고 읽는데, 처음 우리나라에 수입할 때 글 자만 보고 계수나무라고 하여 그대로 공식 이름이 되어버렸다. 계수나무는 일본 계수나무 외에 중국이 원산지인 한 종류가 더 있는데, 연향수連香樹라 는 이름으로 불린다. 캐러멜과 같은 달콤한 향기가 봄에서부터 가을까지 이 어져서 붙은 이름이다. 특히 10월 무렵에 노란 단풍이 들면 향기가 더욱 강해 진다. 잎에 들어 있는 탄수화물의 일종인 엿당Maltose의 함량이 높아지면서 기공을 통하여 휘발하기 때문이다. 일본 계수나무도 같은 특징을 갖고 있다.

6

청초한 꽃 그러나 공해에도 잘 견딘다

때죽나무

Japanese snowbell

이름만 들어도 어쩐지 예쁘고 귀여운 나무일 것 같다. 실제로 꽃과 열매가 모두 이름과 어울린다. 왜 때죽나무라고 했을까? 가을에 수백, 수천 개씩 아래로 조랑조랑 매달리는 열매가 회색으로 반질반질해서 마치 스님이 떼로 몰려 있는 것 같은 모습이다. 처음엔 '떼중나무'로 부르다가 때죽나무가 된 것이라고 짐작한다. 수백 명의 동자승 머리가 보인다고 상상하며 열매를 쳐다본다면 때죽나무란 이름이 더 친근하게 느껴질 것이다.

그러나 때죽나무의 진가는 5월 초중순을 지날 무렵 발휘된다. 층층이 뻗은 자그마한 나뭇가지의 짙푸른 잎사귀 사이로 새하얀 꽃들이 2~5개씩 뭉쳐서 줄줄이 아래로 매달려 있다. 꽃 하나하나는 손가락 첫 마디보다 살짝 크고, 작은 종 모양으로 귀엽게 생겼다. 절에서 흔히 보는 동양의 범종梵鐘과 달리 윗부분이 원통형에 가깝고 입이 크게 벌어진 서양 종 모양이다. 새하얀 꽃잎 5장에 둘러싸인 노란 수술에 끈을 매달아 치면 금세 맑은 소리가 울려 퍼질 것 같다. 영어권에서는 스노우벨Snowbell이라고 부른다.

대부분의 꽃들이 하늘을 올려다보고 태양을 마주하며 "나 얼마나 예뻐요?" 하고 뽐내듯 핀다. 그러나 때죽나무 꽃은 치마꼬리 살짝 잡고 생긋 웃

↖ 달걀 모양에 끝이 뾰족한 잎

도심의 가로수로도
심기 적당한 때죽나무

| 과명 때죽나무과 | 학명 *Styrax japonicus* | 분포 중남부 산지,
지역 중국, 일본 |

2~5개씩 매달리는 작은 종 모양의 꽃, 반질반질한 회색 열매, 세로로 얕게 갈라진 회갈색의 나무껍질

는 수줍은 옛 시골처녀마냥 다소곳이 땅을 향해 핀다. 그래서 멀리서는 옆모습밖에 볼 수 없다. 얼굴이 꼭 보고 싶다면 나무 밑에 들어와서 살짝 쳐다보라는 뜻이다.

열매에는 기름이 풍부하게 들어 있어서 예부터 등잔불을 켜거나 머릿기름으로 이용되었다. 동백나무가 자라지 않는 북쪽 지방에서 친형제 격인 쪽동백나무 열매의 기름과 함께 동백기름의 대용으로 쓰인다. 또한 열매와 잎 속에는 어류 같은 작은 동물을 마취시키는 에고사포닌Egosaponin이란 성분이 들어 있어서 간단한 고기잡이에도 쓰였다. 이것을 찧어서 물속에 풀면 물고기가 순간적으로 기절해버린다. 우스갯소리로 고기가 떼로 죽어 '떼죽나무'로 부르던 것이 때죽나무가 되었다고도 한다. 사람도 어지럼증을 느끼거나 구토를 할 수도 있으므로 주의해야 한다.

때죽나무는 공해 물질을 대규모로 배출하는 공장 가까이서도 잘 자라는 대표적인 나무다. 예쁜 꽃과 열매를 감상할 수 있고 공해에도 잘 견디는 때죽나무에 우리 모두 관심을 가져볼 만하다. 최근 가로수로 심을 적당한 우리 나무가 없다고 플라타너스, 은단풍, 중국단풍, 튤립

나무 등 외래 나무에 의존하고 일본의 대표 꽃나무인 벚나무 심기에 열을 올린다. 하지만 너무 크지 않게 적당히 자라는 데다 청초한 꽃을 자랑하는 때죽나무를 비롯하여 가로수로 알맞은 우리의 토종 나무가 얼마든지 있다.

　중부 이남의 산기슭이나 산중턱에서 자라며, 잎지는 넓은잎 중간키나무다. 회갈색 나무껍질은 매끈한 피부를 유지하다가 나이가 들면 세로로 얕게 갈라진다. 높이 6~7m, 굵기는 한 뼘 남짓하게 자랄 수 있다. 손바닥 반만 한 달걀 모양의 잎은 끝이 뾰족하고 얕은 톱니가 있거나 밋밋하다. 아주 크게 자라는 나무는 아니므로 목재로 사용하는 데는 한계가 있다. 간단한 농기구 자루 정도가 중요한 쓰임새인데, 특이하게 제주도에서는 빗물을 정수淨水하는 데 쓴다. 때죽나무 가지를 띠로 엮어 항아리에 걸쳐놓은 후 빗물이 고이게 하면 오래되어도 물이 썩지 않는다고 알려져 있다. 또한 때죽나무는 목재가 특별하다. 해맑고 깨끗한 속살은 세포의 크기와 배열이 거의 일정해 나이테 무늬마저 살짝 숨기고 아름다운 우윳빛 피부만을 곱게 내보인다.

때죽나무와 쪽동백나무 구별하기

때죽나무와 꽃, 열매, 나무껍질의 모양이 거의 같은 쪽동백나무가 있다. 옥령화玉鈴花란 이름으로도 알려져 있는데, 둘은 형제 나무지만 잎의 모양과 꽃차례의 모양이 서로 다르다. 쪽동백나무는 잎이 원형에 가깝고 거의 손바닥만 하며 뒷면에 털이 촘촘하여 흰빛이 돈다. 꽃은 원뿔 모양의 꽃차례에 나란히 핀다. 반면 때죽나무는 잎이 타원형이고 작으며 뒷면의 큰 잎맥에만 털이 있고 꽃은 술 모양 꽃차례에 2~5개씩 따로 달린다. 쪽동백나무도 때죽나무처럼 궁궐 여러 곳에서 자라므로 서로 비교해볼 만하다.

쪽동백나무의 원형에 가까운 둥근 잎, 비스듬히 늘어진 꽃차례에 따로 달린 꽃, 지름 1cm 정도인 계란 모양 열매

7

세종대왕께서 즐겨 잡숫던

앵두나무

Nanking cherry

앵두나무는 앵도나무라고도 한다. 이 열매를 꾀꼬리가 즐겨 먹으며 생김새가 복숭아와 비슷하기 때문에 앵도鶯桃라고 한 것에서 유래했다고 한다. 《동문선東文選》에는 최치원이 앵두를 보내준 임금에게 올리는 감사의 글이 실려 있다. "온갖 과일 가운데서 홀로 먼저 익음을 자랑하며, 신선의 이슬을 머금고 있어서 진실로 봉황이 먹을 만하거니와 임금의 은덕을 입었으니 어찌 꾀꼬리에게 먹게 하오리까." 앵두는 이렇게 임금이 신하에게 선물하는 품격 높은 과일이었다. 잘 익은 앵두의 빛깔은 붉음이 진하기만 한 것이 아니라 티 없이 맑고 깨끗하여 바로 속이 들여다보일 것 같은 착각에 빠지게 한다. 그래서 빨간 입술과 흰 치아를 아름다운 여인의 기준으로 삼았던 옛사람들은 예쁜 여인의 입술을 앵순櫻脣이라 했다. 앵두는 표면에 자르르한 매끄러움마저 있으니, 작고 도톰한 입술이 촉촉이 젖어 있는 매력적인 여인의 관능미를 상상하기에 충분하다.

조선시대의 세종과 성종은 앵두를 무척 좋아했다. 《용재총화慵齋叢話》나 《국조보감國朝寶鑑》에는 효자로 이름난 문종이 세자 시절, 앵두를 좋아하는 자신의 아버지인 세종에게 드리려고 경복궁 후원에 손수 앵두를 심었다는

↖ 연분홍색이나 흰색으로 피는
　동전 크기의 꽃

경복궁 동궁 앞 계방 터 주변에서
꽃을 활짝 피운 앵두나무

| 과명 장미과 | 학명 *Prunus tomentosa* | 분포
지역 전국 식재, 중국 원산 |

가장자리에 얕은 톱니가 있는 달걀 모양 잎, 초여름에 빨갛게 익는 열매, 회갈색의 매끈한 어린 줄기

일화가 실려 있다. 세종은 맛을 보고서 "바깥에서 따 올리는 앵두 맛이 어찌 세자가 직접 심은 것만 하겠는가"라고 했다. 세자 시절 문종이 머물던 자선당資善堂을 궁녀들은 '앵두궁'이라는 별명으로 부르기도 했다.

성종 19년1488에 왕이 앵두 두 소반을 승정원에 내려주면서 "하나는 장원서掌苑署, 꽃과 과일나무를 관리하던 관아에서 올린 것이고, 하나는 민가에서 진상한 것이다. 무릇 유사들은 마땅히 맡은 직무를 다하도록 하라. 지금 장원서에서 올린 앵두는 살이 적고 윤택하지도 않은 데다 늦게 진상해 도리어 민가의 것만 못하다. 승정원에서 그것을 함께 맛을 보고 해당 관원의 책임을 물어 아뢰라"했다. 또 성종 25년1494에는 철정이란 관리가 앵두를 바치자, "성의가 가상하니 그에게 활 한 장張을 내려주도록 하라" 했다. 이 관리는 연산군 3년1497에도 임금께 앵두를 바쳐 각궁角弓을 하사받았다는 기록이 있다. 앵두 한두 쟁반에 임금의 환심을 살 수 있었던 그 옛날이다.

앵두는 모든 과실 가운데서 가장 먼저 익기 때문에 제물祭物로 귀하게 여겼다. 《고려사》에 제사 의식을 기록한 '길례대사'를 보면, "4월 보름에는 보리와 앵두를 드리고⋯⋯"라고 했다. 조선에 들어와서도 태종 11년1411에 임금이 말하기를 "종묘宗廟에 앵두를 제물로 바치는 의식이 의궤에 실려 있는데 반

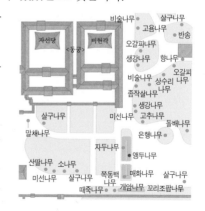

드시 5월 초하루와 보름 제사에 겸해 하도록 되어 있다. 만약 초하루 제사 때 미처 앵두가 익지 않아 올리지 못했다면, 보름 제사를 기다려서 하게 되어 있으나 융통성이 너무 없어 인정에 합하지 못하다. 앵두가 잘 익는 시기는 바로 단오 때이니 이제부터는 앵두가 잘 익는 날을 골라 제물로 바치게 하고 초하루와 보름에 구애받지 말라"고 했다. 앵두는 약재로도 쓰였다. 《동의보감》에 "중초中焦, 오장육부의 하나를 고르게 하고 지라의 기운을 도와주며 얼굴을 고와지게 하고 기분을 좋게 하며 체해서 설사하는 것을 멎게 한다"고 했다. 또 뱀에게 물렸을 때 그 잎을 짓찧어 붙이면 좋고, 동쪽으로 뻗은 앵두나무 뿌리는 삶아서 그 물을 빈속에 먹으면 촌충과 회충을 구제할 수 있다고도 했다.

앵두나무는 수분이 많고 양지바른 곳에 자라기를 좋아하므로 마을 우물가에 흔히 심었다. 고된 시집살이에 시달린 옛 여인네들은 우물가에 모여 앉아 시어머니부터 지나가는 강아지까지 온 동네 흉을 입방아 찧는 것으로 쌓인 스트레스를 해소했다. "앵두나무 우물가에 동네 처녀 바람났네……"로 시작되는 유행가 가사처럼 공업화가 진행된 1970년대 초, 선망의 대상이던 서울로 도망칠 모의(?)를 하던 용감한 시골 처녀들의 모임방 구실을 한 곳도 역시 앵두나무 우물가였다.

앵두나무는 잎지는 넓은잎 작은키나무로 사람 키를 조금 넘는 정도로 자란다. 어린 줄기는 회갈색으로 매끈하지만 오래되면 흑갈색으로 갈라진다. 달걀 모양의 잎은 어긋나기로 달리며 끝이 갑자기 뾰족해지고 가장자리에 톱니가 있다. 잎의 앞면에는 잔털이 있고 주름이 잡혀 있으며 뒷면과 잎자루에는 털이 촘촘히 나 있다. 봄이면 잎보다 먼저 혹은 새잎과 거의 같이 새하얗거나 연분홍색인 꽃이 1~2개씩 모여 핀다. 작은 구슬 모양의 붉은 열매는 초여름에 달린다.

앵두나무, 자두나무, 호두나무의 이름

앵두나무는 앵도櫻桃, 자두나무는 자도紫桃, 호두나무는 호도胡桃에서 유래했다. 모두 열매의 모양이 복숭아를 닮았다고 붙인 한자 이름인데, 우리말로 고치면서 한글 표준어로는 앵두나무, 자두나무, 호두나무가 되었으며 국어사전에도 그렇게 등재되어 있다. 반면 식물학자들이 모여서 정하는 국가표준식물목록에는 앵두나무만 표준어 표기를 따르지 않고 앵도나무로 되어 있다. 앞으로 통일되어야 한다고 생각하며, 우선 이 책에서는 한글 표준어 이름을 따른다.

천 년을 견디는

은행나무

Maidenhair tree

은행나무는 대략 2억 5천만 년 전에 지구상에 나타났다고 한다. 고생대 말 페름기紀에 출현해 공룡들이 살던 중생대에 번성했으며, 신생대를 거쳐 현재까지 잘 살고 있는 것이다. 그동안 몇 번이나 덮친 혹독한 빙하기를 의연히 견디고 살아남은 은행나무를 우리는 '살아 있는 화석'이라고 부른다. 가까운 친척들은 모두 없어져버려 은행나무의 족보는 매우 간소하다. 예를 들어 장미과에 속한 3천여 종의 나무들이 지금도 세계 어디에서나 흔히 자라고 있는 것에 비해, 은행나무는 상위 분류 단위인 속, 과, 목으로 한참 올라가도 한 종류밖에 없다. 은행나무는 오래 사는 식물로도 유명하다. 잎갈나무나 벚나무가 기껏 수십 년이면 벌써 노인이 되어버리는 것과는 달리, 은행나무는 천 년을 넘기고도 여전히 위엄이 당당할 뿐만 아니라 생식 활동을 계속하여 열매를 맺는 노익장을 과시한다. 전국에 천연기념물 25그루를 포함해 은행나무 거목 800여 그루가 보호되고 있는데, 500살 정도로는 나이 든 축에 끼지도 못한다.

　은행나무는 궁궐이나 선비들 곁에서 그늘을 만들어주고 쉼터가 되는 행정杏亭의 정자나무이자 공자가 제자를 가르쳤던 행단杏壇을 상징하는 나무

↖ 오리 발 또는 부채처럼 생긴
　독특한 모양의 잎

가을 단풍의 대표답게
샛노랗게 물든 경복궁 건춘문
앞의 커다란 은행나무

| 과명 | 은행나무과 | 학명 | *Ginkgo biloba* | 분포
지역 | 전국 인가 부근 식재,
중국 원산 |

짧은 가지 끝에 피는 수꽃, 노랗게 익으면 과육에서 악취가 나는 열매, 회갈색의 두툼한 나무껍질

였다. 행정에 관련해서는 이런 기록이 있다. 명종 17년1562 임금은 나라의 큰 경사인 가례嘉禮, 임금 혹은 세자 등 왕위 계승자의 혼례를 치르고도 일이 많아서 여태 아랫사람을 대접하지 못했으니, 10일에 은행정에서 잔치를 베풀라고 지시한다. 후원에 있는 은행정에서 200여 명이 참석한 가운데 축하 행사가 성대하게 치러졌다. "오늘은 마시지 못하는 사람이라면 모르지만 조금이라도 마실 줄 아는 자라면 맘껏 술을 들고 흡족하게 즐기도록 하라. 임금과 신하가 함께 즐겨 위아래의 정이 돈독해진다면 어찌 아름다운 일이 아니겠는가. 무방하다면 경들 이하 당상堂上, 조선시대에 정3품 이상의 벼슬아치를 이르는 말 이상이 근시 시종들과 어울려 일어나 춤을 추는 것이 어떠한가? 예관禮官과 함께 의논해서 아뢰도록 하라"고 한다. 그러나 임금의 뜻대로 어우러져 신나게 춤추는 일은 예관들의 반대로 이루어지지 않았다. 명종 때이니 후원이라면 지금의 청와대 자리일 터이고, 큰 은행나무 밑에 지은 정자라 은행정이란 이름을 붙였을 것이다. 이렇게 명확하게 은행정이란 이름으로 등장하기도 하지만, 대부분은 그냥 행정이라 했다. 오늘날 경복궁 건춘문建春門 앞에는 당시의 은행정의 모습을 상상해 볼 수 있는 은행나무 한 그루가

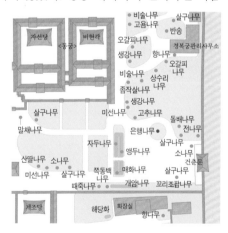

홀로 자리를 지키고 있다.

행단의 은행나무는 순조 17년1817 왕세자인 효명세자가 성균관成均館에 입학하는 과정을 그린 《왕세자입학도첩王世子入學圖帖》에서 만날 수 있다. 문묘文廟 대성전大成殿 북쪽 담 앞에 두 그루가 그려져 있다. 모양새로 보아 은행나무가 틀림없으며 지금도 살아서 천연기념물 제59호로 지정되어 보호받고 있다. 《증보문헌비고增補文獻備考》에는 이 은행나무를 심은 기록이 나온다. 중종 14년1519 대사성大司成 윤탁이 명륜당明倫堂 아래에 은행나무 두 그루를 마주 보게 심으면서, 기초가 튼튼해야만 학문을 크게 이루듯이 나무는 뿌리가 무성해야 가지가 잘 자라므로 공부하는 유생들도 이를 본받아 정성껏 잘 키울 것을 당부했다는 것이다. 그림에는 나타나지 않지만 대성전 앞쪽에는 은행나무 두 그루가 더 있었다. 그래서 공자를 섬기는 서울 문묘의 행단에는 모두 네 그루의 은행나무 고목이 500여 년의 세월을 그대로 지키고 있다.

창덕궁 후원의 존덕정 옆에는 궁궐에서 가장 크고 오래된 은행나무 한 그루가 자라고 있다. 줄기 둘레가 약 세 아름에 달하는 4.5m이고 높이는 23m에 이르는 거대한 고목이다. 이 나무는 〈동궐도東闕圖〉에서도 만날 수 있다. 폄우사砭愚榭 북쪽, 존덕정의 서북쪽에 솟을대문 같은 태청문太淸門이 있는데, 이 문 앞에 서서 줄기는 곧고 수관은 타원형으로 아담한 나무가 오늘날의 은행나무로 짐작된다. 존덕정에는 1798년 정조가 직접 쓴 '만천명월주인옹자서萬川明月主人翁自序'라는 편액이 걸려 있다. 세상의 모든 냇물은 달을 품고 있지만 하늘의 달은 하나밖에 없다는 뜻이다. 정조가 왕권을 강화하고 신하의 도리를 강조하는 뜻으로 존덕정을 정비하면서 학문을 닦는 행단을 상징하는 은행나무를 심지 않았나 짐작해본다.

오래 살다 보니 은행나무는 사연도 많다. 강화도 서쪽의 작은 섬 볼음도의 천연기념물 제304호 은행나무는 황해도 연백에 있는 북한의 천연기념물 제165호 은행나무와 부부지간이었으나, 800여 년 전에 홍수로 수나무만 떠내려왔다고 한다. 그 후 매년 1월 30일이면 주민들이 풍어제를 지내 헤어진 은행나무의 슬픔을 달래주었다. 그러나 남북 분단 후 그마저 중단되어버리자 때때로 "우우웅! 우우웅!" 하는 울음소리를 내며 북에 두고 온 암나무를 그리워하여 사람들 가슴을 아프게 한다. 이 밖에도 신라의 마지막 임금 경순

마의태자가 심었다고 전하는 양평 용문사의 은행나무. 천연기념물 제30호이다.

왕의 아들인 마의태자가 나라 잃은 슬픔을 안고 금강산으로 가는 길에 심은 것으로 알려진 양평 용문사龍門寺의 천연기념물 제30호 은행나무, 임하댐 수몰 지역에 있던 것을 옮겨서 살려내는 데 수십억 원이 들어갔다는 경북 안동 용계리의 천연기념물 제175호 은행나무 등이 나름대로의 사연을 간직하고 있다.

은행나무는 다른 나무에 없는 몇 가지 특징을 갖고 있다. 첫째는 유주乳柱라는 긴 혹이다. 오래된 은행나무의 줄기나 가지에 기다란 혹이 생겨서 차츰 자라는데 모양새가 젖 모양이면서 기둥 같다 하여 이런 이름이 붙었다. 공기뿌리의 역할

서울 문묘의 천연기념물 제59호
은행나무에 달린 유주

을 하는 것으로 알려져 있으나 왜 생기는지는 명확하지 않다. 서울 문묘의 천연기념물 제59호 은행나무, 경남 의령 세간리의 천연기념물 제302호 은행나무, 충남 태안의 흥주사興住寺 은행나무 등에서 유주를 볼 수 있다. 둘째는 은행나무 세포를 현미경으로 들여다보면 발견할 수 있는 머리카락 1/10 굵기의 다각형 결정이다. 보석처럼 영롱한 빛을 내는데 수산화칼슘이 주성분이다. 셋째는 꽃가루에 있는 정충精蟲이다. 머리와 짧은 수염 같은 꽁지를 가지고 있어, 동물의 정충처럼 짧은 거리를 스스로 움직여서 난자를 찾아갈 수 있다.

은행나무는 우리나라와 중국, 일본에서만 자란다. 그렇다면 본래 고향은 어디일까? 중국 장강 하구 남쪽에 있는 천목산天目山 근처로 추정하고 있다. 우리나라에는 유교나 불교가 전파될 무렵 중국에서 들어온 것으로 짐작하고 있다.

은행이란 이름은 씨가 살구[杏]처럼 생겼으나 은빛이 난다고 해서 붙었다. 열매의 빛깔이 거의 흰빛이므로 백과목白果木이라고도 하고, 심으면 씨앗이 손자 대에 가서나 열린다고 해서 공손수公孫樹, 잎이 오리 발처럼 생겼다

고 해서 압각수鴨脚樹라고도 부른다. 은행나무는 암수가 다른 나무다. 근처에 수나무가 있어야 암나무가 열매를 맺는다. 조선시대에 홍만선이 지은 《산림경제山林經濟》에는 "은행나무는 수컷과 암컷의 씨앗을 함께 심는 것이 좋고 그것도 연못가에 심어야 한다. 그 이유는 물에 비치는 그들의 그림자와 혼인해 씨앗을 맺기 때문"이라고 했다. 서로 마주 보면서도 만나지 못하고 그리워만 하는 애틋한 남녀에 비유되기도 한다.

부채 모양의 은행잎은 모양이 예쁘고 단풍이 들면 색까지 고운데, 이것을 곱게 말린 뒤에 사랑의 마음을 전하는 편지에 함께 넣어 보내기도 했다. 최근 들어서는 잎에서 추출된 진액이 신약의 원료가 되는 등 사람들에게 이로운 노릇도 하고 있다. 고혈압, 당뇨병, 심장 질환 등의 성인병과 노인성 치매, 뇌혈관 및 말초신경 장애의 치료제로 계속해서 개발되고 있다. 열매는 노랗게 익으며 말랑말랑한 과육은 심한 악취가 난다. 우리가 흔히 은행이라고 먹는 것은 과육 안에 들어 있는 씨앗이다. 목재는 연한 황갈색을 띠는데, 재질이 너무 단단하지도 또 너무 무르지도 않아 오래전부터 쓰임이 많았다. 불상을 비롯하여 가구, 상, 칠기 심재, 바둑판 등에 널리 이용되었다.

은행나무는 바늘잎나무인가 넓은잎나무인가

나무를 구분할 때 흔히 잎이 침처럼 생긴 바늘잎나무와 넓적한 잎을 가진 넓은잎나무로 나눈다. 그렇다면 은행나무는 어디에 넣어야 할까? 잎의 생김새로 보아서는 당연히 넓은잎나무에 들어가야 할 것 같으나, 그렇게 간단하지 않다. 우선 은행나무는 밑씨가 그대로 노출되어 있는 겉씨식물로 바늘잎나무에 속하는 나무들과 촌수가 아주 가깝다. 또 은행나무를 이루고 있는 세포의 종류는 약 95%가 헛물관인데, 소나무나 향나무 같은 바늘잎나무도 헛물관이 차지하는 비율이 은행나무와 비슷하다. 더욱이 세포 종류뿐만 아니라 세포 모양이나 배열도 바늘잎나무와 구별이 안 될 만큼 거의 그대로 닮아 있다. 반면에 넓은잎나무는 헛물관은 아예 없고 물관을 비롯해서 여러 종류의 세포로 이루어져 있으며, 세포 모양이나 배열은 은행나무와는 전혀 다르다. 결국 현미경으로 은행나무의 겉옷을 벗겨버리면 그 속살은 바늘잎나무와 매우 비슷하다. 따라서 은행나무는 '속 모습'으로 보아 바늘잎나무 종류에 넣는 것이 더 합리적이다.

숲 속의 보디빌더

서어나무

Loose-flower hornbeam

서어나무를 일컫는 한자말은 서목西木이다. 음양오행에서 서쪽은 양陽이 아니라 음陰을 상징한다. 대체로 습기가 많고 햇빛이 덜 들어도 잘 살아가는 탓에 음지에서 자란다는 뜻으로 서목이 된 것으로 추정한다. 서나무, 서어나무란 말은 서목을 우리말로 읽은 것이다. 서어나무는 장끼 울음소리가 지척으로 들리는 앞산에서도, 또 나무꾼의 도끼질이 울려 퍼지는 깊은 산골짜기에서도 흔히 만날 수 있는 평범한 나무다. 그러나 오래된 서어나무는 줄기의 모양새가 특별하다. 대부분의 큰 나무 줄기는 둥근 원통형인데, 서어나무는 회색 줄기의 표면이 울룩불룩한 것이 마치 보디빌더의 근육 같다.

우리나라에서 나무가 자라는 지역은 남해안과 섬 지방의 난대, 백두산을 비롯한 개마고원의 한대, 그 외의 지역의 온대로 나눌 수 있다. 온대림은 다시 온대 남부, 온대 중부, 온대 북부로 나뉘며 서울을 포함한 중부 지방이 온대 중부에 해당한다. 서어나무는 참나무 종류와 함께 중부 지방을 대표하는 나무로서, 띠를 두르듯이 많이 자란다고 하여 서어나무대帶라고도 한다. 따라서 서어나무는 한반도의 가운데를 차지하는 가장 넓은 지역에 걸쳐 두루 자라는 흔한 나무인데, 안타깝게도 쓸모가 그렇게 많지 않다.

경복궁 • 서어나무

↖ 날카로운 톱니가 들쑥날쑥한
　긴 타원형 잎

경복궁 수정전 옆 궐내각사
터에서 자라는 서어나무

과명	자작나무과	학명	*Carpinus laxiflora*	분포 지역	중남부 산지, 일본

길게 늘어지는 수꽃, 포 여럿이 모여 이삭처럼 보이는 열매, 보디빌더의 근육 같은 울퉁불퉁한 줄기

우선 울퉁불퉁한 줄기는 우람한 근육질을 자랑하는 남성미의 화신으로도 보이나, 줄기를 잘라놓고 보면 둥그스름한 원형이 아니라 아메바를 보고 있는 듯 제멋대로다. 그러니 동그란 보통의 나무와 달리 공예품을 만들기에도 판자로 켜기에도 적합하지 않다. 게다가 목재는 마르면서 쉽게 비틀어지고 잘 썩기까지 하니 어디 마땅하게 쓸 만한 곳이 있겠는가? 다만 방직용 목관木管, 피아노의 액션action, 운동기구 등에 소량으로 쓰일 따름이다. 표고버섯을 키우는 밑나무로도 쓸 수 있으나, 참나무 종류보다 버섯 생산량이 적어 잘 쓰지 않는다. 결국 나무 쓰임새 중에서는 최하 등급이라 할 수 있는 땔나무용으로 떨어질 수밖에 없다. 전북 완주에 있는 화암사花巖寺의 주요 부속 건물인 우화루雨花樓를 개축할 때 나온 불구佛具의 일부가 서어나무로 만들어졌다. 알려진 쓰임새 중에서는 가장 귀하게 쓰인 것이다.

서어나무는 잎지는 넓은잎 큰키나무로 아름드리로 자란다. 긴 타원형의 잎은 어긋나기로 달리고 처음에는 붉은빛이 돌다가 차츰 초록빛으로 변한다. 잎의 끝은 꼬리처럼 길어지고 아랫부분은 약간 오목하며 가장자리에는 겹톱니가 있다. 잎맥은 10~12쌍으로 뒷면 잎맥 위에 잔털이 있다. 암수한그루로 꽃은 잎보다 조금

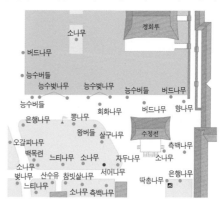

전북 남원 행정리의 개서어나무 숲. 우리나라에서 가장 아름다운 마을숲 중 하나다.

먼저 봄에 핀다. 가을에 익는 열매는 여러 개의 포(苞)가 모여서 작고 긴 이삭처럼 달리고, 밑으로 처지며 듬성듬성 벌어져 있다.

서어나무 종류 구별하기

서어나무 종류에는 서어나무, 개서어나무, 까치박달, 소사나무 등이 있다. 개서어나무는 서어나무와 매우 비슷하다. 간단히는 잎의 끝이 꼬리처럼 길면 서어나무, 잎의 끝이 차츰차츰 뾰족해지면 개서어나무로 구별한다. 좀 더 세밀하게 보면 열매를 감싸는 포의 가장자리까지 톱니가 있으면 서어나무이고, 바깥쪽 가장자리에만 톱니가 있고 잎 표면의 맥 사이에 털이 밀생하며 주로 남부 지방에서 자라면 개서어나무다. 까치박달은 이름과 달리 박달나무 종류에 들지 않고 서어나무 종류에 포함된다. 그래서 족보를 따질 때 틀리기 쉽다. 까치박달은 회갈색 줄기에 다이아몬드 모양의 숨구멍이 있는데, 오래되면 비늘 모양으로 벗겨진다. 잎맥은 12~20쌍이나 되고, 잎 아랫부분이 비대칭 심장 모양인 것이 특징이다. 소사나무는 자연 상태에서는 남부 지방에서부터 서해안 섬 지방에 걸쳐 자라며 분재로 많이 이용된다. 잎의 크기가 서어나무 종류 중에서 가장 작고 잎의 끝이 차츰 좁아진다. 소사나무란 이름은 작은 서어나무라는 뜻의 소서목(小西木)에서 왔다.

서어나무 종류 중 하나인 까치박달의 잎과 원통형 열매

10

남자에게 좋다는 산수유, 임금님도 드셨을까?

산수유

Cornelian cherry

우리나라 봄의 아름다움은 노란빛과 함께 시작된다. 봄꽃을 대표하는 개나리, 정원의 산수유, 산속의 생강나무에서부터 노랑나비, 노란 병아리 등에 이르기까지 모두 노란빛 천지다. 칙칙한 겨울을 벗어나 봄을 알리는 첫 손님으로는 물론 매화가 있지만 우리 주변에서는 흔하면서 샛노란 꽃이 강렬한 인상을 남기는 산수유가 더 친근하다.

궁궐에서도 마찬가지다. 대체로 3월 중하순을 지나면 각 궁궐마다 산수유가 독특한 자태를 드러낸다. 잎이 나오기 전에 손톱 크기의 작은 꽃들이 20~30개씩 모여 조그만 우산 모양을 만들면서 나뭇가지가 잘 보이지 않을 만큼 지천으로 달린다. 우리나라 어디에서나 심어서 키우고 있으며, 수십 그루 또는 수백 그루가 한데 어울려 꽃동산을 이루는 모습은 새 생명이 움트는 봄날 가장 아름다운 경치 중 하나다. 전남 구례 상위마을, 경북 의성 사곡마을, 경기도 이천 백사마을 등이 산수유가 집단으로 심어진 대표적인 곳이다.

꽃이 지고 나면 주위의 짙푸름에 숨어버린 산수유는 잠시 잊힌다. 그러다가 가을이 깊어지면 갸름한 오이씨처럼 생긴 예쁜 열매가 매달리기 시작한다. 봄에 첫사랑처럼 다가왔던 산수유 꽃 생각이 아니 날 수가 없다. 열매

↖ 잎맥이 활처럼 휘어지는 잎

경복궁 영추문 앞에
서 있는 산수유

| 과명 층층나무과 | 학명 *Cornus officinalis* | 분포 중남부 식재,
지역 중국 원산 |

이른 봄에 피는 노란 꽃, 약재로 쓰이는 붉은 열매, 거칠거칠한 껍질이 붙어 있는 줄기

는 초록색으로 달렸다가 만지면 '톡!' 하고 터질 것만 같은 선홍색으로 익는다. 구름 한 점 없는 코발트빛 가을 하늘을 배경으로 붉은 열매가 수천 개씩 달리는 산수유는 가을의 정취를 한층 돋보이게 한다.

봄날의 아름다운 첫 꽃과 가을의 예쁜 열매로 우리에게 친숙한 산수유는 원래 약재로 유명한 나무다. 산수유山茱萸를 비롯하여 식수유食茱萸, 오수유吳茱萸 등 수유란 이름이 들어간 나무는 대부분 약나무다. 산수유는《세종실록》'지리지地理志'에 벌써 약재로 등장하고《산림경제》'치약治藥'편에 열매를 술에 담갔다가 씨를 버리고 약한 불에 쬐어 말려서 사용한다고 했다.《동의보감》에는 "정력을 보강하고 성 기능을 높이며 뼈를 보호해주고 허리와 무릎을 덥혀준다. 또 소변이 잦은 것을 낫게 해준다"고 했다. 한마디로 정력 강장제다. 그러나 수많은 여인에 둘러싸여 살았던 조선시대 임금이 정력제로 산수유를 먹었는지는 명확하지 않다. 조선왕조실록에서도 임금에게 올린 여러 탕제 중에서 '산수유탕'은 찾아볼 수 없기 때문이다. 오늘날 "남자한테 참 좋은데……"로 시작하는 어느 회사 광고처럼 정력에 좋다는 소문을 임금이 몰랐을 리는 없다. 탕제를 올리는 의관이 민망하여 기록을 빠트린 것인지 아니면 내의원內醫院에서 임금의 건강을 생각하여 아예 차단한 것인지 알 길이 없다.

산수유의 고향은 중국 중서부로 알

려져 있고 우리나라에는 삼국시대에 들어온 것으로 짐작한다. 이와 관련된 기록은《삼국유사》'기이紀異'편에 실려 있다. 신라 제48대 임금 경문왕은 임금 자리에 오르자 귀가 갑자기 당나귀 귀처럼 길게 자랐다. 하지만 이런 사실을 궁인들은 물론 왕비도 눈치채지 못했고, 오직 모자를 만드는 장인만이 알고 있었다. 장인은 평생 이 일을 남에게 말할 수가 없었는데, 죽음이 가까이 다가오자 용기를 냈다. 홀로 도림사道林寺의 대나무 숲 속 아무도 없는 곳에 들어가 "우리 임금님 귀는 당나귀 귀다"라고 마음껏 외쳤다. 그는 평생 가슴에 담아왔던 비밀을 털어놓고 편히 눈을 감았으나 그 후 문제가 생겼다. 바람이 불 때마다 대나무 숲에서 "우리 임금님 귀는 당나귀 귀다"란 소리가 메아리가 되어 되돌아왔다. 경문왕은 그 소리가 듣기 싫어서 대나무를 모두 베어버리고 산수유를 심었다. 그런데 새로 심은 산수유 밭에서도 여전히 소리가 들려왔다. 겨우 당나귀란 말만 빠지고 "우리 임금님 귀는 길다"는 소리가 났다고 한다. 이 설화를 통해 산수유가 적어도 1,100여 년 전에는 우리나라에 있었음을 알 수 있다. 또 궁궐과 아주 가까운 곳에 심었으니, 귀중한 약재로 쓰였을 것을 짐작케 한다.

산수유는 잎지는 넓은잎 중간키나무로 높이가 6~7m 정도이고 나뭇가지가 옆으로 퍼져 자라 평퍼짐한 모양이다. 약용 식물로 심어왔으나 요즘은 오히려 정원수로 더 각광을 받고 있다. 잎은 마주나고 끝이 점점 뾰족해지는 타원형이다. 또 4~7쌍의 잎맥이 활처럼 휘어져 있다.

산수유와 생강나무 구별하기

마을 부근의 산수유가 노랗게 꽃망울을 터뜨릴 즈음, 양지바른 숲 속에서는 언뜻 보아 꽃 모양이 산수유와 너무나 비슷한 생강나무가 역시 봄의 전도사임을 자처한다. 잎이 나면 두 나무의 차이가 매우 뚜렷해 구별하는 데 별 어려움이 없으나 꽃만 보아서는 조금 혼란스럽다. 꽃이 피어 있을 때의 산수유와 생강나무를 손쉽게 구별하는 방법은, 일단 마

꽃자루가 긴 산수유 꽃 　　꽃자루가 짧은 생강나무 꽃

을 근처에 심어져 있는 것은 산수유, 숲 속에서 자연적으로 자라는 것은 생강나무로 보면 된다. 여러 개의 꽃이 모여서 피는 것은 마찬가지이나 산수유는 꽃자루가 길고 꽃잎은 4장이며 생강나무는 꽃자루가 짧고 꽃받침이 6장이다. 그래서 산수유는 작은 꽃 하나하나가 좀 여유 있는 공간을 가지면서 동그랗게 달려 있고, 생강나무는 작은 공처럼 모여 있는 느낌이다.

11

나를 먹을 수는 없을걸

화살나무

Winged spindle tree

화살나무란 이름처럼 나뭇가지에 화살의 날개 모양을 한 얇은 코르크가 세로로 줄줄이 붙어 있어서 이 나무는 누구라도 쉽게 찾을 수 있다. 코르크 날개는 왜 달고 있을까? 화살나무는 잎지는 넓은잎 작은키나무로 사람 키 남짓 자라고 새순이 맛있고 부드럽다. 자칫 산토끼 같은 초식동물의 먹이가 되기 쉬우므로 자구책을 강구한 것이라 여겨진다. 폭 5mm쯤 되는 얇은 날개를 보통 4개씩 달고 있어 본래보다 훨씬 굵어 보이므로, 이것을 먹으려고 덤비던 초식동물을 질리게 했을 것이다. 한자 이름은 '귀신이 쓰는 화살 날개'란 뜻의 귀전우鬼箭羽이고 또 '창을 막는다'는 뜻으로 위모衛矛라고도 하는데, 모두 코르크 날개 때문에 붙여진 이름이다.

　날개의 코르크 성분은 수베린Suberin이라 하는데 초식동물이 좋아하는 당분이 전혀 없다. 퍼석퍼석하여 씹으면 소리만 요란하고 맛이라고는 '네 맛도 내 맛도 없다'고 할 수 있다. 야들야들한 먹이를 좋아하는 녀석들이 양분도 없는 화살나무 가지는 쳐다보지도 않았을 것은 너무나 당연하다. 머리 좋은 조상이 유전자 설계를 기막히게 해준 덕분에 화살나무는 날개를 갖지 않은 형제 나무들보다 훨씬 많이 살아남았다.

↖ 뾰족한 잔톱니가 발달한
　타원형 잎

보기 드물게 크고 둥그렇게 자란
영추문 앞 화살나무

과명 노박덩굴과	학명 *Euonymus alatus*	분포 전국 산지, 중국, 지역 일본

늦봄에 피는 황록색 꽃, 갈라진 열매 속에서 붉은 가종피로 싸인 씨앗, 날개가 없는 매끈한 줄기

동물들은 맛이 없어 먹지 않지만 화살나무 가지의 코르크는 한약재로 알려져 있다. 《동의보감》에는 "헛소리를 하고 가위눌리는 것을 낫게 하며 배 속에 있는 기생충을 죽인다. 또 월경이 잘 나오게 하고 대하, 산후 어혈피가 모인 것으로 아픈 것을 멎게 한다"라고 밝혀두었다. 부인병에 많이 쓴 듯하다. 그러나 독이 조금 있어서 철쭉과 마찬가지로 임산부는 먹을 수 없다. 최근에는 암을 치료하는 민간요법의 치료제로 알려지기도 했다.

잎은 흔히 보는 잎자루와 잎몸을 가진 보통의 나뭇잎 모양이다. 마주나기로 달리고 타원형이며 잎 가장자리에 톱니가 있다. 빨간 단풍이 곱고 이른 봄에 나오는 새순은 나물로 먹을 수 있다. 늦봄에 황록색의 작은 꽃이 피고 나면, 가을에 콩알만 한 열매가 익는다. 열매의 붉은 보랏빛 껍질이 4갈래로 갈라지면 가운데에 새빨간 육질에 감싸인 씨앗이 매달린다. 특이한 모양의 가지와 가을의 붉은 단풍, 루비처럼 생긴 아름다운 열매를 감상하기 위해 정원수로 많이 심는다.

형제 나무로는 잎, 꽃, 열매 등의 모양이 화살나무와 거의 같으나 가지에 코르크 날개만 달리지 않는 회잎나무가 있다. 삼신할머니가 화살나무에 붙

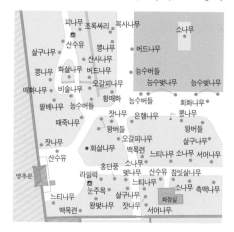

어린 가지를 보호하기 위해 생겨난 코르크 날개가 무리 지은 모습

여주었던 날개를 깜박 잊어버려, 모양새는 꼭 같으나 회잎나무라는 다른 이름을 갖게 되었다. 날개가 없어 초식동물에게 더 많이 희생된 탓인지 화살나무만큼 흔하지는 않다.

화살나무 종류 구별하기

화살나무속은 늘푸른나무와 잎지는나무로 크게 구분할 수 있다. 늘푸른나무는 사철나무와 줄사철나무가 있으며 잎지는나무는 본문에서 설명한 화살나무와 회잎나무 외에도 회목나무, 참회나무, 회나무, 나래회나무, 참빗살나무 등이 있다. 잎지는나무 쪽의 종류를 구별하면, 우선 회목나무는 화살나무와 거의 같으나 줄기에 사마귀처럼 생긴 코르크 돌기가 보이며 잎 뒷면에 털이 있다. 나머지는 열매로 구별한다. 열매가 둥글고 5갈래로 갈라지며 날개가 없으면 참회나무, 짧은 날개가 있는 것은 회나무다. 열매가 4갈래로 갈라

참빗살나무 열매

지고 긴 날개가 있고 날개 끝이 약간 휘면 나래회나무, 날개가 없고 약간 깊게 4갈래로 갈라지면 참빗살나무다. 이들은 모두 우리나라 산에서 흔히 만나는 작은키나무이나, 참빗살나무만은 줄기의 지름이 20~30cm에 이르는 중간키나무가 되기도 한다.

12

도깨비가 사는 집

왕버들

Giant pussy willow

왕버들은 가지가 굵고 튼튼하여 버드나무 종류이면서도 거의 늘어지지 않는다. 가느다란 가지가 길게 늘어져 산들바람에도 하늘거리는 능수버들과는 사뭇 다르다. 또한 수백 년은 거뜬히 살 수 있으며 아름드리로 자라고 모양새가 웅장해 우리나라에서 자라는 30여 종의 버드나무 가운데 왕으로 꼽힌다. 그래서 왕버들이다.

이 '버들의 왕'은 숲 속에 들어가서 다른 나무들과 잡스럽게 경쟁하며 살지 않는다. 아예 개울가, 호숫가 등 유난히 물이 많은 곳을 선택해 어릴 때 빨리 자라버림으로써 다른 나무들을 압도한다. 그래서 하류河柳라는 이름도 얻었다. 자연히 옛 선비들의 풍류를 상징하게 되었다. 전북 남원 광한루와 충북 제천 의림지, 경북 청송 주산지를 비롯한 전국의 이름난 명승지에는 왕버들이 그 멋을 뽐내고 있다.

왕버들은 습기가 많은 곳을 좋아하며 때로는 거의 물속에 잠긴 채로 수백 년 넘게 삶을 이어간다. 그래서 나무속이 잘 썩고 줄기에 큰 구멍이 뚫리는 경우가 많다. 그 구멍 속에 잘못 들어갔다가 죽은 곤충이나 작은 젖먹이 동물로부터 나온 인燐은 비 오는 날 밤에 푸른 불빛으로 번쩍이는 마술을 부

↖ 안쪽으로 살짝 굽은 작은
톱니를 가진 타원형 잎

경복궁 영추문과 경회루
연못 사이에 자라는
두 그루의 커다란 왕버들

과명 버드나무과	학명 *Salix chaenomeloides*	분포 중남부 저습지, 지역 중국, 일본

막 피려는 꽃봉오리, 꽃자리마다 달린 작은 열매(사진: 김태영), 회갈색으로 깊게 갈라진 나무껍질

린다. 바로 도깨비불이다. 도깨비불을 볼 수 있다고 하여 귀류鬼柳라고도 부르는데 '도깨비버들'이라고 하는 것이 더 친숙한 이름이 아닐까 싶다.

《삼국유사》에 다음과 같은 글이 있다. "당나라에 유학 중이던 혜통 스님이 몸에 용이 붙어 병이 든 공주의 치료를 부탁받고 그 용을 퇴치하니 공주가 이내 나았다. 그런데 용은 혜통이 자기를 쫓은 것을 원망해 신라로 와서 더 많은 인명을 해쳤다. 당나라에 사신으로 간 정공이 이런 소식을 전하자 혜통은 바로 귀국해 다시 그 용을 쫓아버렸다. 그러자 용은 자기의 행실을 알려준 정공을 원망해 버드나무로 변해서 정공의 집 문밖에 우뚝 섰다. 그러나 정공은 이것을 알지 못하고 다만 잎이 무성한 것만 좋아해 매우 아꼈다. 신문왕이 세상을 떠나고 효소왕이 즉위한 다음 왕릉을 닦고 장사 지내러 가는 길을 만드는데, 정공의 집 버드나무가 길을 가로막고 섰으므로 관리들이 이것을 베려고 했다. 이에 정공이 '차라리 내 목을 벨지언정 이 나무는 베지 못한다'고 했다. 이 말을 들은 왕이 크게 노해 정공의 목을 베고 그 집을 흙으로 묻어버렸다."

이 나무는 오늘날의 왕버들로 짐작하고 있다. 정공이 자신의 목숨과 바꾸었을 만큼 멋진

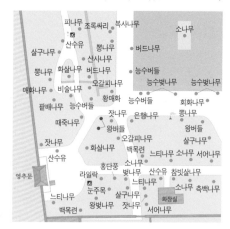

경복궁 · 왕버들

경북 청송 주산지에서 자라는 왕버들. 물속에 뿌리를 묻은 채 오랜 세월을 살고 있다.

모습이었을 테니 말이다. 1938년에 간행된 《조선의 임수林藪》라는 책을 보면 경주에는 '정공의 왕버들' 외에도 계림, 오릉 그리고 신라시대 최초의 절인 흥륜사興輪寺의 천경림天鏡林 등 역사적인 유래가 있는 곳에 어김없이 왕버들이 자라고 있었다. 지금도 경치가 빼어난 하천가에는 아름드리 왕버들이 서 있는 곳이 많다.

왕버들은 잎지는 넓은잎 큰키나무로 줄기 둘레가 두세 아름에 이른다. 가지가 넓게 벌어지고 줄기는 비스듬히 자라는 경우가 많아 물가의 조경수로 제격이다. 어린 가지는 황록색이며 줄기는 상당 기간 나무껍질이 갈라지지 않고 회백색이지만, 나이를 먹으면 회갈색으로 깊이 갈라진다. 잎은 달걀 모양이며, 새순이 돋을 때는 주홍색을 띠는 것이 특징이다. 잎의 가장자리에는 톱니가 있으며, 처음 잎이 나올 때는 턱잎[托葉]이 귓불 모양으로 붙어 있어서 앙증맞다. 암수딴그루이고 꽃은 잎과 함께 봄에 핀다. 꽃이 지면서 바로 익는 가벼운 씨앗은 다른 버드나무처럼 솜털에 싸여 날아다닌다.

13

늘어진 모습을 보고 사람들은 춤을 춘다

능수버들

Weeping willow

능수버들이라고 하면 경기민요 〈흥타령〉에 나오는 '천안삼거리'가 곧바로 떠오른다. "천안삼거리 흥/ 능수야 버들은 흥/ 제멋에 겨워서 흥/ 축 늘어졌구나 흥⋯⋯." 이 짧은 구절에서 우리는 능수버들의 모양새를 짐작하고도 남으며, 어깨를 들먹일 춤판이라도 금세 벌어질 것 같은 기분에 사로잡히게 된다. 충남 천안 삼룡동에 있는 천안삼거리는 조선시대에는 공주를 거쳐 호남으로 가는 길과 청주를 거쳐 문경새재를 넘어 영남으로 가는 길이 만나는 교통의 요지였다. 이곳에 있던 능수버들에 다음과 같은 전설이 남아 있다.

옛날 한 홀아비가 능소라는 어린 딸과 가난하게 살다가 변방의 군사로 뽑혀 가는 길에 천안삼거리에 이르렀다. 그는 더 이상 어린 딸을 데리고 갈수 없다고 생각하고 주막에 딸을 맡기기로 했다. 그리고 버드나무 지팡이를 땅에 꽂은 뒤 딸에게 이르기를 "이 지팡이에 잎이 피어나면 다시 이곳에서 너와 내가 만나게 될 것이다"라고 했다. 그 뒤 딸은 이곳에서 곱게 자라 기생이 되었다. 미모가 뛰어난 데다 행실이 얌전하여 그 이름이 인근에 널리 알려질 정도였는데 마침 과거를 보러 가던 전라도 선비 박현수와 인연을 맺었다. 이후 선비는 한양으로 떠나 능소와 작별했으나 장원 급제하여 삼남어사를

↖ 가장자리에 잔톱니가 촘촘한
　기다란 잎

경복궁 경회루 주변의 능수버들.
제멋에 겨워 축 늘어진 가지가
풍치를 더한다.

| 과명 버드나무과 | 학명 *Salix pseudolasiogyne* | 분포 제주도 이외 전국
지역 저습지, 중국 |

길이 1~2cm 정도인 수꽃, 열매가 갈라져 모습을 드러낸 솜털과 씨앗, 세로로 깊게 갈라진 나무껍질

제수받고 이곳에서 다시 능소와 상봉하여 "천안삼거리 흥, 능소야 버들은 흥" 하면서 노래 부르고 춤을 추며 기뻐하였다고 한다. 게다가 능소는 변방에 군사로 나갔다 돌아온 아버지와도 다시 만나게 되었다. 이곳에 버드나무가 많은 것은 부녀가 헤어질 때 꽂았던 지팡이가 자라서 퍼졌기 때문이라고 전하며, 이 버드나무를 능소버들 또는 능수버들이라 부르게 되었다는 것이다.

조선 후기1828-1830에 창덕궁과 창경궁昌慶宮을 그린 〈동궐도〉를 보면 지금의 서울대 병원 쪽인 창경궁 홍화문弘化門 앞 일대, 관천대觀天臺 부근, 창덕궁 돈화문敦化門 안쪽 등에 여러 그루의 능수버들이 그려져 있다. 조선시대에는 궁궐 여기저기에 능수버들을 많이 심었던 것으로 보인다. 봄바람이 북한산 응봉을 타고 내려와 버들가지를 간질일 즈음, 궁궐의 봄도 무르익어 갔을 것이다.

능수버들은 아름다운 자태를 자랑하는 정원수로만 쓰이지 않았다. 가끔은 활쏘기의 표적나무가 되기도 했다. 최고의 명궁은 왕이 참석한 가운데 능수버들의 늘어진 잎을 맞히는 것으로 우열을 가렸다고 한다. 실상 능수버들 잎을 화살로 맞힌다는 것은 불가능했을 것이다. 그만큼

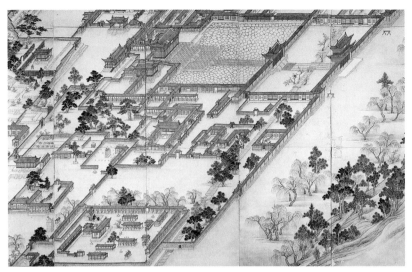

동궐도 중 창경궁 일대. 홍화문 앞과 관천대 부근에 능수버들이 심어져 있다.

정확하게 맞히라는 상징이었겠다.

능수버들은 잎지는 넓은잎 큰키나무로 줄기 둘레가 한 아름 정도로 자란다. 나무껍질은 흑갈색으로 세로로 깊게 갈라지며, 가지는 밑으로 길게 처지고 작은 가지는 황록색 혹은 적갈색이다. 잎은 가장자리에 잔톱니가 촘촘한 좁고 긴 피뢰침 모양이며 뒷면은 흰빛이 돈다. 암수딴그루이며 꽃은 봄에 잎과 함께 피고 열매는 늦봄에 익는다.

능수버들, 수양버들, 용버들 구별하기

가지가 아래로 운치 있게 늘어지는 버들에는 능수버들 외에도 수양버들과 용버들이 있다. 능수버들은 새 가지가 황록색, 수양버들은 적갈색인 것으로 구별해왔으나 학자들 사이에도 논란이 많다. 여기서는 편의상 수양버들을 능수버들에 합쳤다. 용버들은 어린 가지를 비롯해 상당히 굵은 가지와 잎까지도 용이 승천하는 것처럼 구불구불하게 자라기 때문에 금세 찾아낼 수 있다.

가지가 구불구불한 용버들

14

가장 흔하고 널리 쓰였던

버드나무

Korean willow

여기서 말하는 나무가 진짜 버드나무다. 그러나 가지가 길게 늘어지는 능수버들, 냇가에서 비스듬하니 운치 있고 크게 자라는 왕버들도 흔히 버드나무라고 부른다. 옛 문헌에도 이들을 따로 구별하지 않았고, 심지어 사시나무 종류까지 포함하여 양류楊柳라 부르기도 했다. 버드나무의 또 다른 이름은 버들이다. 버들가지는 가늘고 길게 늘어지므로 산들바람에도 쉽게 흔들린다. 이런 모양을 두고 부드러움을 나타내는 '부들부들하다'에서 말을 따와 '부들나무'라 했다가 '버들나무'가 되고, '버들나무'가 다시 버드나무가 된 것으로 보인다. 거의 같은 시대의 책인《훈민정음 해례본訓民正音 解例本》에는 버들,《월인석보月印釋譜》에는 버드나모라고 한 것으로 보아 예부터 버들이란 이름과 버드나무란 이름이 같이 쓰였음을 알 수 있다.

　　버드나무의 가늘고 휘어지는 가지는 실바람에도 하느작거리므로 부드럽고 연약한 것을 대표한다. 세류細柳란 말도 같은 뜻이며 여자의 날씬한 허리를 유요柳腰, 아름다운 버들잎 눈썹을 유미柳眉, 버들가지와 같은 고운 맵시를 유태柳態라고도 한다. 옛날 사람들은 사랑하는 사람과 헤어질 때 버드나무 가지를 꺾어서 주었다. 여러 가지 해석이 있으나 산들바람에도 쉽게 흔

↖ 봄에 잎이 날 때 동시에
함께 피는 꽃

경복궁 경회루 연못 옆으로
흐르는 개울가의, 경복궁에서
가장 우람한 버드나무

| 과명 | 버드나무과 | 학명 | *Salix koreensis* | 분포
지역 | 제주도 이외 전국
저습지, 중국, 일본 |

어긋나기로 길쭉하게 달린 잎, 막 익기 시작한 열매, 회갈색으로 얇게 갈라지는 나무껍질

들리는 버드나무 가지처럼 빨리 돌아오지 않으면 내 마음 나도 모른다는 다분히 투정 섞인 당부가 포함되어 있는 것 같다.

　오늘날 서울 정릉에 묻혀 있는 신덕왕후가 태조 이성계와 만나는 과정에는 버들과의 인연이 등장한다. 정조 23년1799 임금은 "일찍이 고사를 보니, 왕후께서 시냇물을 떠서 그 위에 버들잎을 띄워 올리니 태조께서 그의 태도를 가상하게 여겨 뒤에 결혼을 하게 되었다"고 했다. 급히 물을 마셔서 체할까 봐 버들잎을 띄운 지혜를 높이 사서 둘째 왕비로 맞이한 것이다. 거슬러 올라가보면 고려 태조 왕건이 왕비를 만나는 과정에도 버들잎이 등장한다. 왕건이 임금에 오르기 전 나주에서 견훤과 일전을 벌이고 있을 때다. 어느 날 진지의 아래에 오색구름이 서려 있어서 왕건이 가보았더니 우물가에 아름다운 처녀가 빨래를 하고 있었다. 물 한 그릇을 달라고 하자 처녀는 바가지에 버들잎을 띄워서 바쳤다. 이 처녀는 나주의 호족인 오다련의 딸이었다. 처녀의 총명함에 끌린 왕건은 그녀를 아내로 맞았다. 그녀가 바로 훗날 고려의 두 번째 임금 혜종을 낳은 장화왕후다.

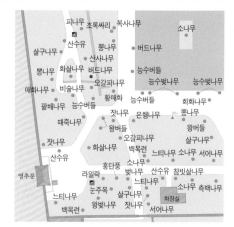

　버드나무는 우리 주변에 흔한 나무이면서 여러 가지로 유

용하게 쓰인 대표적인 나무다. 조선왕조실록을 중심으로 관련한 역사 기록을 찾아보자. 조선시대에 불씨를 갈아주는 궁중의 개화改火 행사에서 버드나무는 귀중한 몫을 했다. 태종 6년1406 "예조에서 봄에 만드는 불은 느릅나무와 버드나무에서 취한다" 했으며, 성종 2년1471에도 같은 기록이 있다. 조선 순조 때 홍석모가 지은 세시풍속인 《동국세시기東國歲時記》에 청명清明의 세시 민속으로 "버드나무판에 느릅나무 공이로 불을 일으켜 각 관청에 나누어준다"고 한 것도 개화를 말하는 것이다. 그리고 한양의 연중행사를 기록한 《열양세시기洌陽歲時記》에도 "한식에 병조에서 버드나무를 비벼 새 불을 일으켜 궁중에 진상하고, 임금은 이 새 불을 궁중의 각 관아와 대신들 집에 나누어준다"고 했다. 버드나무는 주술의 도구가 된 일도 많다. 성종 8년1477에 비상을 버드나무 상자에 담아 숙의 권씨의 집에 던진 것이 중궁 윤씨를 폐하는 빌미가 되었으며, 숙종 27년1701 희빈 장씨가 인현왕후를 저주하기 위하여 지금의 창경궁 통명전通明殿 연못가에 각시와 붕어를 넣은 버드나무 상자를 묻었다가 발각되어 사약을 받았다. 또 학질을 앓고 있는 환자가 있을 때는 나이 수대로 버드나무 잎을 따서 봉투에 넣고 겉봉에 '유생원댁 입납入納'이라 써서 큰길에 내다 버리면 병이 쉽게 떨어진다고 믿었다.

버드나무 심기를 장려한 내용도 있다. 세조 10년1464 의주를 지키는 일에 관하여 "지방관은 압록강의 동쪽 언덕에다가 긴 제방을 높이 쌓고 버드나무를 두루 심어야 한다"고 했고, 남이 장군도 버드나무와 느릅나무를 심어서 야인의 침입을 방어했다. 숙종 27년1701에도 "홍수 피해가 심한 함경도를 복구하는 데 느릅나무와 버드나무를 꽂아서 울타리 같은 모양을 만들고 그 안쪽을 흙과 돌로 메운다면, 뿌리를 내려 서로 연결되어 버틸 수 있을 것 같다"는 건의가 있었다. 군사 작전에 쓴 것으로는 《삼국사기三國史記》 '김유신金庾信'조에 "소정방, 김인문 등은 해안을 따라 의벌포에 이르렀으나 해안이 갯벌이어서 걸을 수가 없었다. 그들은 버들로 자리를 만들어 깔아놓고 군사들을 하선케 했다"는 기록이 있다.

버드나무는 곤장을 만드는 재료가 되기도 했다. 원래 곤장은 물푸레나무로 만들었으나 나중에는 단단한 참나무 종류가 사용되기도 했다. 그러다가 현종 4년1663에 버드나무로 대체하도록 했으나 잘 지켜지지 않았던지, 정

조 2년1778에는 "무릇 곤장은 모두 버드나무로 만들도록 하라"고 한 기록이
있다.

기우제를 지내거나 농사의 풍년과 흉년을 점치는 데도 버드나무는 빠
지지 않았다. 선조 30년1597 기록에 "일반 서민들은 병에 물을 담아 버드나
무 가지를 꽂고 사흘 동안 분향하는 것으로 기우제를 대신했다"고 한다. 정
조 22년1798 김양직은 "다음 해에 어떤 곡식이 풍년이 들 것인지를 알고자
하면 먼저 그해에 다섯 가지 나무 가운데 어느 것이 무성하게 자랐나를 알
아보고 그에 따라 곡식을 골라 심습니다. 벼는 대추나무나 버드나무에서, 기
장은 느릅나무에서, 콩은 느티나무에서, 팥은 오얏나무에서, 삼은 버드나무
나 가시나무에서 알아낸다고 합니다. 신이 보건대 지난해에는 대추나무 잎
이 무성했고 늙은 버드나무가 무성했던 바, 올해엔 벼농사를 권장할 만하겠
습니다"고 상소했다.

궁궐의 버드나무가 여러 번 벼락을 맞은 기록도 남아 있다. 인조 8년
1630에는 종묘 대문 밖에 있는 버드나무에 벼락이 쳤으므로 위안제慰安祭를
거행했다 한다. 그러나 지금은 벼락을 맞으려고 해도 종묘 앞에는 벼락을 맞
을 버드나무가 없다. 버드나무 몇 그루를 종묘 앞 공원에 옮겨 심는 것도 좋
을 듯 싶다.

야외에서 젓가락이 없다고 맛있는 도시락을 못 먹을 수는 없는 법. 혹
시 젓가락을 빠뜨렸다면 나무젓가락 구하러 가기 전에 근처에 버드나무가
있는지 한번 찾아볼 일이다. 버드나무는 흔하게 있으므로 그 가지를 꺾어 젓
가락을 만들어 먹으면 된다. 그러나 버드나무에는 쓴맛이 있다. 그 쓴맛을
내는 성분으로 아스피린을 만들었다. 기원전 5세기 무렵, 서양 의학의 아버
지 히포크라테스는 임산부가 통증을 느낄 때 버들잎을 씹으라는 처방을 내
렸다. 2,300여 년 동안 민간요법으로만 알려져 오던 버들잎의 신비가 밝혀
진 것은 1838년이다. 아스피린의 주성분인 살리실산Salicylic acid을 추출한
것이다. 그러나 그 성분이 실생활에서 활용되는 데는 상당한 시간이 걸렸다.
1899년에 이르러서야 독일 바이엘사의 젊은 연구원인 펠릭스 호프만이 아
스피린을 처음으로 상용화했다. 류머티즘성 관절염을 심하게 앓고 있는 아
버지의 고통을 덜어주기 위해 진통제 개발에 나섰던 것이다. 바이엘사는 해

열 진통제인 아스피린 하나로 100년 넘게 세계적인 제약회사의 자리를 지키고 있다.

　버드나무는 전국 어디에서나 자라는 잎지는 넓은잎 큰키나무로 줄기 둘레 한 아름 정도까지 자란다. 나무껍질은 회갈색이고 얕게 갈라지며, 어린 가지는 황록색으로 처음에는 잔털이 있으나 차츰 없어진다. 잎은 어긋나기로 달리며 길이 6~12cm, 너비 1~2cm 정도이고 긴 피뢰침 모양이다. 잎의 표면은 초록빛이고, 뒷면은 흰빛이 돌며 가장자리에 잔톱니가 있다. 암수딴그루이며, 4월에 꽃이 피고 5월에 바로 열매가 익는다.

버드나무 종류 구별하기

우리나라의 버드나무는 30여 종이 넘으나 흔히 만나는 종류로는 버드나무, 능수버들, 왕버들, 갯버들, 키버들이 있다. 버드나무는 가지가 밑으로 처지나 길게 늘어지지는 않고 가지를 잡아당기면 쉽게 떨어지는 반면, 능수버들은 가지가 늘어지고 당겨도 쉽게 떨어지지 않는다. 왕버들은 잎 모양이 타원형이고 새로 나는 잎이 붉은색을 띠어 쉽게 구별된다. 개울가에 무리 지어 자라는 작은키나무 중 갯버들은 잎이 어긋나는 반면 키버들은 흔히 마주난다.

높이 2m 남짓하게 자라는 작은키나무인 갯버들

15

놀란 배비장, 피나무 궤짝으로 뛰어들다

피나무

Amur linden

《배비장전》은 위선적이고 호색적인 양반을 풍자한 조선 후기의 소설로 뮤지컬 〈살짜기 옵서예〉로도 잘 알려져 있다. 결코 여색에 빠지지 않을 것이라고 본처에게 장담하고 제주도로 떠났던 배비장이 그곳 기생 애랑에게 홀딱 반해버린다. 한껏 애간장을 태운 애랑과 겨우 잠자리를 같이할 무렵, 애랑의 남편으로 위장한 방자의 호통에 놀라 배비장은 피나무 궤짝 속으로 들어간다. 궤짝째로 사또 앞에 옮겨진 배비장은 결국 발가벗은 채 동헌 마당에서 허우적거리며 망신을 당한다. 이처럼 피나무의 주요 쓰임새는 궤짝이다.

피나무 목재는 황백색으로 가볍고 연하면서도 결이 치밀하고 곧아서 가공하기가 쉽다. 또 빨리 자라고 구하기가 쉬워 판자로 켜서 궤짝을 만드는 데 널리 쓰인다. 조선왕조실록을 보관하는 궤짝 역시 대부분이 피나무로 만들어졌다. 정조 즉위년1776에 "가래나무와 피나무를 판목으로 쓰기 위하여 몰래 베는 일이 많았다"는 내용이 있다. 조선 숙종 때 제작된 가로 233.0cm, 세로 108.3cm 크기의 대형 돈의문敦義門 현판 등도 피나무로 만들었다. 그 밖에 불경을 얹어두는 상經床, 밥상, 교자상, 두레상으로 쓰였고 산간 지대에서는 굵은 피나무의 속을 파내어 독을 만들기도 했다.

↖ 가장자리에 예리한 톱니를
가진 하트 모양의 잎

독특한 모양의
열매를 맺는 피나무

| 과명 | 피나무과 | 학명 | *Tilia amurensis* | 분포 | 전국 산지, 중국 |
| | | | | 지역 | 동북부, 러시아 동부 |

향기가 강하고 꿀이 풍부한 꽃, 긴 주걱 모양의 포에 매달린 독특한 열매, 세로로 갈라지는 나무껍질

피나무는 바둑판의 재료로도 유명하다. 비자나무나 은행나무보다는 조금 못하지만 바둑돌을 놓을 때 느껴지는 표면의 탄력과 황백색의 색조 덕분에 바둑판의 재료로 손색이 없기 때문이다. 굵은 피나무는 해방 후 혼란기에 모조리 잘려나가 요즘은 바둑판을 만들 만한 굵은 나무가 거의 없어졌을 터인데도 여전히 피나무 바둑판을 팔러 다니는 장수가 있다. 아마도 대부분이 열대 지방에서 자라는 아가티스Agathis란 나무로 만든 가짜 피나무 바둑판일 것이다.

피나무 껍질의 섬유는 질기고 길어서 밧줄이나 삿자리, 자루, 각종 농사용 도구에서 어망에 이르기까지 대단히 귀중하게 이용됐다. 피나무란 이름이 '껍질[皮]을 쓰는 나무'란 뜻에서 유래되었고, 영어로도 배스우드Basswood라 하여 같은 의미로 쓴다. 조선 세종 4년1422 태종의 장례 행사를 설명하는 내용 중에 "먼저 사면에 방틀을 설치하고, 그 위에 기둥 네 개를 세우며 대들보와 서까래를 걸고, 가는 나무를 피나무 줄로 얽어서 벽을 만든다"고 하여 피나무 껍질을 밧줄로 사용했음을 알 수 있다.

피나무는 전국 어디에서나 자라는 잎지는 넓은잎 큰키나무

로 줄기 둘레가 두세 아름에 이를 수 있는 큰 나무다. 나무껍질은 어릴 때는 갈라지지 않으나 나이를 먹어가면서 회갈색을 띠며 세로로 갈라진다. 잎은 어긋나기로 달리고 넓은 달걀 모양이다. 끝이 갑자기 뾰족해지고 아랫부분이 오목하게 들어간 것이 꼭 하트 모양처럼 생겼고, 가장자리에는 예리한 톱니가 있다. 암수한그루이며 꽃은 초여름에 작은 우산을 여러개 동시에 편 듯한 꽃차례로 피어서 잎겨드랑이에 여러 개가 달린다. 꽃의 색은 연한 노란빛이고 향기가 강하며, 노란빛 수술이 밖으로 튀어나와 독특한 꽃 모양을 이룬다. 또 꿀을

피나무 씨로 만든 염주

많이 함유하고 있어서 밤나무, 싸리 등과 함께 꿀을 따는 꽃이기도 하다.

　뭐니 뭐니 해도 피나무의 가장 독특한 모습은 초여름에 꽃이 피고 나면 바로 달리는 열매에서 볼 수 있다. 긴 주걱 모양 포의 가운데쯤에 굵은 콩알 크기의 갸름한 열매가 가느다란 대궁에 매달려 있다. 덕분에 열매가 익어 포와 함께 떨어졌을 때, 바람을 타고 헬리콥터 날개처럼 빙글빙글 돌면서 멀리 날아갈 수 있다. 피나무 조상의 혜안이 돋보인다. 열매 속에는 반질반질하고 윤기 있는 단단한 씨가 들어 있는데, 예로부터 절에서 염주를 만드는 재료로 귀하게 써왔다.

피나무 종류 구별하기

피나무 종류는 잎이나 열매 모양이 비슷하여 종을 구별하는 데 어려움이 많다. 비교적 흔히 만나는 피나무와 찰피나무, 심어 기르는 보리자나무를 중심으로 그 특징을 보면 다음과 같다. 잎 뒷면이 회녹색이고 열매는 둥글며 표면에 거의 줄이 없는 것이 피나무다. 잎 표면에 잔털이 있고 열매는 둥글며 열매의 아랫부분에 희미한 줄이 있으면 찰피나무, 열매는 둥글고 아랫부분에만 5개의 줄이 있으며 연한 회갈색 털이 촘촘하면 보리자나무다. 우리나라 절에 심어 스님들이 흔히 보리수라고 말하는 피나무는 대부분 보리자나무다.
그 외 울릉도에서 자라는 섬피나무, 잎이 다소 작은 뽕잎피나무, 북부 지방에 자라는 우리나라 특산의 염주나무 등이 있다.

16

밤보다 더 달고 고소하다

개암나무

Asian hazel

정월 대보름에 부럼을 깨무는 세시풍속이 있다. 이때는 잣, 호두, 가래, 은행, 밤 말고도 개암을 쓴다. 개암은 부럼으로 쓰일 만큼 껍질이 단단하기도 하지만, 달고 고소한 맛 또한 그만이다. 전래 동화 〈혹부리영감〉에도 개암이 등장한다. 도깨비들이 방망이를 내리칠 때에 맞춰 개암을 깨물었는데도 소리가 너무 커서 들켰다는 내용이다.

　개암나무는 다 자라도 줄기는 팔목 굵기에 높이는 사람 키를 조금 넘는 작은 나무이며 굳은열매[堅果]인 개암을 매단다. 밤처럼 딱딱한 씨껍질로 둘러싸인 열매 안에는 전분 덩어리 알갱이가 들어 있다. 비록 식물학적으로는 밤나무는 참나무과이고 개암나무는 자작나무과로 거리가 있지만 열매의 모양새나 쓰임은 비슷하다. 개암은 오늘날 우리에게 친숙한 열매는 아니다. 그러나 중국의 옛 책은 물론 옛 선비들의 문집이나 시가에 흔히 등장한다.《시경詩經》'대아大雅'편에서 찾을 수 있고,《본초강목》에는 중국 진나라에서 많이 난다고 해서 진榛으로 쓰며, 신라의 개암이 통통하게 살이 쪄서 가장 품질이 좋다고 했다.

　《고려사》의 '길례대사吉禮大祀'에 보면, "제사를 지낼 때 둘째 줄에는 개

↖ 옛날에는 제사 때 빼놓을 수
없는 과일이었던 개암

사람 키 정도로 자라는 개암나무

과명 자작나무과	학명 *Corylus heterophylla*	분포 지역 전국 산지, 일본

어린아이 손바닥만 한 잎, 붉은색의 암꽃과 이삭 모양의 황갈색 수꽃, 모여서 자라는 줄기

암을 앞에 놓고 대추, 흰떡, 검정떡의 차례로 놓는다"고 했다. 조선왕조에 들어와서도 《세종실록》 '오례'의 길례 의식 진설陳設에 "둘째 줄에는 개암을 앞에 둔다"고 했다. 종묘에 제사를 지낼 때도 꼭 올린 귀한 과실이었던 셈이다. 대체로 조선 초기까지는 밤과 함께 제수의 필수품이었고 세금으로도 거둬들였다. 그러나 조선 중후기로 오면서 개암은 제사상에서 퇴출된다. 임진왜란 이후 개암보다 더 맛있는 과일이 많이 들어온 탓도 있지만 개암의 생산량이 준 것도 한 원인으로 보인다. 영조 33년[1757] 혼전魂殿에 올리는 과일의 숫자를 줄이라고 하면서 "표고와 개암 같은 것은 더구나 드문 종류이니, 그 폐단은 익히 안다"고 말한 내용이 있다.

개암나무는 전국 어디에서나 자라는 잎지는 넓은잎 작은키나무로 사람 키보다 조금 크게 자란다. 줄기는 여러 개가 올라와 포기처럼 되는 경우가 많다. 잎은 넓은 타원형인데 어린아이 손바닥만 하고 끝 부분이 약간 뭉텅하면서 몇 갈래로 갈라지며 톱니가 있다. 잎이 보다 깊게 갈라지고 잎끝이 곧고 가지런하면 난티잎개암나무라고 하여 다른 나무로 구별하기도 했으나 지금은 개암나무와 같은 나무로 보고 있다. 이른 봄

한 나무에 암꽃과 수꽃이 같이 핀다. 수꽃은 2~3개씩 황갈색 이삭 모양으로 늘어지며, 약간 뾰족한 붉은색 암꽃은 가지 끝에 새순처럼 핀다. 새알보다 조금 작은 열매는 도토리처럼 딱딱한 껍질에 싸여 있으며 잎 모양의 받침으로 둘러싸여 있다. 초록색에서 갈색으로 익으면서 딱딱해진다. 개암을 진자榛子 또는 산반율山反栗이라고도 한다.

개암은《동의보감》에 "기력을 돕고 장과 위를 잘 통하게 하며 배고프지 않게 한다. 또 식욕이 당기게 하고 걸음을 잘 걷게 한다"고 하여 귀중한 약재였음을 알 수 있다. 지방, 단백질, 당분이 풍부해 예로부터 군것질거리로도 쓰였다. 맛은 밤과 비슷하면서도 더 고소하다. 게다가 강장 효과가 있어 몸이 허약하거나 식욕이 없을 때 많이 썼고 눈을 밝게 해주는 성분도 있다고 한다. 개암나무라는 이름은 '개밤나무'가 변한 것으로 짐작한다.

개암은 흉년에는 식량으로 사용했으며 기름을 짜서 식용유 또는 등잔 기름으로도 썼다. 북부 지방 일부에서는 잡귀를 쫓아내는 의미로 첫날밤 신방에 개암기름 불을 켰다고 한다. 특별히 기록은 찾을 수는 없으나 질 좋은 개암기름은 궁궐에서도 귀중하게 쓰였을 것으로 짐작된다. 개암나무는 서양에서도 예부터 널리 이용되었다. 우리와 마찬가지로 열매를 식용유 원료로 쓰는가 하면 가지를 마법 지팡이로까지 썼던 친근한 나무였음을 알 수 있다. 부드럽고 달콤한 헤이즐넛 커피가 개암 향이 들어간 커피이고, 제과점에서는 더 고소한 맛을 내기 위하여 개암을 사용한다.

개암나무와 참개암나무 구별하기

참개암나무의 잎은 개암나무의 잎과 크기는 비슷하나 갸름한 달걀 모양이며 잎 위쪽에 커다란 겹톱니가 있고 끝은 갑자기 꼬리처럼 뾰족해진다. 열매는 씨가 들어 있는 부분이 굵고 통처럼 생겼는데 매끄럽게 흘러내리듯 차츰 좁아져 작은 호리병 모양이다. 잎 모양 받침으로 감싸인 개암과는 그 모양새가 전혀 다르다. 그 외 물개암나무를 따로 구분하기도 했으나 참개암나무에 합치자는 견해도 많다.

참개암나무 열매

17

별주부가 처음 만난 나무

조팝나무

Simple bridalwreath spiraea

"소상강 기러기는 가노라고 하직하고, 강남서 나오는 제비는 왔노라고 현신現身하고, 조팝나무에 비쭉새 울고, 함박꽃에 뒤웅벌이오……." 고전소설《토끼전》에 나오는 한 대목으로, 토끼를 꾀러온 별주부가 육지에 올라와서 경치를 처음 둘러보는 장면이다. 육지로 올라온 별주부 눈에 금세 띄었을 만큼 조팝나무가 많이 피었던 모양이다. 대체로 4월이면 우리나라 어느 산기슭에서나 조팝나무 꽃이 핀다. 지금도 흔하게 볼 수 있는 꽃이니 별주부가 토끼를 꾀어내던 그 시절에는 더욱 흔한 꽃나무였을 것이다.

왜 조팝나무인가? 한창 꽃이 피어 있을 때에 보면 좁쌀로 지은 조밥을 흩뜨려놓은 것같이 작은 꽃이 많이 핀다 하여 '조밥나무'로 불리다가 조팝나무가 되었다. 쌀, 보리, 기장, 콩과 함께 오곡에 드는 조는 우리 생활과 밀접한 곡식이었다. 크기가 작기 때문에 사람이 좀스러우면 '좁쌀영감'이라 하고 쩨쩨하다 싶으면 '좁쌀을 썰어 먹을 녀석'이라고도 한다. 그러나 영 듣기 좋은 말이 아니므로 함부로 말했다가는 뺨이라도 얻어맞기 딱 알맞다.

늦은 봄, 잎이 피기 조금 전이나 잎이 나올 때에 작은 동전만 한 크기의 새하얀 꽃들이 마치 흰 눈가루를 뿌려놓은 것처럼 수백, 수천 개가 무리 지

↖ 5장의 꽃잎을 하얗게 펼친 꽃

새하얀 눈가루를 뒤집어쓴
것처럼 흰 꽃을 피운 조팝나무

과명	장미과	학명	*Spiraea prunifolia f. simpliciflora*	분포 지역	함북 이외 전국, 중국

어긋나기로 달리는 긴 타원형 잎, 4~6개씩 모여 열리는 열매, 집단으로 모여 자라는 가느다란 줄기

어 핀다. 하나하나를 떼어놓고 보면 작은 꽃이 아니지만 무리를 이루므로 좁쌀에 비유될 만큼 꽃이 작아 보인다. 흰빛이 너무 눈부셔 언뜻 보면 때늦게 남아 있는 잔설殘雪을 보는 듯하다.

꽃도 좋지만 조팝나무의 쓰임새는 약용으로 더 빛난다. 조팝나무속에 속하는 나무들은 해열과 진통 효과가 있는 살리실산 성분이 있어 진통제의 원료가 되기도 한다. 진통제의 대명사인 아스피린Aspirin의 이름은 조팝나무속의 속명屬名인 스피레아Spiraea에서 'spir'를 따오고 그 앞에는 약품 제조 과정에서 살리실산의 부작용을 완화하기 위해 쓰인 아세틸산Acetyl acid의 'a'를, 뒤에는 당시 바이엘사의 제품명 끝에 공통적으로 쓰던 'in'을 붙여서 만든 것이다.

예부터 조팝나무의 뿌리를 상산常山 혹은 촉칠근蜀漆根이라 했는데,《동의보감》에는 "맛은 쓰며 맵고 독이 있다. 여러 가지 학질을 낫게 하고 가래침을 토하게 하며 열이 오르내리는 것을 낫게 한다"고 했다. 또 조팝나무의 새싹은 촉칠이라 하여 학질 등 여러 가지 증상을 고치는 데 썼다. 조선왕조실록의 세종 5년1423 기록에도 "일본 사신이 와서 상산 5근

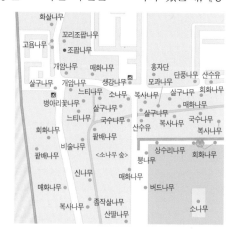

둥글게 모여 피는 당조팝나무 꽃, 평평하게 피는 참조팝나무 꽃, 원뿔 모양으로 피는 꼬리조팝나무 꽃

과 3근을 두 번에 걸쳐 바쳤다"는 기록이 있다.

조팝나무는 전국 어디서나 자라는 잎지는 넓은잎 작은키나무로 높이는 사람 키 남짓하다. 가느다란 줄기가 여럿 모여 집단으로 자란다. 어린 가지는 갈색으로 털이 있고, 잎은 양끝이 뾰족하며 가장자리에 톱니가 있고 어긋나기로 달린다. 꽃은 짧은 가지에서 나온 우산 모양의 꽃차례에 4~6개씩 달린다. 열매는 작디작은 꽃받침이 씨를 감싸고 있으며 갈색으로 익는다.

조팝나무 종류에는 이 외에도 꽃 모양과 빛깔이 다른 수십 종이 있다. 흰색 꽃이 모여 피는 당조팝나무, 연분홍색 꽃이 피는 참조팝나무, 진한 분홍빛 꽃이 꼬리처럼 모여 달리는 꼬리조팝나무, 작은 쟁반에 흰쌀밥을 소복이 담아놓은 것 같은 산조팝나무 등이 대표적인 아름다운 꽃으로 우리의 산야를 수놓고 있다. 조팝나무 종류의 대부분은 주로 중부 이북에서 자란다.

18

갯바람 소리를 즐기는 "팽~"나무

팽나무

East Asian hackberry

늦봄에 아주 자그맣게 피는 팽나무 꽃이 지고 나면 금세 콩알만 한 초록빛 열매가 달리고, 가을에는 등황색으로 익는다. 팽나무 열매는 가운데에 단단한 핵이 있고, 그 핵 주위를 약간 달콤한 육질이 둘러싸고 있어서 옛날에는 배고픈 시골 아이들의 좋은 간식거리가 되기도 했다. 그런데 왜 팽나무일까? 작은 대나무 대롱의 위아래에 팽나무 열매를 한 알씩 밀어 넣고 위에 나무 꼬챙이를 꽂아 오른손으로 탁 치면 아래쪽의 팽나무 열매가 멀리 날아간다. 이를 팽총이라고 하는데, 이때 "팽~"하고 소리가 난다고 해서 팽나무가 되었다고 한다.

팽나무 하면 또 떠오르는 것 중에 고사성어 토사구팽兔死狗烹이 있다. 기원전 3세기 무렵 진나라가 망하고 새 왕조가 들어서면서 항우, 유방, 한신의 권력 투쟁 과정에서 생겨난 말로, 날쌘 토끼를 잡고 나면 부리던 사냥개를 삶아 먹는다는 중국의 고사성어다. 한때 우리의 정치 현실과도 맞아떨어져 권력에서 밀려나기만 하면 흔히 '팽 당했다'는 말을 쓰기도 했다. 토사구팽의 '팽烹'이나 팽나무의 '팽'이나 뜻은 서로 다르더라도 둘 다 멀리 날아가는 속성은 같은 셈이다.

경복궁 • 팽나무

↖ 잎맥이 뚜렷하고 위쪽
반절에만 나 있는 톱니가
특징인 잎

느티나무와 더불어 마을
정자나무로 많이 심은 팽나무

과명 느릅나무과	학명 *Celtis sinensis*	분포 중남부 산지 및 해안. 지역 중국, 일본

눈에 잘 띄지 않는 꽃, 등황색으로 익는 열매, 나이를 먹어도 갈라지지 않는 매끄러운 나무껍질

팽나무의 한자 표기는 팽목彭木이다. 전남 진도 맨 남쪽에 팽목항이란 이름의 항구가 있다. 주위에 팽나무가 많아서 붙여진 이름이다. 2014년 4월 16일, 이름 없는 갯마을의 자그마한 '팽나무 항구'는 세월호 사건으로 비극의 현장이 되어버렸다. 이제 갓 피어나는 고등학생들이 희생된 것을 생각하면 가슴이 찢어지게 아프다. 예부터 아이들과 유난히 친근했던 팽목항의 팽나무들도 두고두고 가슴앓이를 할 것만 같다.

팽나무는 따뜻한 곳을 좋아하며 큰 고목은 주로 남부 지방에서 만날 수 있다. 특히 늘 소금기 머금은 바람이 부는 바닷가에서도 끄떡없다. 두툼한 나무껍질을 뒤집어쓰고 버티는 것이 아니라 수백 년이 되어도 울퉁불퉁하게 갈라지지도 않고 두껍지도 않은 회갈색 나무껍질을 그대로 유지하면서 버틴다. 소금물에 잘 견디므로 곰솔과 더불어 바닷가에 심기에 좋은 나무다. 갯내음 물씬 풍기는 포구 부근에서 흔히 자라서 팽나무를 포구나무라고도 부른다. 크게 자란 고목은 흔히 배를 매어두는 나무[繫船柱]로 쓰이기도 한다.

팽나무는 느티나무, 은행나무와 함께 오래 살고 아름드리로 크게 자라는 정자나무로도 유명하다. 제주도 애월읍 상가리에 있는 팽나

무는 자그마치 천 살이나 되었다 하며, 500살 정도는 보통이다. 경북 예천 금원마을의 넓은 평야 가운데에는 나이가 약 500살, 높이 15m, 줄기 둘레가 3m나 되는 팽나무 고목 한 그루가 자라고 있다. 이 나무는 황목근黃木根이라는 번듯한 이름도 가지고 있다. 전하는 말에 의하면 1939년 마을 공동재산인 토지의 소유권을 팽나무 앞으로 등기 이전할 때 이름이 필요해서 붙였다고 한다. 팽나무가 연한 황색 꽃을 피운다 하여 성은 '황'으로 하고, 근본 있는 나무라는 뜻으로 이름은 '목근'이라 했다는 것이다. 황목근이 소유한 토지는 12,232m²로 웬만한 부자 못지않은 부자 나무다. 마을을 지켜주는 수호목이자 당산나무인 황목근은 천연기념물 제400호로 지정되어 있다. 매년 정월 대보름 자정에 당제堂祭를 올리며, 음력 7월 보름인 백중百中에는 마을 주민이 나무 아래에 모두 모여 잔치를 벌이며 동네의 화목을 다지고 있다.

팽나무는 잎지는 넓은잎 큰키나무로 남쪽 바닷가의 노거수는 대부분 팽나무다. 어긋나기로 달리는 잎은 타원형이고 끝이 뾰족하며 가장자리의 절반 정도에만 톱니가 있다. 잎맥은 뚜렷한데 특히 가운데 잎맥과 아래 양옆의 잎맥이 뚜렷하다. 잎맥은 톱니의 끝까지 뻗지 않고 휘어버리는 특징이 있으며 잎맥의 수도 3~4쌍 정도밖에 되지 않는다.

팽나무 종류 구별하기

팽나무 외에도 왕팽나무, 검팽나무, 풍게나무, 좀풍게나무, 폭나무 등의 팽나무 가족이 우리나라에 자라고 있다. 팽나무는 잎의 절반 위쪽에만 톱니가 있고 등황색 열매를 맺는 데 비해, 풍게나무는 잎의 가장자리 전체

왕팽나무 잎

좀풍게나무 열매

에 모두 톱니가 있고 열매가 검다. 팽나무나 풍게나무가 우리 주위에서 흔히 보는 종류인 반면에 남부 해안가에서 작은키나무로 자라는 폭나무, 경상도 일부 산지에서 중간키나무로 자라는 왕팽나무, 강원도 산지에서 크게 자라는 검팽나무, 중부 이북 해안가에서 비교적 드물게 자라는 좀풍게나무가 있다. 폭나무와 왕팽나무는 등황색으로 열매가 익고, 검팽나무와 좀풍게나무는 검은색 열매를 맺는다.

진짜 나무는 나 참나무眞木외다

참나무

Oak

우리나라에는 1천여 종의 나무가 나름대로의 모양으로 자기 역할을 다하면서 살아가고 있다. 이들 중에는 경쟁에 밀려 겨우겨우 생명을 부지하는 녀석도 있고 거대한 몸집과 왕성한 활동으로 주위의 다른 나무를 제압하고 나무나라 왕좌를 차지한 녀석도 있다. 바늘잎나무[針葉樹] 무리에서는 소나무, 넓은잎나무[闊葉樹] 무리에서는 참나무가 바로 그들의 대표다. 2011년 산림청 통계에 따르면 우리나라 전체에 자라는 약 80억 그루의 나무 중 참나무가 21.6억 그루로 27%에 이르며 다음은 소나무가 18.4억 그루로 23%다.

예부터 우리 산에는 참나무가 흔히 자랐고 쓰임새가 많아 선조들은 '진짜 나무[眞木]'란 뜻으로 참나무란 이름을 지어주었다. 그러나 식물학적으로 참나무란 나무는 존재하지 않는다. 수목도감을 아무리 뒤져도 참나무과科, 참나무속이란 말은 있어도 우리에게 너무나도 익숙한 참나무는 찾을 수 없다. 다음 6종의 나무를 합쳐서 그냥 '참나무'라고 부르기 때문이다.

상수리나무, 굴참나무, 신갈나무, 갈참나무, 졸참나무, 떡갈나무가 그 주인공이다. 이 녀석들은 서로 교배가 잘 되므로 잡종이 수없이 많아 애매한 부분도 있지만, 대체로 이 6종을 참나무로 구분할 수 있다. 일단 여기서도

경복궁 · 참나무

이 여섯 나무를 통째로 참나무라고 부르기로 한다.

참나무는 땅이 깊고 비옥한 곳을 좋아하는 잎지는 넓은잎 큰키나무다. 회흑색의 나무껍질은 세로로 불규칙하게 갈라진다. 높이 20~30m, 줄기 둘레 두세 아름에 이를 수 있는 큰 나무다. 나무의 재질은 단단하면서도 질기고 또 쉽게 썩지 않으므로 각종 기구재, 선박재, 농기구, 건축재, 숯 제조 등에 두루 쓰였다.

나무의 성질과 분포 특성으로 보아 선사시대에 이 땅에 살던 선조들도 참나무로 움집을 지었다고 추측할 수 있다. 실제로 구석기시대 유적인 충북 제천 포전리의 점말동굴을 비롯한 여러 선사시대 유적에서 참나무가 많이 출토되고 있다. 1984년 전남 완도 어두리 앞바다에서 인양된 11세기의 화물 운반선, 일명 완도선의 선체 일부에도 참나무가 쓰였다.

참나무의 열매인 도토리는 배고픔을 달래주는 귀중한 식물로서 각광을 받아왔는데, 다음과 같은 이유가 있다. 참나무는 봄 가뭄이 들기 쉬운 5월 무렵에 꽃이 피어 수정된다. 햇빛이 쨍쨍한 맑은 날이 계속되면 수정이 잘 되고 가을에 도토리 풍년이 드는 것이다. 반대로 수정 시기에 비가 자주 오면 벼농사는 풍년이 들어도 도토리는 흉작이다. 굶어 죽으라는 법은 없는지, 쌀이 모자라면 도토리를 먹으라는 하늘의 섭리다. 《고려사》에는 충선왕 즉위년 1298에 "농사가 흉작이어서 백성들이 굶주리는 까닭에 왕이 자기 반찬을 줄이고 주방에 명령하여 도토리를 가져다가 맛보았다"는 기록이 남아 있는 것으로 봐도 도토리는 흉년을 이기는 귀중한 식량 자원이었음이 분명하다.

조선왕조실록에 보면 중종 12년1517 "황해도에 참나무가 많이 있는데 흉년에 아주 요긴하니, 지방 관서마다 이삼백 석을 저장하되 따로 창고를 만들어서 흉년에 대비하게 하소서"라는 대목이 나온다. 선조 27년1594에는 비변사備邊司에서 아뢰기를 "굶주린 백성을 구제하는 일은 쌀이 모자라면 초목의 열매로도 할 수 있으니 도토리가 가장 요긴합니다"라는 내용이 있다. 그러나 도토리를 주워 모으는 데 얼마나 많은 공이 드는지 모른다. 고려 말 윤여형이 지은 〈상률가橡栗歌〉를 보면 얼마나 힘들고 괴로운 일인지 짐작할 수 있다.

"도톨밤 도톨밤 참밤이 아니련만/ 어느 누가 도톨밤이라고 이름 지었나/ 차보다도 쓰디쓴 맛에 거무죽죽한 빛깔/ 그래도 주린 배 채워보려는데 이런 것도 없구나/ 불쌍한 시골 노인들, 주먹밥을 하나 차고/ 새벽닭 울 때면 벌써 도톨밤 주우러 가네/ 아스라이 높디높은 저 산에 올라가/ 나무덩굴 붙잡고 날마다 원숭이처럼 재주 부리네/ 뙤약볕 한나절 내내 주워도 광주리에도 차지 않아/ 쪼그려 앉으니 주린 창자가 꼬르륵꼬르륵하네/ 해 저물어 찬 하늘의 별 쳐다보고 골짜기서 잠잘 때면/ 솔가지에 불 지펴 계곡의 나물 삶는다/ 깊어가는 밤, 이슬 맞고 온몸에 서리가 내리면/ 울려 퍼지는 남녀의 신음소리, 아! 괴롭고 슬프구나……."

상수리나무 열매는 상수리, 이 밖의 참나무 열매는 도토리라고 예부터 따로 불렀다는 주장이 있다. 그러나 참나무 열매들은 모양이 엇비슷하여 전문가가 아닌 사람이 엄밀하게 구별하기란 매우 어렵다. 특별히 상수리나무 열매만을 상수리라 하지 않고, 참나무 열매를 통틀어서 도토리 혹은 상수리라고 했다. 경상도에서는 꿀밤이라고도 한다. 사람 사는 마을 주변의 야산에 상수리나무가 흔했기 때문에 지방에 따라서는 상수리나무 열매를 참나무 열매의 대표로 생각했을 수도 있다. 결론은 상수리와 도토리가 같다고 해도 틀린 이야기가 아니다. 그것을 구별하고 싶은 사람들의 마음을 굳이 몰라라 하고 싶진 않다. 그러나 도토리 하면 떠오르는 다람쥐한테 물어보자. 다람쥐들은 그 이름을 두고 문제 삼기보다 어느 열매가 더 맛있나를 따지겠지만 말이다.

참나무 6종은 대체로 다음과 같이 구별한다. 상수리나무와 굴참나무는 잎이 좁고 긴 타원형이고 가장자리에 짧은 침 같은 톱니가 있다. 이 침에는 엽록소가 없어서 회갈색이다. 상수리나무의 잎 뒷면은 연한 녹색이고 나무껍질은 세로로 약간 깊게 갈라지나 코르크가 발달하지는 않고, 반면 굴참나무는 잎 뒷면이 희끗희끗한 회백색이고 나무껍질에 코르크가 두껍게 발달한다. 또 상수리나무와 굴참나무는 꽃이 핀 다음 해에 열매가 익으나, 다른 참나무들은 꽃이 핀 바로 그해에 열매가 익는다.

졸참나무는 잎이 참나무 종류 중에서 가장 작으며 잎자루가 있다. 잎은 달걀 모양이고 가장자리에 안으로 휘는 갈고리 모양의 톱니가 있다. 갈참나무는 잎이 크며 잎자루가 있고, 가장자리가 물결 모양이거나 약간 뾰족하다.

1 상수리나무 잎
2 굴참나무 잎
3 졸참나무 잎
4 갈참나무 잎
5 신갈나무 잎
6 떡갈나무 잎

신갈나무와 떡갈나무는 둘 다 잎이 크고 잎자루가 없으며, 잎의 아랫부분이 사람의 귓불처럼 생겼다. 이 중에서 떡갈나무는 잎이 특히 크고 두꺼우며 잎의 뒷면에 갈색 털이 있다. 그러나 신갈나무는 잎에 갈색 털이 없고 두께가 얇다. 참나무는 대체로 각기 다른 곳에서 살아간다. 그리 높지 않은 야산이나 동네 뒷산에는 상수리나무와 굴참나무가 흔하다. 땅 힘이 좋고 습기가 많은 계곡에는 졸참나무와 갈참나무가 버티고 있다. 산 능선 주변의 척박한 땅에는 신갈나무가 터줏대감이다. 떡갈나무는 습도도 적당하고 통풍이 잘되는 고갯마루를 좋아한다.

19

참나무의 대표 선수

상수리나무

Sawtooth oak

참나무 종류 중에서 인가와 가장 가까이서 만날 수 있는 나무다. 깊숙한 산속보다는 앞으론 들판이 펼쳐지고 뒤론 야트막한 산이 평화롭게 둘러싼 우리의 전형적인 시골 마을 뒷산의 대표 나무가 상수리나무다. 대부분의 넓은 잎나무가 띄엄띄엄 다른 나무와 섞여 자라는 것과 달리 상수리나무는 여럿이 모여 숲을 이루는 경우가 많다. 함께 모여 자라다 보니 좀 더 빨리 햇빛을 받을 수 있는 광합성 공간이 필요하다. 서로 키 크기 경쟁을 하여 줄기가 곧게 쭉쭉 뻗은 경우가 많다. 이렇게 우리네 삶의 터전과 가까이 있으면서 곧은 나무가 많아 참나무 종류 중 가장 널리 이용된다. 옛 문헌의 상橡은 참나무 전체를 가리키는 경우도 있지만 대부분 상수리나무를 말한다. 북한에서는 참나무라면 바로 상수리나무를 일컫는 말이다.

　　잎은 손가락 한두 개쯤 길이에 끝이 뾰족하고 너비가 좁아 날렵하게 생겼다. 잎 가장자리의 톱니 끝 짧은 침은 회갈색이며 일정한 간격으로 붙어 있다. 잎 모양이 비슷한 밤나무 잎의 침이 녹색인 것과 다르다. 밑으로 길게 늘어지는 수꽃과 1~3개의 암꽃이 있고 수정이 되면 다음 해 가을에 도토리가 열린다. 굵은 도토리는 꽃싸개[總苞]가 반 이상 덮고 있으며, 꽃싸개에 붙

↖ 참나무 종류의 잎 중 가장
  날렵하게 생긴 잎

경복궁 집경당과 흥복전 사이에
자리한 상수리나무

| 과명 참나무과 | 학명 *Quercus acutissima* | 분포 전국 산지, 중국, |
| | | 지역 일본 |

길게 늘어진 꽃차례, 상수리라고도 불리는 열매, 회갈색이고 세로로 불규칙하게 갈라지는 나무껍질

은 긴 비늘 조각이 뒤로 젖혀진다.

상수리나무라는 이름이 붙여진 연유에는 몇 가지 전설이 있다. 황해도의 은율과 송화 사이에 구왕산이 있고 그 중턱에 구왕굴이라는 석굴이 있는데 예부터 전란이 일어나면 임금이 이곳으로 피란했다고 한다. 언젠가 양식이 떨어져 임금에게 수라도 올릴 수 없게 되자, 산 아래에 사는 촌로가 기근을 이겨내는 양식이라면서 도토리밥을 지어 바쳤다. 이렇게 임금을 살려냈다 해서 그 굴은 구왕굴求王窟, 산은 구왕산이라는 이름을 얻었다고 한다. 그후 도토리를 임금, 즉 상감의 수라상에 올렸다 하여 '상수라'라고 했고 이것이 상수리가 되었다고 한다. 또는 상수리의 한자 이름인 상실橡實에 '이'가붙어 '상실이'로 부르다가 '상수리'가 되었다고도 한다.

상수리나무는 이렇게 도토리로 배고픔을 달래주었을 뿐만 아니라 선조들의 생활용품에도 빠지지 않았다. 선사시대부터 집짓기에는 가까운 산에 자라는 상수리나무를 주로 이용했다. 가장 원시적인 주거 형태는 둥글게 움을 파고 둘레에 세운 서까래가 가운데로 모이도록 만든 원추형 움집이다. 서울 암사동유적의 4호 집터를 보면 바닥의 네귀퉁이에 큰 기둥구멍이 하나씩 있

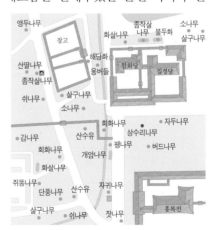

팔만대장경판이 있는 합천 해인사 수다라장(오른쪽 건물)의 일부 기둥은 상수리나무로 만들어졌다.

다. 움집의 벽을 보강하고 서까래를 견고하게 떠받치기 위해 기둥을 세우기도 했음을 알 수 있다. 여기에 쓰인 나무는 상수리나무였을 가능성이 가장 높다. 실제로 구석기시대 유적인 공주 석장리 유적과 단양 수양개 유적에서 나온 나무 중에도 상수리나무가 가장 많다. 창원 다호리 고분군의 1호분에서는 대형 목관이 나왔는데 지름이 1.5m나 되는 상수리나무의 가운데를 구유나무 밥통 모양으로 파내고, 그 안에 시신을 안치한 독특한 형식의 목관이었다. 비중比重이 거의 0.8이나 되는 상수리나무를 파내려면 발달된 제철 기술이 필수적이다. 즉, 창원 다호리 고분군에서 나온 목관은 2천 년 전 남해안 일대에 거주했던 사람들의 철기를 다루는 기술이 뛰어났음을 간접적으로 말해주는 자료이며 이는 최근 대량으로 발굴되고 있는 덩이쇠[鐵鋌]로도 증명된다. 그 외에도 팔만대장경판을 보관하고 있는 합천 해인사海印寺 장경판전 중 수다라장修多羅藏 기둥의 일부를 비롯해 조선시대에 지어진 사찰에도 상수리나무가 널리 이용되었다.

굴피집의 지붕은 이것으로 덮는다

굴참나무

Oriental cork oak

과명	참나무과
학명	*Quercus variabilis*
분포 지역	전국 산지, 중국, 일본

굴참나무는 나무껍질에 두꺼운 코르크가 발달하여 세로로 깊은 골을 지녀 다른 나무와 구별하기가 쉽다. 나무껍질을 손으로 눌러보면 푹신푹신한 감이 느껴질 정도로 탄력성이 좋다. 경기도에서는 골을 굴이라 하는데, 나무 이름은 '껍질에 굴이 지는 참나무'에서 굴참나무가 된 것으로 보인다.

굴참나무 껍질은 예로부터 비가 새지 않고 보온성이 좋아 지붕을 이는 재료로 널리 쓰였다. 《고려사》에 보면 "충숙왕 16년[1329] 봄, 왕이 천신산 밑에 임시 거처할 집을 짓고 그곳에 머물기로 하면서 관리들에게 '지붕은 무엇으로 덮으면 좋은가?' 하고 물으니, 관리들이 '굴참나무[樸杣] 껍질이 제일 좋습니다'라고 대답했다"는 기록이 있다.

얼마 전까지만 해도 깊은 산

경복궁 • 굴참나무

106

꽃차례(사진: 김태영), 열매, 나무껍질. 잎은 상수리나무와 비슷하지만 끝이 둥글다.

골에는 너와집이 흔했다. 너와나무기와를 만들 소나무나 전나무가 없으면 굴참나무 껍질을 벗겨 지붕을 이었다. 이런 집을 '굴참나무의 껍질[皮]'로 만들었다 하여 굴피집이라고 부른다. 그러나 흔히 굴피집의 재료가 굴피나무 껍질이라고 잘못 알고 있는데, 굴피나무는 굴참나무와 이름은 비슷해도 가래나무과에 들어가는 전혀 다른 나무이고 껍질로 지붕을 이을 수도 없다.

굴참나무는 우리나라에서 자라는 나무 중 껍질에서 코르크를 대량으로 채취하기에 가장 적합한 나무다. 황벽나무와 개살구나무가 굴참나무보다 더 질 좋은 코르크를 가지고 있지만 흔한 나무가 아니라서 많은 양을 한꺼번에 얻을 수 없다. 일제 강점기, 제2차 세계대전이 한창일 때 굴참나무는 껍질이 군수 물자로 취급되어 발가벗겨졌다. 그러나 줄기에서 껍질을 벗겨내도 20~30년 정도 지나면 다시 완전한 껍질이 형성되므로 지금 그 벗겨낸 흔적을 찾기는 어렵다. 굴참나무의 코르크는 질이 좋지는 않아서 현재 우리나라는 코르크를 전부 수입해 사용하고 있다.

두꺼운 코르크가 나무를 보호하는 덕분인지 참나무 종류의 고목 중에는 굴참나무가 가장 많다. 천연기념물로 지정된 굴참나무만 해도 경북 울진 수산리의 제96호 굴참나무를 비롯하여 서울 신림동의 제271호, 경북 안동 대곡리의 제288호, 강원도 강릉 산계리의 제461호 굴참나무 등이 있다.

졸참나무

이름처럼 작게 자라지는 않는다

Jolcham oak

과명	참나무과
학명	*Quercus serrata*
분포 지역	전국 산지, 중국, 일본

참나무 여섯 형제 중 잎이 좁고 갸름한 상수리나무와 굴참나무를 제외한 나머지 네 형제는 잎 모양이 넓은 타원형이다. 서로의 잎 모양이 조금씩 달라 구별할 수 있는데, 졸참나무는 잎 크기가 가장 작은 것이 특징이다. 졸卒은 병졸을 뜻하는 말로서 크고 웅장함에 대한 반대말이다. 장기판에서는 졸이 맨 앞에서 방어선을 구축하고 있다가 위급할 때 희생된다. 물론 가장 낮은 계급인 졸병이기 때문이다. 작고 볼품은 없지만 꼭 있어야 하는 귀중한 존재임에는 틀림없다. 졸은 '작다'는 의미로 해석되며, 졸참나무는 '가장 작은 잎을 가진 참나무'란 뜻으로 붙인 이름이다.

잎이 작다고 나무 자체가 작게 자라는 것은 아니다. 숲 속에서 만나는 큰 졸참나무는 두세 아름을 거뜬히 넘겨 다른 형제 참나

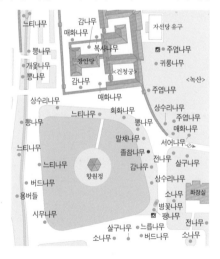

경복궁 · 졸참나무

꽃차례, 열매, 나무껍질. 나무껍질은 세로로 얕게 갈라지고, 잎은 참나무 종류 중 가장 작다.

보다 오히려 더 굵고 크다. 생명력이 강하여 나무를 베어버리면 다른 참나무 종류보다 뿌리목에서 새싹도 잘 돋는다. 햇빛을 많이 받는 곳을 좋아하고 조금 건조해도 잘 버틴다. 그래서 새로 만들어지는 참나무 숲을 이루는 중요 역할을 졸참나무가 담당한다. 또 뿌리의 발달이 왕성해 곁뿌리뿐만 아니라 굵고 곧은 뿌리도 잘 뻗어 산사태를 막아주는 기능도 무시할 수 없다.

졸참나무의 또 다른 특징은 잎의 가장자리에 끝이 뾰족하고, 때로는 안으로 휘는 톱니내곡거치內曲鋸齒가 있는 것이다. 가을 단풍은 적황색이나 적갈색으로 먼저 물들었다가 마지막에 갈색이 된다. 참나무 종류 중 단풍이 가장 아름답다고 할 수 있다. 도토리는 새끼손가락 첫 마디만 하여 알이 작은 편이며 모자같이 꽃싸개를 쓰고 있다. 꽃싸개에는 비늘이 기왓장처럼 덮여 있다. 참나무에 열리는 도토리는 종류에 상관없이 묵을 만들 수 있지만, 졸참나무 도토리로 만든 묵 맛이 제일 좋다고 한다.

경북 영양 북수마을 입구의 당산 숲에 자라는 졸참나무 고목은 높이 26m, 가슴 높이 둘레 3.6m에 이른다. 나이는 250살쯤으로 짐작되며 마을 근처에 자라는 졸참나무로서는 우리나라에서 가장 큰 나무로 보인다. 이 졸참나무와 당산 숲은 '영양 송하리 졸참나무와 당숲'이란 이름의 천연기념물로 지정되었다.

진짜 가을의 참나무

갈참나무

Galcham oak, Oriental white oak

과명 참나무과

학명 *Quercus aliena*

분포 전국 산지, 중국,
지역 일본

가을이 되어 잎이 떨어지는 모습을 보면, 대개의 나무들은 단풍이 들고 오래지 않아 잎이 떨어져버린다. 그러나 참나무 종류는 늦가을까지, 심한 경우는 다음 해 새잎이 돋아날 때까지도 잎이 그대로 달려 있다. 떨켜가 잘 발달하지 않아 생기는 현상일 뿐이지만 보고 있으면 어미나무와의 이별이 싫어 투정을 부리는 것 같아 마음이 짠하다. 갈참나무는 잎이 가을 늦게까지 달려 있고 단풍의 색깔도 황갈색이라서 눈에 잘 띄므로, '가을참나무'로 부르던 것이 갈참나무가 된 것이 아닌가 싶다.

산꼭대기나 가야 만날 수 있는 신갈나무나 떡갈나무와는 달리 갈참나무는 인가 근처의 구릉지에서도 비교적 흔히 만날 수 있다. 창덕궁에 가장 많은 나무는 참나무로 약 4,000여 그루나

창경궁

경복궁 · 갈참나무

꽃차례, 열매, 나무껍질. 잎은 신갈나무와 비슷하나 잎자루가 있는 점이 다르다.

된다. 이들 참나무 중에는 갈참나무가 1,400여 그루로서 전체 참나무 숫자의 약 1/3에 해당한다. 적합한 습기를 가진 낮은 구릉지에 자라는 특성이 있는 갈참나무에게 궁궐의 환경이 적당한 탓인 것 같다. 종묘의 참나무는 거의 90%가 갈참나무이며 서울 근교에 있는 조선왕릉의 참나무 종류도 갈참나무가 많다. 일부러 갈참나무를 골라 심지 않았나 하는 의견도 있지만 그런 흔적은 찾기 어렵다. 갈참나무 도토리는 상수리나무와 졸참나무 도토리의 중간 크기이고 꽃싸개가 기왓장처럼 덮여 있다. 잎은 신갈나무 잎과 닮았으나 신갈나무는 잎자루가 없고 갈참나무는 잎자루가 있는 것이 다르다.

경북 영주 병산리에는 갈참나무로는 유일하게 천연기념물로 지정된 나무가 있다. 높이 15m, 가슴 높이 둘레 3.4m에 이르는 천연기념물 제285호 갈참나무는 세종 8년1426에 창원 황씨 집안의 황전이 봉례奉禮 벼슬을 할 때 심은 것으로 알려져 있다. 또 계룡산 갑사 입구에 자라는 높이 18m, 줄기 둘레 4.4m의 갈참나무 보호수는 천연기념물 갈참나무보다 오히려 더 크다.

힘겹게 오른 산 정상에서 만나는 참나무

신갈나무

Mongolian oak

과명	참나무과
학명	*Quercus mongolica*
분포 지역	전국 산지, 중국, 일본

신갈나무의 고향은 북쪽 지방이다. 학명에서 종명種名 몽골리카*mongolica*도 이 나무가 널리 자라는 곳이 몽골임을 나타낸다. 삭풍이 몰아치는 추위도 버틸 수 있다는 뜻이다. 참나무 종류 중 나쁜 환경에서도 가장 잘 버티는 덕분에 척박하고 건조한 산 능선이나 산꼭대기 근처에서 신갈나무를 흔히 만날 수 있다. 등산을 갔다가 잠시 땀을 닦는 고갯마루나 능선의 좌우에 늘어선 참나무는 대부분이 신갈나무다.

사람이나 나무나 악착스럽지 못하면 좋은 자리를 빼앗기기 마련이다. 신갈나무라고 이런 땅이 처음부터 좋았을 리는 없다. 태곳적에는 구릉지나 야산에 자라던 신갈나무는 한반도에 사람들이 이주해와 숲을 파괴하여 농경지를 만들면서 삶의 터전을 차츰 잃어갔다. 마음씨 고운 신갈

꽃차례, 열매, 나무껍질. 나무껍질은 회갈색이고, 잎은 잎자루가 없고 손바닥만 한 크기이다.

나무는 사람뿐만 아니라 우악스런 다른 나무들에게도 자꾸 자리를 내주고 말았다. 남은 땅이라고는 바람 불고 메마른 산 능선과 산꼭대기밖에 없었다. 다른 나무들이 잘 찾지 않는 이런 메마른 땅에서 자기들만의 텃밭을 일구게 된 것이다.

　우리나라는 화강암이 많기 때문에 나무가 없으면 산에서 흙이 쓸려 내려가 금방 황폐해지기 쉽다. 하지만 신갈나무는 그런 곳마다 튼튼한 뿌리를 내려 흙을 움켜쥐고 버텨줄 뿐만 아니라, 몸속에 싹눈을 수없이 숨기고 있어서 나무꾼의 톱날에 줄기가 통째로 잘려나가도 금방 새 가지를 낼 수 있다. 물론 다른 참나무 종류도 이런 능력이 있지만 신갈나무만큼은 아니다. 만약 경사가 급한 산 능선에 생명력 강한 신갈나무가 없었다면 우리나라의 산들은 여기저기가 민머리였을 터다.

　신갈나무의 잎은 손바닥만 한 크기에 가장자리는 물결 모양이거나 둔한 톱니가 있다. 잎자루가 거의 없고 잎 아랫부분이 귓불 모양이라 이저耳底라고 한다. 신갈나무란 이름은 옛날 짚신의 밑바닥에 신갈나무 잎사귀를 깔곤 했다 하여 붙었던 '신갈이나무'라는 이름이 변한 것이라고도 한다.

떡 찔 때 요긴했던

떡갈나무

Korean oak, Daimyo oak

과명   참나무과

학명   *Quercus dentata*

분포   전국 산지, 중국,
지역   일본

"떡갈나무. 그 줄기와 그 가지에는 성큼성큼 생략이 많으나 잎과 열매에는 섬세하게 신경을 쓰고 있는 떡갈나무. 산속에서 조용히 생각하면서 살아가고 있는 기품 높은 나무. 잔재주가 없고 금선이 가늘지 않으며 번화한 것을 피하고 잡다한 것을 좋아하지 않는 품은 은둔해서 한적한 세월을 보내는 깨끗한 자세다."

나무 연구에 평생을 바친 임경빈 서울대 명예교수의 글에서 발췌한 내용이다. 지금껏 떡갈나무의 모습을 이렇게 풍부한 감성을 담아 명료하게 나타낸 글을 만나지 못했다. 떡갈나무는 바람도 사람도 쉬어가는 고갯마루, 바람이 잠시 멈추어 품고 있던 습기가 조금 많아지는 그런 곳에서 만날 수 있다.

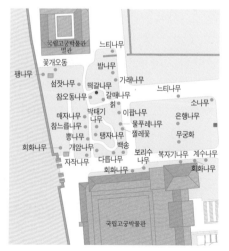

꽃차례, 열매, 나무껍질. 잎은 신갈나무와 비슷하지만 참나무 종류 중 가장 크고 두껍다.

　참나무 종류 중에서 가장 커다랗고 두꺼운 잎을 가지며 잎 가장자리가 큰 물결 모양이다. 잎 길이가 보통 한 뼘을 훌쩍 넘고 때로는 두 뼘에 이르는 큰 잎도 만날 수 있다. 손바닥 둘을 맞대어 편 만큼이나 큰 오동나무 잎보다야 작지만 단일 나뭇잎으로서는 당당히 두 번째 자리를 차지한다. 잎 뒷면은 회갈색의 짧은 털이 촘촘한데 바람에 수분이 과도하게 증발하는 것을 막아주는 효과도 있다고 한다. 떡갈나무의 잎 모양은 신갈나무와 비슷하나, 신갈나무의 잎은 두께가 얇고 뒷면에 털이 없다. 옛사람들은 떡을 찔 때 떡갈나무 잎을 사이사이에 넣어 떡이 서로 달라붙는 것을 막고 나뭇잎 향기도 스며들게 했다. 떡갈나무란 떡을 찔 때 넣은 참나무, 즉 '떡갈이나무'란 뜻이 포함된 것이다. 떡갈나무 잎은 냉장고 속에 넣어두면 불쾌한 냄새를 막을 수 있는 일종의 탈취제 역할도 한다.

　어린 떡갈나무의 단풍은 다음 해 새싹이 나올 때까지 다른 참나무 종류보다 더 오랫동안 나뭇가지에 붙어 있다. 이를 두고, 나무 밑에 돋아나는 다른 나무나 풀의 광합성을 방해하여 새로 돋아나는 동생 잎이 더 충실해지도록 하려는 형님 단풍의 마지막 배려라는 해석도 한다.

　떡갈나무는 잎을 쓰기 위하여 쉬이 잘라버리므로 주위에 고목을 만나기 어렵다. 그러나 오래 두면 다른 참나무보다는 조금 작지만 아름드리 큰 나무로 자라기도 한다. 충북 옥천에서 영동 영국사寧國寺 방향으로 넘어가는 평계리 고갯마루에는 줄기 둘레가 두 아름이 훌쩍 넘는 떡갈나무 고목이 있다.

20

밤을 환히 밝히는

쉬나무

Korean evodia, Bee bee tree

쉬나무는 경복궁을 비롯한 어느 궁궐에서나 쉽게 만날 수 있는 나무다. 지금
은 사람들에게 친숙한 나무도 아니고 별다른 특징도 없어서 크게 관심을 받
지 못하지만, 옛날에는 궁궐의 밤을 밝히는 데 기여한 중요한 나무였다. 쉬나
무의 열매에서 기름을 짜내 등유燈油로 사용했기 때문이다. 그래서 궁궐은 물
론 옛 선비들의 집 근처에는 꼭 쉬나무가 있었다. 주경야독晝耕夜讀이란 말처
럼 밤에 책을 읽으려면 불을 밝힐 기름이 꼭 필요하다. 하지만 석유가 들어
오기 전, 등유를 동물이나 식물에서 얻을 수밖에 없었던 시절에 불을 밝히는
일은 간단치 않았다. 어유魚油를 비롯한 동물 기름은 생산량이 적었으므로
옛사람들은 등유를 들깨, 유채, 해바라기, 아주까리 등에서 흔히 얻었다. 목
화씨에서 얻는 면실유도 있었다. 그러나 이런 초본 식물들은 곡물을 생산해
야 할 경작지에 심어야 하는 단점이 있었다. 동백나무나 때죽나무와 함께 산
에 심어서 비교적 손쉽게 기름을 얻을 수 있는 나무가 바로 쉬나무다. 조선
후기의 실학자 이익의 《성호사설星湖僿說》 '만물문萬物門'에 "호남 지방에선
들깨 대신 쉬나무 열매로 기름을 짜서 등불을 켠다"라는 기록이 있으며, 정
조 12년1788 《일성록日省錄》에도 쉬나무로 짐작되는 '등유목燈油木'이 나온다.

↖ 잎자루 하나에 7~11개씩
　작은잎이 달린 깃꼴겹잎

불 밝히는 데 쓸 기름을 얻을 수
있는 귀한 나무였던 쉬나무

과명 운향과	학명 *Evodia daniellii*	분포 전국 산지 및 인가 지역 부근, 중국

무더기로 달린 꽃, 기름 성분이 가득하며 까맣게 익은 씨앗, 동그란 숨구멍이 보이는 매끈한 나무껍질

쉬나무 등유는 불이 맑고 밝으며 그을음이 적어서 책 읽는 공부방에서는 더욱 인기가 높았다. 가을이 점점 깊어가는 10월 무렵이면 쉬나무에는 잔잔한 꽃들이 뭉쳐서 피었던 꽃자리마다 잔 콩알만 한 붉은색 열매가 셀 수도 없이 많이 매달린다. 이것을 수확하여 나뭇가지로 두들기면 쌀알 굵기의 새까맣고 반질거리는 씨앗이 떨어진다. 최근에 조사한 자료를 보면 30년 이상 된 큰 쉬나무 한 그루에서 15kg이 넘는 씨앗을 얻을 수 있다고 한다. 물론 쉬나무는 암수딴그루이니 암나무를 심어야만 열매를 얻을 수 있다.

조선시대 양반은 이사를 갈 때 쉬나무와 회화나무의 씨앗은 반드시 챙겨갔다고 한다. 쉬나무 열매로 기름을 짜서 등불을 밝혀가면서 공부를 해야 했으며, 가지의 뻗음이 단아하고 품위가 있어서 학자의 절개를 상징하는 회화나무도 심어야 했기 때문이었다.

쉬나무 열매는 벽사辟邪의 뜻도 가지고 있었다. 옛날 서울 인근에 살던 사람들은 음력 9월 9일 중양절重陽節이 되면 남산이나 북악산에 올라가 음식을 먹으면서 하루 동안 즐겁게 놀았다. 이를 등고登高라고 하는데, 붉은 주머니에 쉬나무 열매를 담아서 팔뚝에 걸고 높은 산에

경복궁 · 쉬나무

올라가서 국화주를 마시면 재앙을 면할 수 있다고 믿었다.

쉬나무 씨앗은 등불뿐만 아니라 횃불로도 쓰인 것으로 보인다. 횃불로 널리 쓰인 재료는 소나무 관솔을 모아 쓰는 송거松炬와 싸리를 묶어 불을 붙이는 유거杻炬가 있다. 관솔횃불은 그을음이 많이 나고 싸리횃불은 불똥이 바로 떨어지는 단점이 있다. 쉬나무 기름은 불이 밝고 그을음이 적어 고급 횃불로 사용되었을 것으로 짐작된다. 경상도 일부 지방에서는 쉬나무를 소등燒燈나무라고 하는데, 소등은 횃불이란 뜻이다. 씨앗은 불을 밝히는 것 외에도 머릿기름, 피부병 약 등으로 쓰이기도 했다.

쉬나무란 이름은 '수유茱萸나무'가 발음이 편한 쉬나무로 변한 것이다. 북한에서는 그대로 수유나무라고 쓴다. 다 자라면 높이 약 10m, 줄기 둘레가 한 아름 정도에 이르는 잎지는 넓은잎 큰키나무인 쉬나무는 우리나라 중부 이남의 마을 근처나 뒷산에서 흔히 만날 수 있는 나무다. 쉬나무는 암수딴그루이며 고목이 되어도 나무껍질이 갈라지지 않고 회갈색으로 매끈하여 다른 나무와 잘 구별된다. 잎은 마주나기로 달리며 7~11개의 달걀 크기만 한 작은잎이 모여 깃꼴겹잎을 이룬다. 근래에는 꿀을 생산하는 밀원식물로서 중요성이 강조되고 있고, 목재는 무늬가 아름다워 각종 기구를 만드는 재료로 이용되고 있다.

쉬나무와 오수유

쉬나무와 비슷한 나무로 오수유가 있다. 《동의보감》에서 오수유는 오직 경주에만 난다고 했고, 《세종실록》'지리지'에도 경상도 경주부의 특산물이라 했다. 이것은 조선 초에 중국에서 오수유 씨앗을 가져와 경주 일대에 심은 것으로 볼 수 있는 증거다. 경주 지방에서는 흔히 오수유와 쉬나무를 함께 '소등낭구'(소등나무)라고 부른다. 이 지방 사람들은 오래된 소등낭구로 재떨이를 만들어 쓰기도 하는데, 그 재떨이에 가래침을 뱉으면 바로 맑은 물로 변한다고 한다. 그래서 이 지방 노인들은 두말없이 쉬나무와 오수유 껍질을 기침 특효약으로 달여 먹을 것을 권한다. 오수유의 열매는 주로 통증 치료제로 쓰이며, 동남쪽으로 뻗은 뿌리에서 채취한 껍질은 기침과 설사 치료제로 사용한다. 그리고 음낭이 켕기고 아플 때 오수유 잎을 소금에 볶아서 싸맨다는 재미있는 처방도 있다. 오수유는 쉬나무와 모양새가 거의 같으나, 작은잎의 개수가 약간 많고 잎 뒷면에 털이 있으며 열매 끝이 둥근 것이 차이점이다.

21

모래사장을 밟고 바다를 바라보며 자라는

해당화

Rugose rose

"해당화 피고 지는 섬마을에/ 철새 따라 찾아온 총각 선생님/ 열아홉 살 섬 색시가 순정을 바쳐/ 사랑한 그 이름은 총각 선생님/ 서울엘랑 가지를 마오 가지를 마오." 1966년에 가수 이미자가 동명의 KBS 라디오 연속극 주제가로 부른 〈섬마을 선생님〉이다.

노래 가사처럼 해당화海棠花는 바닷가 모래사장을 좋아하는 나무다. 넓디넓은 바다를 바라보면서 소금물투성이 모래땅에 뿌리를 묻고, 무리를 지어 산다. 〈몽금포타령〉에 나오는 황해도 몽금포와 함남 원산 명사십리 및 강원도 고성 화진포 등 우리나라 해안과 섬 지방의 모래가 있는 곳이라면 어디서나 해당화를 만날 수 있다. 개화기의 문장가 문일평은 그의 저서 《화하만필花下漫筆》에서 몽금포 해당화를 두고 "마치 황금 위에 붉은 비단을 펼친 것 같아서 그 아름다움의 극치는 보는 이로 하여금 오직 경탄케 할 뿐이요 말로 형용하기 어렵다"고 했다. 해당화는 늦봄에서 초여름에 걸쳐 지름 5~8cm에 이르는 제법 큰 진분홍 꽃을 피운다. 동그스름한 5장의 꽃잎은 너무 얇아 산들바람에도 나풀거린다. 그래서 연약하고 가녀린 여인을 상징하는 꽃으로 수많은 시가에 등장하는 단골손님이었다.

↖ 7~9개의 작은잎이 하나의
잎자루에 달리는 깃꼴겹잎

경복궁 장고 담장 아래의 해당화.
초여름에 진분홍 꽃을 피운다.

| 과명 장미과 | 학명 *Rosa rugosa* | 분포 전국 해안가, 중국,
지역 일본, 러시아 동부 |

가지 끝에 주로 하나씩 피는 꽃, 초가을에 빨갛게 익는 열매, 가시가 빽빽하고 포기를 이루는 줄기

우리의 문헌에서는《삼국사기》열전 '설총薛聰'조의 〈화왕계花王戒〉에 해당화가 처음 등장한다. 화왕을 찾아온 한 가인佳人이 이렇게 아뢰었다. "이 몸은 새하얀 모래사장을 밟고, 거울같이 맑은 바다를 바라보며 자랐습니다. 봄비가 내릴 때는 목욕하여 몸의 먼지를 씻었고, 상쾌하고 맑은 바람 속에서 유유자적하면서 지냈습니다. 이름은 장미라 합니다. 임금님의 높으신 덕을 듣고, 꽃다운 침소에 그윽한 향기를 더하여 모시고자 찾아왔습니다. 임금님께서 이 몸을 받아주실는지요?" 여기서 자기를 장미라고 소개하는 가인은 '모래사장을 밟고 바다를 바라보고 자랐다'고 하니 오늘날 우리가 알고 있는 장미가 아니라 해당화임을 알 수 있다.

《세종실록》'지리지'의 황해도 장산곶에 대한 설명을 보면 "삼면이 바다에 임했으며 가는 모래가 바람을 따라 무더기를 이루고 혹은 흩어지며, 어린 소나무와 해당화가 붉고 푸른 것이 서로 비친다"라고 했다. 해당화는 이렇게 바닷가 모래사장을 자라는 터로 삼지만 물 빠짐이 좋은 양지바른 땅이라면 바다를 바라보지 않는 내륙에서도 흔히 만날 수 있다. 기록을 찾기는 어려우나 아름다운 꽃이 피니 궁궐 안에 심었을 것이라는 짐작은 충분히 할 수 있다. 특히 화계花階의 주요 꽃나무로 빠지지 않았을 터이다. 오래전부터 경복궁 아미

충남 서천 선도리 바닷가에서 자라는 해당화. 진분홍 꽃을 활짝 피웠다.

산에 자라고 있는 해당화가 이를 증명한다.

해당화는 꽃 감상 말고도 쓰임새가 많다. 꽃잎은 말려 술을 담그거나 향수의 원료로 쓰고 차로 우려 마시기도 한다. 한방에서는 주로 뿌리를 약으로 쓰는데, 치통과 관절염에 좋은 것으로 알려져 있다. 해당화란 이름 이외에 특별히 겹해당화를 매괴玫瑰라고 부르기도 한다.

해당화는 땅속줄기가 길게 뻗어서 새로운 줄기를 만들어 집단을 이룬다. 잎지는 넓은잎 작은키나무로 높이는 1~2m 정도가 고작이며 줄기와 가지에 예리한 가시가 있고 사이사이에 털이 촘촘하다. 잎은 7~9개의 작은잎으로 이루어지며 어긋나기로 달리는 깃꼴겹잎이다. 잎은 두껍고 타원형으로 주름이 많고 윤기가 있으며, 뒷면은 잎맥이 튀어나와 있다. 잎에는 잔털이 촘촘하며 선점이 있고 가장자리에 잔톱니가 있다. 새로 돋은 가지 끝에서 꽃대가 나와 진분홍 꽃이 주로 하나씩 핀다. 꽃이 예뻐도 줄기와 가지 곳곳에 가시를 숨기고 있으니 조심해야 한다. 초가을에 붉게 익는 구슬 모양 타원형 열매도 해당화의 또 다른 매력이다. 우리나라뿐만 아니라 발해만, 캄차카 반도를 포함한 러시아 동부, 일본의 홋카이도[北海道]까지 널리 자란다.

22

가을에 보랏빛 구슬을 조롱조롱 달고 서 있는

좀작살나무

Purple beautyberry

작살은 두 가지 뜻이 있다. 고기잡이 도구로서의 작살과 무슨 일이 잘못되어 아주 결딴나거나 형편없이 깨지고 부서질 때 '작살난다'고 말하는 그 작살이다. 둘 다 이름에서 오는 느낌은 조금 삭막하다. 작살나무란 이름은 나뭇가지가 정확하게 서로 마주나기로 달리고 중심 가지와 60~70° 정도로 벌어진 모습이 삼지창 모양의 고기잡이 작살과 매우 닮아서 붙었다고 한다. 혹은 열매 모양에서 이름의 유래를 찾기도 한다. 늦여름부터 달리는 작디작은 열매가 보랏빛 쌀 같다 하여 자미紫米라 하다가 '자紫쌀나무'를 거쳐 작살나무가 되었다는 것이다. 우리 주변에서 흔히 만나는 작살나무는 대부분 좀작살나무이며 궁궐도 마찬가지다. 두 나무는 생김새가 너무 비슷하여 옛사람들은 따로 구별하지 않았으므로 여기서는 작살나무를 대표로 세워 설명코자 한다.

　작살나무는 습기가 많은 개울가에서 주위의 다른 나무들과 어울려 살아가는 평범한 나무다. 다 자라야 높이 2~3m 남짓한 작은 나무이니 주변 이웃들과의 관계에 생사가 달려 있다. 작살나무는 햇빛을 받기 위한 키 키우기 무한경쟁에 무모하게 뛰어들지는 않는다. 우선 알차게 이리저리 가지를 뻗어두고 적게 들어오는 햇빛이라도 효율적으로 광합성을 하는 것으로 대

↖ 끝이 꼬리처럼 길고 위쪽에
톱니가 달린 잎

경복궁 집경당 뒤편 담장
아래에서 자라는 좀작살나무

과명 마편초과	학명 *Callicarpa dichotoma*	분포 중부 이남, 지역 중국 중남부. 일본

잎겨드랑이에서 살짝 나와 피는 연보라 꽃, 초가을에 보랏빛으로 익는 열매, 여럿이 모여 자라는 줄기

응했다. 치열한 경쟁에서 살아남을 수 있는 이런 노하우를 갖고 있어서 작살나무는 우리 산에서 어렵지 않게 자주 만날 수 있다.

잎은 긴 타원형이며 끝이 꼬리처럼 길고 가장자리는 날카로운 톱니가 있다. 잎이 푸르른 봄에서부터 여름까지는 엇비슷한 이웃 나무들 사이에 섞여서 전문가의 눈이 아니면 작살나무를 찾아내기 어렵다. 그러다 숲 속의 초록빛이 한층 짙어진 한여름의 어느 날, 비로소 작살나무는 잎겨드랑이에 보랏빛의 깨알 같은 꽃들을 살포시 내민다. 그러나 꽃이 너무 작아서 우리 눈에 잘 띄지도 않으며 벌이나 나비들에게도 거의 주목을 받지 못한다. 이어서 달리는 좁쌀 크기의 열매는 가을에 익어갈수록 차츰 연보랏빛으로 변신하면서 숨겨둔 아름다움을 조금씩 내보인다. 가을이 완전히 깊어지면 지름 3mm 정도의 동그란 열매는 자수정을 닮은 예쁜 빛깔로 익는다. 가지마다 신비한 보라 구슬 열매들이 여럿 모여 송이송이 매달린 모습을 보고 비로소 사람들은 그 아름다움에 감탄한다. 하늘이 더욱 높아진 맑은 가을 날 햇빛에 반사되는 작살나무의 보랏빛 열매는 우리나라 특유의 코발트빛 가을 하늘과도 환상적

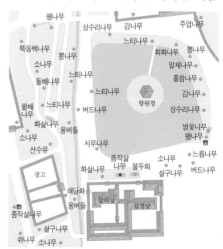

으로 어울린다. 여름 끝 무렵에 열리기 시작해 낙엽이 진 앙상한 가지에 삭풍이 휘몰아쳐 나뭇가지를 온통 훑어버릴 때까지 열매가 오랫동안 떨어지지 않는 것도 작살나무의 매력이다.

중국 사람들은 아름다운 작살나무 열매를 두고 자주紫珠, 즉 보라 구슬이라 했다. 일본 이름은 무라사키시키부[紫式部]다. 바로 일본의 유명한 고전소설인 《겐지모노가타리[源氏物語]》의 저자와 같은 이름이다. 불과 스물 서너 살에 과부가 된 총명하고 아름다운 여인, 일본인들이 아끼고 사랑해 마지않는 그녀의 이름을 작살나무에 그대로 붙인 것이다. 그만큼 작살나무 열매를 좋아했다는 것을 알 수 있다. 같은 나무를 두고 우리만 '작살'이라는 조금은 삭막한 이름으로 부른다. 조그만 정원이라도 있다면 가을의 정취를 만끽할 수 있는 작살나무 한 그루를 심어보길 권하고 싶다. 조금 습한 땅을 좋아하지만 약간 메마르고 그늘져 추운 곳이나 공해가 어느 정도 있는 장소라도 크게 투정하지 않는다. 가을에 씨앗을 따서 땅에 묻어두었다가 봄에 심으면 된다.

작살나무 종류 구별하기

작살나무 무리에는 작살나무, 좀작살나무, 새비나무 및 흰좀작살나무가 있다. 작살나무는 잎 가장자리 전체에 톱니가 있고 꽃대가 잎겨드랑이에서 바로 나온다. 좀작살나무는 잎 가장자리 아래 1/3의 상반부에 톱니가 있고 꽃대는 잎겨드랑이와 약간 떨어진 곳에서 나온다. 또 열매의 굵기는 작살나무가 3~4mm, 좀작살나무가 3mm로 좀작살나무의 열매가 약간 작은 경향이 있다. 새비나무는 잎과 꽃잎의 뒷면에 털이 촘촘한 것이 차이점이고 주로 남해안의 섬 지방에서 자란다. 흰좀작살나무는 열매가 하얗다.

작살나무 열매

흰좀작살나무 열매

새비나무 꽃

23

벌과 나비에게 외면당하는 "큰접시꽃나무"

불두화

Snowball tree

꽃은 식물의 생식기관으로 암수가 화합해 씨를 만드는 역할을 한다. 그러나 직접 움직여 짝을 찾을 수 없는 것이 식물의 운명이다. 수정을 위해서는 아름다운 자태를 갖추고 향기를 풍기면서 꿀까지 만들어 곤충을 꾀어들일 수밖에 없다. 그런데 암술이나 수술 없이 꽃잎만 잔뜩 피우는 '멍청이' 꽃나무도 있다. 이름하여 무성화無性花로, 그 대표 자리에 불두화佛頭花가 있다. 꽃 속에 꿀샘은 아예 생기지도 않고 향기도 내뿜지 않는다. 애초부터 벌과 나비가 외면할 수밖에 없다. 불두화는 매년 5월이 돌아오면 누가 가르쳐주지 않아도 아름다운 꽃을 피우지만 서글프게도 살아 있되 생식 기능이 없는 꽃, 석화石花인 것이다. 그렇지만 불두화는 부처님과의 남다른 인연으로 서러움을 면하고 있다.

불두화는 높이 3~4m의 작은 나무다. 정원수로 두루 심지만 가장 쉽게 만날 수 있는 곳은 절이다. 불두화는 부처님의 생일인 사월 초파일을 전후하여, 미소를 머금은 불상이 보이는 법당 앞에서 새하얀 꽃을 뭉게구름처럼 피워낸다. 꽃 하나하나는 동전만 한 크기에 암술이나 수술은 퇴화해버렸고, 5장의 꽃잎만 펼쳐져 있다. 꽃 수십 개가 다닥다닥 붙어 자리가 비좁아 터질

↖ 끝이 셋으로 갈라진 형태와
톱니가 특징인 잎

경복궁 집경당 뒤의 불두화.
열매를 맺지 못하고 꽃만 피운다.

과명	인동과	학명	*Viburnum opulus* f. *hydrangeoides*	분포 지역	전국 식재, 중국 동북부, 일본, 러시아 동부

처음 필 때는 연초록색이었다가 완전히 피면 희어지는 꽃, 모여 자라는 줄기

것처럼 촘촘히 피어 야구공만 한 꽃송이를 만든다. 꽃송이는 나발螺髮이라고 부르는 부처님의 곱슬머리 모양과 쏙 빼닮았다. 그래서 불두화, 즉 부처님 머리 꽃이라는 분에 넘치는 이름을 얻었다. 자라는 땅의 산성도에 따라 차이가 있으나 꽃은 처음 필 때에는 연초록색이었다가 완전히 피었을 때는 눈부신 흰색이 되고, 질 무렵이면 다시 연보라색으로 변한다.

　씨가 없는 불두화의 자손은 꺾꽂이나 포기나누기로 퍼져나간다. 그렇다면 본래 조상은 어느 나무일까? 바로 백당나무다. 산지의 습한 곳에서 높이 3m 정도로 자라는 작은 나무인데, 잎은 마주나고 끝이 3개로 크게 갈라지며 가장자리에 굵은 톱니가 있다. 꽃은 작은 우산을 펴놓은 듯이 주먹만 한 꽃차례에 둥글게 달린다. 안쪽에는 암꽃과 수꽃을 모두 가진 정상적인 꽃, 즉 유성화有性花가 달리고 바깥쪽에는 새하얀 꽃잎만 가진 무성화가 핀다. 바깥쪽의 무성화는 장식화裝飾花라고도 한다. 안쪽의 자잘한 유성화가 눈에 잘 띄지 않으므로 벌이나 나비가 쉽게 찾을 수 있도록 크고 흰 꽃으로 둘레를 장식한다. 전체 모양이 마치 접시를 올려놓은 것 같기도 하다. 이와 같은 백당나무에서 돌

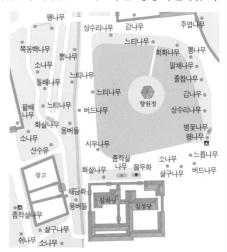

벌이나 나비의 눈에 잘 띄게 새하얗고 큰 무성화로 둘레를 장식한 백당나무 꽃과 빨갛게 익은 열매

연변이가 생겼거나 사람들이 인위적으로 무성화만 달리게 만든 것이 바로 불두화다.

북한에서는 백당나무를 접시꽃나무, 불두화를 큰접시꽃나무라고 부른다. 딱딱한 한자 이름보다 훨씬 정겹고 나무의 실제 모습과도 잘 어울리는 이름이다. 일찍부터 한글 이름을 써와서인지 북한에서는 아름다운 우리말 식물 이름을 많이 만들었다.

불두화와 나무수국, 수국 구별하기

불두화와 나무수국은 과가 각각 인동과와 수국과로 다른 별개의 나무이나 흰 꽃이 뭉치로 모여 피는 꽃 모양이 비슷하여 흔히 혼동한다. 불두화는 공 모양의 흰 꽃이 5월에 핀다. 나무수국은 최근 일본에서 수입하여 정원수로 많이 심는데 7~8월에 원뿔 모양의 꽃차례에 핀다. 잎 모양도 불두화는 끝이 셋으로 갈라지고 나무수국은 타원형이다. 그 외 불두화와 같이 열매를 맺을 수 없는 수국도 꽃이 공 모양으로 핀다. 그러나 수국은 꽃 색깔이

한여름에 꽃을 피우는 나무수국　　완전히 피면 푸른색을 띠는 수국

연한 자주색으로 피었다가 푸른색을 거쳐 연분홍색으로 변한 뒤 지며, 피는 시기도 초여름이므로 불두화와는 다르다.

24

나그네의 충실한 길라잡이

시무나무

David hemiptelea

"한양 천 리 떠나간들 너를 어이 잊을쏘냐/ 성황당 고갯마루 나귀마저 울고 넘네/ 춘향아 울지 마라 달래었건만/ 대장부 가슴속을 울리는 임이여."

흘러간 옛 노래 〈남원 애수〉다. 조선시대에 대장부가 출세하려면 연인과의 이별에 아무리 가슴이 미어져도 괴나리봇짐을 둘러메고 산 넘고 물 건너 과것길에 오르지 않을 수 없었다. 이와 같이 시무나무는 옛 과것길의 길라잡이 나무다. 길 가던 나그네들은 이정표로 심은 시무나무를 보고 '스무 리'를 왔다는 것을 알 수가 있었다. 5리 남짓한 가까운 거리에는 오리나무를 심고 좀 거리가 벌어지는 10리나 20리마다는 시무나무를 심어 얼마나 왔는지를 알아차리게 했다고 한다.

가까운 거리를 나타내는 오리나무는 아기 솔방울 같은 열매가 달려 겨울에도 금세 알아볼 수 있다. 5리마다 심는 오리나무는 아주 흔한 나무였다. 이정표가 아닌 오리나무를 보고 길을 잘못 들었다가도 아니다 싶으면 그리 먼 거리가 아니니 돌아가기도 어렵지 않았을 것이다. 그렇지만 10리, 20리 같이 먼 길을 나타내는 나무로 오리나무처럼 흔한 나무를 심을 수는 없었을 것이다. 한번 길이 어긋나면 돌아와야 할 거리도 멀기 때문에 얼른 알아볼

↖ 가장자리에 둔한 톱니가 있는
　긴 타원형 잎

경복궁 향원지 한쪽에
새로 심은 시무나무

| 과명 느릅나무과 | 학명 *Hemiptelea davidii* | 분포 전국 산지 및 인가
지역 부근, 중국 |

가시가 크고 날카로운 어린 가지, 반달 모양 날개를 가진 열매, 세로로 길고 깊게 갈라지는 나무껍질

수 있으면서도 주위에서 흔하게 자라지 않는 나무를 선택해야 하는 것이다.

시무나무는 어릴 때는 험상궂은 가시가 달리고 비옥한 땅을 좋아해 아무 데나 자라지 않는다. 또 모양이 독특한 열매까지 달리니 이정표 나무로는 제격이다. 나그네들은 다음에 지나갈 사람을 위하여 해진 짚신을 이정표 나무인 시무나무에 걸어두어 눈에 잘 띄도록 했다고 한다.

김삿갓의 시에 "이십수하삼십객二十樹下三十客 사십촌중오십반四十村中五十飯"이라는 구절이 있는데, '시무나무 아래의 서러운 손님이 망할 놈의 마을에서 쉰밥을 얻어먹었다'는 뜻이다. 한자를 훈이 아니라 음으로 읽어야 멋진 시가 된다. 시무나무는 느티나무나 팽나무와 같이 흔히 동네를 지켜주는 당산나무나 서낭나무로서, 따뜻한 밥 한 그릇 얻어먹지 못한 김삿갓과 울분을 같이하던 나무였다. 시무나무가 이정표나 당산나무로 쓰였다는 것을 방증하는 시라고 하겠다.

시무나무는 느릅나무와 그리 촌수가 멀지 않아서 크게 보아서는 느릅나무와 같은 종류에 들어간다. 잎의 모양새는 참느릅나무와 닮았으나 더 얇고, 잎의 아랫부분이 거의 비뚤어지지 않았다. 또 작은 가지는 흔히 가시

경복궁 • 시무나무

충북 충주 원평리 미륵석불과 경쟁하듯 높게 서 있는 시무나무. 나이 약 360살로 추정되는 고목이다.

로 변해서 한자로는 '가시 느릅나무'란 뜻으로 자유刺榆라고 한다. 특히 동네 앞 개울가에 서 있다가 자주 낫질을 당하게 되는데, 그럴 때마다 손가락 길이 만 한 험상궂은 가시를 촘촘히 내밀어 '왜 자꾸 자르냐'고 항변할 줄도 안다.

시무나무는 크게 자라며 재질이 단단하고 치밀해, 특히 수레바퀴를 만 드는 재료가 되었다. 박달나무가 초유楚榆라 해서 수레바퀴 만드는 재료의 으뜸이라면, 그 다음은 축유軸榆라고 하는 시무나무였다. 중국의《시경》에는 시무나무를 추樞라고 했다. 시무나무는 우리나라와 중국에만 분포하는 세계 적으로 희귀한 나무로서 학술적인 가치 또한 크다.

시무나무는 잎지는 넓은잎 큰키나무이며 전국 어디에서나 아름드리로 자란다. 봄에 새로 나는 시무나무 새싹은 쌀가루나 콩가루 등을 묻혀서 떡을 만들어 먹었다. 배고픈 백성들에게는 구황식물의 역할도 한 것이다. 또 시무 나무는 열매가 매우 독특하게 생겼다. 다른 느릅나무 무리가 비행접시처럼 동그란 날개 한가운데에 씨가 들어 있는 것과는 달리, 시무나무 씨앗은 한구 석으로 치우쳐 있어서 한쪽에만 반달 모양의 날개가 붙어 있다.

25

정자나무에서 '밀레니엄 나무'까지

느티나무

Sawleaf zelkova

시골 동네 어귀에는 정자나무 한 그루가 어김없이 서 있다. 은행나무나 회화나무, 팽나무 혹은 개울가라면 왕버들도 심었지만 정자나무로는 역시 느티나무가 최고다. 느티나무는 은행나무와 함께 천 년을 훌쩍 넘기며 사는 나무라서 온 마을의 역사를 다 꿰고 있다. 어디 그뿐이랴? 동네마다 서 있는 정자나무들이 서로 이야기를 주고받으면 그야말로 반만년 우리나라의 역사가 될 터이다.

느티나무는 정자나무로 보호된 덕에 우리나라의 나무들 중 고목이 가장 많다. 2021년 말 기준 산림청에서 조사한 보호수 고목은 1만 3,856그루이며, 이 중 느티나무가 7,278그루에 달해 약 52.5%에 이른다. 문화재청에서 관리하는 천연기념물과 시도기념물 느티나무도 각각 20여 그루씩이나 된다.

옛 문헌에 나타나는 느티나무를 보면 그 한자 이름이 확실하지 않아 혼란스럽다. 《물명고》에는 거欅라고 했으나 그 이전의 문헌에서는 이 글자를 찾아보기 어렵다. 또 규槻라고 말하는 경우도 있으나 이 또한 근거가 없다. 다만, 사서史書에 흔히 나오는 괴槐 혹은 괴목槐木이라는 글자가 지금 우리

↖ 끝이 뾰족한 긴 타원형 잎

경복궁에서 가장 크고 오래된
나무인 집옥재 앞 느티나무

| 과명 느릅나무과 | 학명 *Zelkova serrata* | 분포 전국 산지 및 인가 부근.
지역 중국, 일본, 러시아 동부 |

5월에 피는 작은 꽃, 잎겨드랑이에 달리는 열매, 짧고 가는 숨구멍이 옆으로 난 나무껍질

가 알고 있는 회화나무뿐만 아니라 느티나무를 말하는 게 아닐까 추정할 따름이다. 《삼국사기》 '점해이사금沾解尼師今'조를 비롯해서 몇몇 곳에 나타나는 괴곡槐谷은 느티나무골이다. 회화나무는 산에 심지 않았기 때문이다. 《태종실록》과 《세종실록》을 보면 관리의 복장을 규제하는 내용 중에 "홀笏은 괴목을 쓴다"고 했다. 이때의 괴목도 느티나무다. 그러나 백제 의자왕 19년659 "궁중의 괴목이 사람의 곡소리와 같이 울었다", 고려 태조 21년938 "궁궐의 괴수가 저절로 일어섰다", 조선 선조 11년1578 6월 28일 "소나기가 내리면서 천둥이 크게 일어나 문소전경복궁에 있던 태조의 정비 신의왕후의 사당 효선문 안의 괴목에 벼락이 쳤다" 등의 기록은 두 나무 중에서 어느 것인지 정확하게 가리기가 힘들다. 궁궐 안에는 느티나무뿐만 아니라 회화나무도 흔히 심었기 때문이다. 그러나 정약용의 《아언각비雅言覺非》에 "괴판槐板은 귀목龜木이라 한다"고 하여 느티나무임을 알 수 있다. 또 같은 책에 '늣회나무'라는 말이 있는데 이로 미루어 '늣회'가 변하여 느티가 된 것으로 보인다. 이때 '늣'을 '늣기다'는 옛말의 줄임말로 본다면, 둥그스름한 느티나무의 바깥 모양새가 회화나무와 같은

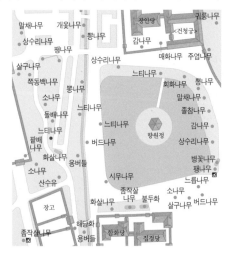

경복궁 · 느티나무

138

경남 거창 장기리의 약 500년 된 느티나무에 단풍이 들었다. 경상남도기념물 제197호이다.

느낌이 오는 나무란 뜻이 된다.

어쨌든 현재 창덕궁 후원에 있는 아름드리 노거수 94그루 중 느티나무가 35그루로 가장 많다. 목재는 결이 곱고 황갈색을 띤다. 그리고 윤이 조금 나고 잘 썩지 않으며 벌레도 잘 먹지 않는다. 게다가 다듬기가 좋고 물을 운반하는 물관의 배열이 독특해 아름다운 무늬를 만들어낸다. 큰 나무가 될수록 비늘, 구슬, 모란꽃 모양의 무늬가 나타나고 광택도 더 난다. 느티나무는 말려도 잘 갈라지지 않고 덜 비틀어지는 편이다. 또 마찰이나 충격에도 강하며 단단하기까지 하다.

느티나무는 당당하고 우아한 그 모습 말고도 이처럼 속에 갖춘 성질까지 다른 나무가 감히 따라올 수 없을 정도로 뛰어나다. 우리나라에서 가장 좋은 나무라고 해도 아무도 이의를 달지 않는다. 한마디로 나무가 갖추어야 할 모든 장점을 다 가지고 있는 나무의 황제다. 이러니 모양새를 따지는 가구, 생활 도구 등 어떤 쓰임이라도 다른 나무가 감히 넘볼 수가 없다. 느티나무는 세계적으로 유명한 우량 목재인 월넛, 티크, 마호가니, 자단, 흑단 등과 비교해도 전혀 손색이 없다.

우리나라에서 가장 오래된 건물 중 하나인 영주 부석사 무량수전. 외부 기둥 재질은 다 느티나무이다.

　나무를 다루는 기술이 남달랐던 우리 선조들이 느티나무를 그대로 둘리 없었다. 기록상으로는《삼국사기》'거기車騎'조에 "육두품의 안장에 자단, 침향, 회양목, 느티나무, 산뽕나무 등을 쓸 수 없다"고 했고, 조선 세종 12년 1430에는 "싸움배를 만들 때는 괴목판을 써서 겹으로 만들고, 만약 괴목을 구하기 어려우면 다른 나무를 쓰라"는 내용이 있다. 느티나무가 여기저기 귀하게 또 요긴하게 쓰였음을 알 수 있다.

　경산 임당동 고분군과 부산 복천동 고분군 그리고 경주 황남동 천마총에서 출토된 관을 조사해보니 느티나무로 만든 것이었다. 전남 완도 어두리의 바다에서 인양된 고려 초 화물선의 밑바닥 일부도 느티나무였다. 건축재로는 배흘림기둥으로 유명한 영주 부석사浮石寺 무량수전無量壽殿의 외부 기둥 16개, 팔만대장경판을 보관하고 있는 건물인 합천 해인사 법보전法寶殿 기둥 48개가 모두 느티나무다. 강진 무위사無爲寺 극락전極樂殿, 부여 무량사無量寺 극락전, 구례 화엄사華嚴寺 대웅전大雄殿, 제주도의 제주향교 등의 일부 나무 기둥도 느티나무다. 흔히 스님들이 '싸리나무'로 만들었다고 굳게 믿는 구유나 나무 불상도 느티나무로 만든 것이 많다. 그 밖에 사방탁자, 뒤주, 장롱, 궤짝 등 조선시대 가구까지 느티나무의 사용 범위는 이루 헤아릴 수 없을 정도다. 특히 느티나무는 오동나무, 먹감나무와 더불어 우리나라 전통 가구를 만드는 3대 우량 목재로 꼽힌다. 우리의 나무 문화는 흔히 소나무 문화라고 하지만, 그것은 조선 이후의 이야기다. 유적지에서 출토되는 유물로 보아 그전에는 느티나무 문화였다. 지난 2000년, 산림청에서는 새 천 년을 맞아 우리나라의 번영과 발전을 상징하고 국민에게 희망과 용기를 줄 수 있는 '밀레니엄 나무'로 느티나무를 선정했다.

느티나무는 잎지는 넓은잎 큰키나무로 전국에 걸쳐 자란다. 햇빛을 독차지하는 자리에 서 있는 정자나무로는 넓게 퍼져 자라지만, 다른 나무와 경쟁하며 자라는 숲에서는 곧고 우람하다. 그것도 높이가 20~30m, 줄기 둘레도 너덧 아름은 보통이므로 큰 건물의 기둥이나 임금의 관재로도 전혀 손색이 없다. 나무껍질은 어릴 때는 짧은 점선을 그어놓은 것처럼 가로 숨구멍이 있고 회갈색이며 매끄럽다. 그러나 오래되면 비늘처럼 떨어지고 그 흔적이 황갈색으로 남는다. 긴 타원형의 잎은 어긋나기로 달리고 끝이 뾰족하며 가장자리에 날카롭지 않은 톱니가 있다. 암수한그루로, 눈에 잘 띄지 않는 작은 꽃이 봄에 피며 가을에 작은 팥알 크기의 열매가 익는다.

26

우리나라 토종 옻나무

개옻나무

Fruit lacquer tree

개옻나무는 이름 그대로 옻나무와 비슷하지만 쓰임새가 그보다 못하다는 뜻이다. 옻나무가 중국에서 들여온 외래종인 데 비해 개옻나무는 예부터 우리나라 산에서 만나던 토종 나무다. 잎지는 넓은잎 중간키나무로 줄기가 팔뚝 굵기 정도면 꽤 큰 축에 든다. 어린 나무껍질은 회갈색이고 세로 방향으로 줄이 있으며 잎은 깃꼴로 작은잎이 여러 개 홀수로 달린다. 꽃은 늦봄에 원뿔 모양의 꽃차례에 여러 송이가 피며 길이가 한 뼘이나 된다. 콩알보다 작은 크기에 단단한 씨앗이 들어 있는 열매는 가을에 황갈색으로 익으며 밑으로 처진다.

옻나무에 대해서도 알아보자. 옻은 아주 오래전부터 인류가 사용한 식물이다. 한반도에도 청동기시대 옻칠 유물이 출토되었다. 평양과 황해도의 낙랑고분, 고구려의 고분, 서울 석촌동 고분군, 공주 무령왕릉, 경주의 천마총과 안압지 등 거의 모든 유적에서 옻칠 제품들은 수천 년을 거뜬히 버텼다. 이는 옻나무에 상처가 나면 이를 치유하기 위하여 흘러나오는 액체에 들어 있는 우루시올Urushiol을 비롯한 페놀 물질 덕분이다. 이 액체를 우리는 옻이라 부르는데 일단 굳으면 공기와 수분을 거의 완벽하게 막아주며 각종

↖ 끝이 뾰족한 13~17개의
작은잎을 달고 있는 깃꼴겹잎

보기 드물게 크게 자란
경복궁 집옥재 옆 개옻나무

과명	옻나무과	학명	*Toxicodendron trichocarpum*	분포 지역	전국 산지, 중국, 일본

잎겨드랑이에 달린 꽃봉오리, 황갈색으로 익어 매달린 열매, 깊게 파인 오래된 나무껍질

산과 알칼리에도 부식되지 않는다. 옛사람들은 목기, 가구, 제기, 병기, 목관, 공예품 등에 널리 사용했다. 사물의 표면에 무엇을 바를 때 흔히 쓰는 '칠하다'라는 말이나 깜깜한 어둠을 가리키는 '칠흑 같다'라는 표현도 역시 옻칠과 관련이 있다. 옻은 7~8년을 키운 지름 10cm 남짓한 옻나무에다 가로로 여러 줄의 홈을 파서 흘러내리는 수액을 모은다. 옻 채취 시기는 대체로 6~8월, 무더운 여름날 나무도 고생하고 사람도 고생한 결과물이다.

옻은 칠의 재료로만 쓰이지 않는다. 《동의보감》에선 "마른 옻은 어혈을 삭이며 월경이 멎은 것을 치료하고, 소장을 잘 통하게 하며 회충을 없앤다"고 했고, "생옻은 회충을 죽이고 오래 먹으면 몸이 가벼워지며 늙지 않는다"고 한다. 전통 음식인 옻닭을 만들 때도 들어가며, 최근에는 항암제의 원료가 되기도 한다. 이처럼 쓰임새가 넓다. 가을에 줄줄이 매달리는 콩알 굵기의 열매에도 또 다른 쓰임이 있다. 조선왕조실록에는 세종 5년1423 "임금은 팔도 감사에게 전하여 옻나무 열매를 이삭까지 달린 채로 따서 올려보내도록 했다. 대개 기름을 짜서 임금이 밤에 글 읽는 데 쓰려한 것이니, 그 기름이 연기가 없

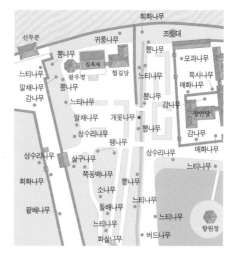

경복궁 • 개옻나무

고 밝기 때문"이라고 적고 있다. 세종이 옻나무 씨앗 기름으로 불을 밝히고 공부했다 하니 옻나무가 새롭게 보인다. 그러나 널리 사용한 등유는 쉬나무 열매에서 얻었다.

옻나무, 개옻나무, 붉나무 구별하기

옻나무는 심어서 가꾸는 탓에 인가 근처에서 만날 수 있고, 잎자루 하나에 달린 작은잎의 수가 9~13개다. 개옻나무는 주로 산에서 만날 수 있고 잎자루에 흔히 붉은빛이 돌며 작은잎은 13~17개이며 가장자리가 가끔 팬다. 옻나무와 개옻나무는 만지면 옻이 오른다. 이 외에도 흔히 만나는 옻나무와 닮은 종류에는 붉나무가 있다. 단풍이 붉고 아름다워서 붙은 이름이다. 붉나무는 염부목鹽膚木이라고도 부른다. 옛날에 소금을 구할 수 없을 때 붉나무 열매로 간편하게 소금 대용품을 만들곤 했다고 한다. 가운데에 단단한 씨가 있는 붉나무 열매는 가을이 깊어갈수록 표면이 소금을 발라놓은 것처럼 하얗게 된다. 여기에는 염화칼륨 결정이 들어 있어서 익으면 제법 짠맛이 난다. 긁어모으면 훌륭한 소금 대용품으로 쓸 수 있었다.
붉나무에 기생하는 이부자진딧물이 잎의 즙액을 빨아먹으면 그 자극으로 주변이 풍선처럼 부풀어 올라 벌레집이 생긴다. 안에 들어간 진딧물은 단성생식을 반복해 개체 수를 늘리고, 계속 즙을 먹으면서 벌레집을 점점 더 크게 만든다. 가을에는 아기 주먹만 한 벌레집이 생기는데 안에는 약 1만 마리의 진딧물이 들어 있다고 한다. 벌레집을 모아 삶아서 건조한 것이 오배자五倍子다. 오배자에 많게는 50~70%까지 함유되어 있는 타닌 성분은 가죽을 무두질할 때 꼭 필요하고, 머리 염색약의 원료가 되기도 한다. 오배자는 약재로도 널리 쓰였다. 붉나무는 작은잎의 개수가 7~13개이며 잎자루에 작은 날개가 붙어 있는 것이 특징이다. 붉나무도 예민한 사람은 옻이 오른다. 옻나무 종류는 이 외에도 검양옻나무, 산검양옻나무, 덩굴옻나무 등이 있다.

옻나무의 잎과 열매

붉게 단풍이 든 붉나무

27

줄기에 돋는 가시가 더 귀하다

주엽나무

Japanese honey locust

고려 고종 때 작품인 〈한림별곡翰林別曲〉에 "조협나무에 붉은 실로 붉은 그네
를 매옵니다"라는 구절이 나온다. 주엽나무가 고려 이전부터 우리 가까이에
있던 나무임을 알 수 있는 대목이다. 몇몇 지방에서는 주염나무 혹은 쥐엄
나무라고도 한다. 쥐엄나무란 이름은 쥐엄떡인절미를 송편처럼 빚고 팥소를 넣어 콩
가루를 묻힌 떡에서 유래했다. 주엽나무의 열매가 익으면 속에 끈끈한 잼 같은
것이 생기는데 이것이 쥐엄떡처럼 달콤한 맛이 나므로 이런 이름이 생긴 게
아닌가 싶다. 한자 이름 조협목皁莢木에서 조협나무, 주엽나무로 옮아갔다는
추측도 가능하다.

주엽나무의 굵은 줄기에는 반드시는 아니지만 험상궂게 생긴 가시가
흔히 붙어 있다. 특히 지은이가 근무했던 학교 안에 있는 주엽나무는 별나
게 가시가 많다. 언제나 힘이 남아돌아 걱정인 한창 나이의 젊은이들은 주엽
나무의 매끄러운 회갈색 껍질 부분이 만만한지, 나무를 향해 이유 없이 이단
옆차기를 날리곤 한다. 한 대 얻어맞은 주엽나무도 반격을 시도한다. 줄기의
일부를 이용해 다시는 발을 올려보지도 못하게 사슴뿔처럼 생긴 무시무시
한 가시를 만들어낸 것이다.

↖ 잎자루 하나에 12~24개의
작은잎이 달리는 깃꼴겹잎

경복궁 건청궁 옆 인유문 뒤에서
자라는 주엽나무

| 과명 콩과 | 학명 *Gleditsia japonica* | 분포 전국 산지, 중국,
지역 일본 |

초여름에 볼 수 있는 꽃, 꽈배기처럼 비틀리거나 꼬이는 열매, 험상궂은 가시가 달린 매끄러운 줄기

이 가시가 모든 주엽나무에 생기는 것도 아니고, 꼭 '이단옆차기'가 원인이라는 증거도 없다. 가시가 생기는 원인은 명확하지 않으나 대학 캠퍼스나 공원 등 사람이 많이 다니는 곳에서 자라는 주엽나무에서 비교적 흔하게 볼 수 있으므로 자기 방어의 목적으로 만들어지지 않았나 싶다.

이처럼 줄기가 변해 생긴 주엽나무 가시는 아주 귀한 대접을 받는다. 한자로 조각자皁角刺 또는 조협자皁莢刺라고 하는데,《동의보감》에 보면 "부스럼을 터지게 하고 이미 터진 부스럼에는 약 기운이 스며들게 하여 모든 부스럼을 낫게 하고 문둥병에도 좋은 약이 된다"고 적혀 있다. 또《세종실록》'지리지'에도 여러 지방의 특산품으로 기록되어 있다. 이미 오래전부터 주엽나무 가시를 약으로 사용한 것이다.

주엽나무는 전국에 걸쳐 자라는 잎지는 넓은잎 큰키나무로 줄기의 둘레는 한 아름까지 굵어진다. 대부분의 나무가 나이를 먹으면 껍질이 세로로 깊게 갈라지는 것이 보통이지만 주엽나무는 오래되어도 회색의 매끄러운 줄기가 특징이다. 잎은 어긋나기로 달리고 가장자리에 물결 모양의 톱니가 있다. 잎은 달걀

경복궁 · 주엽나무

모양의 작은잎이 12~24개씩 모여 깃꼴겹잎을 이뤄 흡사 아까시나무 잎처럼 생겼으나 잎자루 하나에 달린 잎의 수가 홀수가 아니고 짝수인 것이 차이점이다. 초여름에 황록색의 꽃이 핀다. 가을에 달리는 열매는 비틀어진 큰 콩꼬투리 모양인데, 길이가 거의 한 뼘에 이른다.

아주 가까운 형제 나무로 조각자나무가 있다. 주엽나무가 우리 나무인 데 비하여 조각자나무는 약용으로 쓰는 중국 원산의 수입 나무다. 둘은 줄기와 잎의 모

경북 경주 옥산리 독락당의 천연기념물 제115호 조각자나무

양이 매우 비슷하나, 열매의 꼬투리가 주엽나무는 꽈배기처럼 비틀리거나 꼬여 있고 조각자나무는 꼬이지 않고 매끈하다. 그러나 주엽나무 가시도 조각자라고 하므로 이름이 혼란스럽다. 경북 경주 옥산리에 있는 독락당獨樂堂에는 조선의 대유학자 회재 이언적이 500여 년 전에 심었다는 조각자나무가 천연기념물 제115호로 지정되어 보호받고 있다.

28

비단을 두른 듯 아름다운 꽃을 피우는

병꽃나무

Korean weigela

등산로 양옆은 햇빛이 잘 들므로 대부분의 나무들이 터를 잡으려 애쓰는 명당이다. 병꽃나무는 이런 경쟁에 밀리지 않아 산 아래서부터 거의 꼭대기까지 길섶에서 비교적 쉽게 만날 수 있는 나무다. 줄기는 여럿으로 갈라져 포기를 이루며 사람 키보다 조금 더 큰 정도로 자란다. 오래된 나무는 갈색의 줄기가 팔뚝 굵기로 자라 제법 나무 모습을 갖추기도 한다. 꽃은 꽃통이 손가락 한두 마디쯤이나 되는 길쭉한 깔때기 모양이고, 끝의 꽃잎 부분은 5갈래로 갈라져 있다. 그 모습이 긴 병처럼 생겨서 병꽃나무란 이름이 붙었다. 꽃이 피기 직전의 꽃봉오리는 호리병 모양인데 마치 야구방망이처럼 생겼다. 꽃뿐만 아니라 잎과 어린 가지도 보드라운 털로 덮여 있다. 그래서 《물명고》에 실린 옛 이름은 비단을 두른 것처럼 아름다운 꽃이란 뜻의 금대화錦帶花다. 지금 이름인 병꽃나무는 함경도 사람들이 부르던 것을 현대 식물학에서 이름을 정할 때 그대로 받아들인 것이라고 한다.

꽃은 봄이 한창 무르익는 5월에 잎이 나고 난 다음에 핀다. 잎겨드랑이마다 1~2개씩 피는데 꽃대가 짧아 거의 보이지 않을 정도이고 꽃통이 바로 가지에 붙어 있는 듯한 모습이다. 꽃이 피기 시작할 때는 연한 황록색을 띠

↖ 마주나기로 달리고 잎자루가
거의 없는 잎

처음 필 때는 연한
황록색이었다가 차츰 붉은빛으로
변하는 꽃이 특징인 병꽃나무

| 과명 인동과 | 학명 *Weigela subsessilis* | 분포
지역 전국 산지, 한국 원산 |

황록색으로 피어 붉게 변하는 꽃, 호리병 모양인 가늘고 긴 열매, 밑동에서 많이 갈라진 줄기

다가 시간이 지나면서, 정확히는 수정이 되고 나면 차츰 붉은색으로 변한다. 약 2주에 걸쳐 꽃이 피므로 먼저 핀 꽃과 나중에 핀 꽃이 어우러져 색깔이 다른 두 가지 꽃이 한 나무에 달리는 것도 병꽃나무의 또 다른 매력이다. 병꽃나무의 꽃은 화려하고 예쁘다기보다는 수수하고 소박한 맛이 난다. 그러나 연초록 잎 사이에 수많은 꽃이 비교적 오래 피어 있고 자람이 까다롭지 않아 차츰 정원수로 사람들의 관심을 끌고 있다. 궁궐의 병꽃나무도 모두 최근에 심은 것으로 웅장하고 화려한 대신 소박하고 은은한 멋이 있는 우리 조선의 궁궐과도 정취가 맞는 나무라고 생각한다. 길이 2cm 남짓한 가느다란 열매는 표면에 잔털이 촘촘하고 끝 부분이 가늘어서 역시 병 모양인 마른열매로 완전히 익으면 2갈래로 갈라진다.

병꽃나무는 전 세계에 10여 종이 있다. 우리나라에는 5종이 있으며 중국과 일본에도 분포한다. 병꽃나무는 우리나라 어디에서나 만날 수 있는 잎지는 넓은잎 작은키나무로 흔히 만나는 종류는 병꽃나무와 붉은병꽃나무이다. 두 나무는 꽃 색깔도 다르지만 병꽃나무는 꽃받침이 아래까지 세로로 완전히 갈라지고,

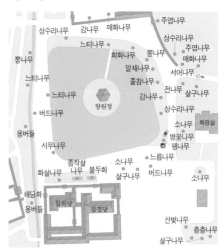

차츰 꽃의 색이 변하는 병꽃나무와 달리 처음부터 붉은색 꽃이 피는 붉은병꽃나무

붉은병꽃나무는 꽃받침의 중간까지만 갈라지는 것이 다르다.

　그 외 골병꽃나무도 있다. 붉은병꽃나무와 꽃 색깔이 거의 같으나 꽃받침이 아래까지 갈라지고 털이 많이 나는 점이 다르다. 또 흔하지는 않지만 일본병꽃나무도 가끔 만날 수 있다. 한 나무에 색깔이 다른 세 가지 꽃이 피는 것이 특징이다. 다만 꽃이 피어 있는 기간 동안 색이 바뀌는 것일 뿐 색이 다른 꽃이 피는 것은 아니다. 꽃이 처음 필 때는 새하얗다가 며칠 지나면 분홍빛으로 변하고 꽃이 질 무렵이 되면 붉은빛이 된다. 같은 나무에 다른 색깔의 꽃이 피는 것을 신기하게 생각해 관상수로 심는다. 붉은병꽃나무의 변종인 삼색병꽃나무와 혼동하기 쉽다.

29

무리 지어 피기 때문에 더 아름답다

개나리

Korean golden-bell

화려한 벚꽃이 떠들썩하게 봄소식을 전하는 오늘날과는 달리 예전에 봄의 전령은 개나리였다. 개나리는 제주도에서 첫 꽃망울을 터뜨리며 출발하여 남해안에 상륙한 뒤 산 따라 길 따라 서울을 거쳐 평양, 신의주까지 온 나라를 노랗게 물들인다.

개나리꽃은 하나를 떼어놓고 보면 그저 그런 평범한 꽃이다. 하지만 수백 수천 개의 꽃이 무리 지어 피면 그 아름다움이 더한다. 학명에도 코레아나*koreana*라는 단어가 들어간 자랑스러운 우리의 꽃이니 한 포기쯤 심어보자. 가지를 꺾어 양지바른 곳에 그냥 꽂아만 놓아도 잘 자란다.

우리나라에는 나리란 이름이 들어간 예쁜 꽃이 참 많다. 말나리, 하늘나리, 솔나리, 땅나리, 중나리, 참나리 등등. 이 꽃들은 대개 붉은빛을 띤 황색으로 꽃받침이 뒤로 동그랗게 말려 있고, 마치 수줍음 많은 소녀의 얼굴에 난 주근깨처럼 보이는 짙은 자주색 반점이 있다. 언뜻 보면 나리꽃과 개나리꽃은 모양이 닮았다. 작지만 아름다운 나리꽃 못지않다고 해서 개나리라는 이름이 붙은 것으로 보인다.

꽃이 진 뒤의 개나리는 여름 내내 짙푸른 녹음을 선사한다. 게다가 가을

↖ 마주나기로 달리며 뾰족한 긴
타원형 잎

경복궁 관람로의
생울타리 역할도 하는 개나리

| 과명 물푸레나무과 | 학명 *Forsythia koreana* | 분포지역 전국 식재, 한국 원산 |

나리꽃 모양을 그대로 닮은 노란 꽃, 좀처럼 눈에 띄지 않는 귀한 열매인 연교, 포기를 이루는 줄기

에 달리는 열매는 비록 볼품은 없어도 임금의 병을 다스리기까지 했던 귀중한 약재였다. 열매를 연교連翹라고 하는데 성질이 차고, 종기의 고름을 빼거나 통증을 멎게 하고, 살충 및 이뇨 작용을 하는 내복약으로 쓴다고 알려져 있다. 조선 세종 5년1423 일본에서 온 사신이 올린 진상품에 연교 2근이 포함되어 있었다. 선조 33년1600에는 임금이 앓자 홍진이란 의원이 청심환에 으름과 연교를 넣어 다섯 번 복용하라고 처방했다. 정조 18년1794에는 내의원에서 연교를 넣은 음료를 올렸다. 또한 순조 2년1802에도 임금에게 연교와 산사나무 열매를 넣어서 달인 가미승갈탕加味升葛湯이란 탕제를 올렸다. 그러나 연교는 만나기가 쉽지 않다. 이유가 있다. 개나리는 암수딴그루인데 꽃은 암술이 수술보다 긴 장주화長柱花와, 반대로 수술이 더 길고 암술이 짧은 단주화短柱花 두 종류가 있다. 장주화가 암꽃 기능을 갖고 단주화는 수꽃 기능을 한다. 자연 상태에서 우리가 흔히 만나는 것은 주로 단주화이고 열매를 맺을 수 있는 장주화는 많지 않다. 그래서 연교를 보기 어려운 것이다.

개나리는 전국 어디에서나 자라는 잎지는 넓은잎 작은키나무로 땅에서 여러 줄기가 올라

경복궁 · 개나리

서울 응봉산의 개나리 동산. 산사태를 막기 위해 심은 개나리가 산 전체를 뒤덮었다.

와 한 포기를 이루며, 크게 자라도 사람 키를 조금 넘을 정도다. 가지는 다른 나무처럼 곧추서는 것이 아니라 자라면서 아래로 늘어지는 것이 특징이다. 어릴 때는 줄기의 색이 초록색이지만 차츰 회갈색으로 되고, 자세히 보면 작은 점 같은 숨구멍이 뚜렷하게 보인다. 잎은 마주나며, 긴 타원형으로 위쪽에 톱니가 있는데 때로는 밋밋하다. 꽃은 이른 봄에 잎이 채 돋기 전에 잎겨드랑이에 1~3개씩 핀다. 열매는 길쭉한데 바짝 말라 있고 가을에 갈색으로 익는다. 개나리 종류에는 이 외에도 산개나리, 만리화 등 몇 종류가 더 있으나 모양은 거의 비슷하다.

30

수천 그루씩 모여 살아 더욱더 위용을 자랑하는

전나무

젓나무, Needle fir

하늘을 찌를 듯 쭉쭉 뻗은 나무들이 끝없이 펼쳐진 숲을 흔히 수해樹海라고 한다. 주로 넓은잎나무로 이루어진 열대 지방의 수해는 그 뒤엉킨 모습이 마치 처절한 생존 경쟁의 현장을 보는 듯하다. 이에 비해 바늘잎나무로 이루어진 수해는 자연의 웅장함을 고스란히 전해준다. 벼린 칼날로 베어낸 듯이 정리되어 있어 들어가기가 겁이 날 정도다.

전나무는 주로 추운 지방에 자라면서 늘씬한 긴 줄기를 한껏 뽐낸다. 한 그루씩 혼자 떨어져 살지 않고 수백 수천 그루씩 모여서 자란다. 오대산 월정사月精寺 입구에 있는 전나무 숲을 보자. 절 앞의 계곡과 어울린 수백 년 묵은 아름드리 전나무 숲은 부처님에게로 향하는 사람들의 마음을 정갈히 가다듬어준다. 이름난 큰절에서는 절을 보수할 때 기둥감으로 쓰기 위해 전나무를 심은 경우가 많다. 팔만대장경판을 보관하고 있는 합천 해인사의 수다라장이나 강진 무위사 극락전의 일부 기둥이 전나무로 만들어졌다.

최세진의 《훈몽자회訓蒙字會》에 보면 전나무의 한자 이름은 젓나모 회檜다. 《물명고》에는 젓나무 회 혹은 삼杉으로 나타내었고, 잎갈나무도 삼杉이라 했다. 그러나 오늘날 '삼'이라고 하면 일본에서만 자라는 삼나무를 말하

↖ 납작하면서 끝은 뾰족하고
길이가 짧은 잎

다른 나무들과 달리 항상 곧게
자라는 전나무(젓나무)

과명 소나무과	학명 *Abies holophylla*	분포 중북부 산지, 중국 지역 동북부, 러시아 동부

붉은빛이 도는 수꽃(사진: 김태영), 가지 끝에 달리는 열매, 세로로 얕게 갈라지는 흑갈색 나무껍질

기 때문에 혼란이 있다. 우리나라 옛 문헌에 나오는 '삼'을 전나무나 잎갈나무로 해석하지 않고 삼나무로 해석하면 큰 오류가 발생하니 유의해야 한다.

조선왕조실록에 보면 숙종 39년1713에 "백두산과 어활강의 중간에 삼나무가 하늘을 가리어 해를 분간할 수 없는 것이 거의 300리에 달했다"는 내용이 나온다. 또 정조 13년1789에도 "선왕조영조 신해년에 파주에서 본 능으로 이장하고서 손수 소나무와 삼나무를 심으셨던 것인데 지금 저렇게 울창하다"고 했다. 그리고 정조 20년1796 함경도 후주厚州의 형편에 대하여 비변사에서 올린 글 중에 "이곳은 길을 튼 지가 2년밖에 되지 않았고 좌우의 높은 산에 삼나무와 소나무가 삼麻처럼 빽빽하게 들어서 있다"는 내용도 있다. 이런 기록을 검토해보면 삼杉을 일본 삼나무로 생각할 수가 없다. 위에서 든 지명들은 모두 일본 삼나무가 자랄 수 없는 곳이기 때문이다. 중국 문헌에 나오는 삼杉은 대부분 장강長江, 양자강 이남에서 자라는 삼나무를 말하며, 흔히 유삼油杉이라 부른다.

전나무는 주로 깊은 산과 사찰 주변에서 자라는 늘푸른 바늘잎 큰키나무로 줄기 둘레가 두세 아름이 되도록 크게 자랄

오대산 월정사 입구의 전나무 숲길

수 있다. 나무껍질은 흑갈색이며 세로로 짧고 불규칙하게 갈라진다. 잎은 납작하면서 길이가 짧고 끝이 뾰족한 모양이고 길이는 새끼손가락 한두 마디 정도다. 잎의 뒷면에는 흰색 숨구멍이 있어서 하얗게 보인다. 봄에 황록색의 작은 꽃이 피며, 가을에 길이 10cm 정도의 원통형 솔방울이 위를 향하여 익는다. 이 열매를 옛날에는 '젓'이라고 부른 것 같다. 잣이 달린다고 잣나무라고 하듯이, 젓이 달리니 젓나무가 바

우리나라에서 가장 큰 진안 천황사 남암 앞의 천연기념물 제495호 전나무

른 이름일 것 같다. 《훈몽자회》,《왜어유해倭語類解》,《물명고》에도 모두 젓나무로 나온다. 그러나 현재 대부분의 수목도감과 국어사전에는 전나무로 적혀 있어 이 책에서도 전나무로 했다.

우리나라에서 가장 크고 굵은 전나무는 진안 천황사天皇寺의 남암이라는 허름한 암자 앞에 자라는 천연기념물 제495호다. 나이는 약 300살로 짐작되며 높이 35m, 가슴 높이 둘레 5.5m에 이른다. 최치원이 지팡이를 꽂아두고 자취를 감춘 뒤에 움이 돋아서 자랐다는 합천 해인사 학사대 전나무 역시 천연기념물 제541호로 지정되어 있다. 높이 30m, 가슴 높이 둘레

경복궁 · 전나무

5.1m이며 최치원이 심었다고 하니 나이는 전설대로라면 1,100살에 이르나 지금 나무의 나이는 손자쯤으로 짐작되는 250여 살 정도다.

전나무 종류 구별하기

우리나라의 전나무 종류는 전나무 외에 구상나무와 분비나무가 있다. 그러나 구상나무와 분비나무를 구분하는 기준은 몹시 애매하다. 구상나무는 한라산, 지리산, 덕유, 가야산 등 남부의 높은 산에만 자라는 우리나라 특산 나무인데, 먼 옛날 빙하기 때부터 자라오다가 차츰차츰 주위의 다른 나무에 밀려서 산꼭대기로 쫓겨났다.

1907년 제주도에서 선교 활동을 하던 포리 신부가 한라산에 올라가 구상나무를 채집할 때만 해도 분비나무로만 알고 있었다. 그러다가 1915년 하버드대 교수인 어니스트 윌슨 박사가 한라산을 답사한 뒤 비로소 구상나무라는 별개의 나무임이 확인되었다. 윌슨 박사가 분비나무는 솔방울의 비늘 끝이 그냥 곧바르고, 구상나무는 갈고리처럼 뒤로 휘어진다는 차이를 발견한 것이다. 그 전까지는 분비나무와 구상나무를 구별할 길이 없었다. 수많은 우리나라 식물의 학명을 붙이고 정비한 일본인 식물학자 나카이 다케노신 박사가 당시 윌슨 박사를 수행했는데, 구상나무 솔방울의 특징을 미처 발견하지 못하여 구상나무 학명에 자기 이름을 넣을 기회를 놓친 것을 몹시 애통해했다고 한다.

사실 구상나무나 분비나무 모두 솔방울이 잘 달리지 않을 뿐더러 달리더라도 높다란 나무 꼭대기에 달리니 가물가물할 수밖에 없다. 그런데도 식물학자들은 손톱의 반쪽 크기도 안 되는 그 비늘의 끝이 휘었나 휘지 않았나를 가리는 일에 매달리게 된다. 그러다 보면 '거참! 되게 할 거 없는 사람들이구먼!' 하는 비웃음을 사게 될지도 모르겠다. 그렇지만 식물학자들에겐 그게 큰 즐거움이니…….

또 다른 전나무 종류로 일본전나무가 있다. 이름 그대로 일본 특산의 전나무인데, 우리나라 전나무와는 달리 잎의 끝이 살짝 갈라져 있어서 쉽게 구별된다. 전나무 종류와 비슷한 나무로 가문비나무와 종비나무가 있다. 가지에 잎 붙은 자국이 까슬까슬하고 열매가 아래쪽으로 늘어져 달리는 점이 전나무 종류와의 차이점이다. 종비나무는 잎의 횡단면이 거의 사각형에 가까운 점이 가문비나무나 독일가문비나무와 다르다.

구상나무 열매   분비나무 열매   가문비나무 열매

31

가냘픈 병아리처럼 앙증맞구나

병아리꽃나무

Black jetbead

솜털이 보송보송한 노란 병아리들이 어미 닭을 졸졸 따라다니는 모습은 시골집 마당에 봄이 왔음을 알려주는 정겨운 풍경이다. 병아리는 너무 가냘프고 연약하여 어쩐지 위태위태하지만 금방 자라서 암팡진 씨암탉이 되고 풍채 좋은 수탉이 될 것을 우리는 알고 있다. 그래서 아직은 풋내기지만 무한한 가능성을 갖고 새 출발을 하는 사람을 흔히 햇병아리에 비유한다. '병아리'란 접두어가 붙은 식물이 여럿 있다. 병아리풀, 병아리난초, 병아리다리, 병아리방동사니 등이다. 이들의 공통점은 줄기나 꽃대가 너무 가늘어 연약하고 애처로운 느낌을 갖게 한다는 점이다.

　나무로서는 유일하게 병아리꽃나무에 병아리란 접두어가 붙었다. 병아리꽃나무의 무엇이 병아리를 연상시켰을까? 이 나무는 봄이 한창 무르익을 즈음 새하얀 꽃이 하나둘 꽃망울을 터뜨릴 때 가장 아름답게 보인다. 새로 돋아난 가느다란 가지 끝마다 탁구공만 한 제법 큰 꽃이 하나씩 달린다. 그 모습이 마치 가냘픈 다리로 버티고 서 있는 병아리처럼 앙증맞고 귀여워서 병아리꽃나무라고 한 것 같다. 병아리 하면 먼저 떠오르는 노란 색깔은 아니지만 병아리에서 받는 느낌을 살려서 이름을 붙였음을 알 수 있다. 예부터

↖ 가장자리에 뾰족한 겹톱니가
촘촘하고 마주나는 잎

경복궁 자경전 담장 밑에서
자라는 병아리꽃나무

| 과명 장미과 | 학명 *Rhodotypos scandens* | 분포 중남부 식재, 중국,
지역 일본 |

커다란 4장의 꽃잎이 특징인 꽃, 표면에 윤기가 자르르한 검은 열매, 여러 포기로 갈라져 자라는 줄기

있던 이름은 아니고 20세기 초 근대적인 체계에 따라 우리 식물 이름을 붙일 때 새로 만든 이름이다. 굳이 병아리꽃나무와 병아리의 인연을 따진다면 중국 이름이 계마鷄麻이니 닭과 관련이 전혀 없는 것은 아니다.

병아리꽃나무의 꽃잎은 벚꽃, 복사꽃, 배꽃 등 대부분의 장미과 식물의 꽃잎이 5장인 데 비해 드물게 4장이다. 그래서 식물학자들은 병아리꽃나무만 따로 떼어내어 병아리꽃나무속이라는 독립 가계를 만들어주었다. 꽃이 지고 나면 초가을에 익는 새까만 열매는 콩알 굵기로 약간 갸름한데, 돌처럼 단단하고 표면은 윤기가 자르르하다. 4개씩 모여서 붙어 있으며 때로는 다음 해 새 꽃이 필 때까지 그대로 달려 있기도 한다. 열매도 꽃 못지않게 병아리처럼 귀엽고 앙증맞다.

병아리꽃나무는 중부 이남의 산자락에서 아주 드물게 만날 수 있다. 모감주나무와 더불어 집단으로 자라는 경북 포항 발산리 일대의 군락이 천연기념물 제371호로 지정될 만큼 희귀한 나무다. 그런데 근래에는 사람들의 눈길을 끌어 정원수로 인기를 얻고 있다. 궁궐에도 최근에 심기 시작하여 궁궐 곳곳

가지 끝마다 제법 큰 꽃을 매달고 있는 병아리꽃나무

에서 만날 수 있다. 사람 키 남짓이면 다 자란 셈이다. 잎지는 넓은잎 작은키나무이며 아래부터 많은 줄기가 나와 포기를 이루고 길게 자란 줄기가 약간씩 늘어지기도 한다. 잎은 가장자리에 겹톱니가 있고 끝이 뾰족하며 잎맥이 움푹 들어가 주름져 보이고 마주나기로 달린다. 뿌리와 열매는 피를 맑게 하고 신장을 튼튼히 한다 하여 민간에선 약으로 쓰기도 한다. 까맣게 익은 씨앗에는 독성이 있다고 알려져 있다.

32

만주 벌판의 신목

비술나무

Siberian elm

중국 요녕성遼寧省 심양瀋陽의 북릉공원北陵公園에는 청나라 태종의 능인 소릉昭陵이 있다. 봉분은 회백색 시멘트로 덮여 있는데 꼭대기에 비술나무 한 그루가 홀로 자라고 있다. 이 나무는 1643년 능을 조성할 때 심은 것이 아니다. 조성 당시 봉분에 시멘트를 발라놓았는데, 이후 벌어진 시멘트 틈 사이로 씨앗이 떨어져 자랐다고 한다. 비술나무는 느릅나무 종류 중에서 추위에 가장 강하다. 한반도의 북부 지방을 비롯하여 만주와 몽골 및 러시아의 아무르, 우수리 등지에 자란다. 백두대간을 타고 남부 지방까지도 내려오지만 주로 분포하는 곳은 북부 지방으로 추운 곳을 좋아하는 대표적인 나무다. 흔히 북쪽 변방의 요새를 말할 때 느릅나무를 많이 심었다고 하여 유새楡塞라고 하는데, 이때의 유楡는 느릅나무 종류 중에서도 비술나무로 짐작된다.

비술나무란 이름도 흥미롭다. 비술나무가 많이 자라는 중국 연변延邊 지방에서는 '비슬나무'라고 했으며 인접한 함경도에서도 역시 '비슬나무'로 불렀다. 따라서 북한의 공식 이름은 '비슬나무'다. 힘없이 비틀거리는 모습을 두고 '비슬거리다'라고 한다. 비술나무는 안 껍질을 느른하게물렁물렁하게 만들어 식용하는 느릅나무와 쓰임새가 같으며, 가지가 가늘어 비틀거리는 듯

↖ 가장자리에 톱니가 촘촘한
긴 타원형의 잎

경복궁 자미당 터 앞에서
북악산을 등지고 자라고 있는
두 그루의 비술나무

| 과명 느릅나무과 | 학명 *Ulmus pumila* | 분포 중북부 산지, 중국
지역 동북부, 러시아 동부 |

구슬 모양으로 모여 피는 꽃, 납작하고 둥근 모양의 날개가 달린 열매, 흰 무늬가 특이한 줄기

한 느낌이 드는 나무다. 느릅나무와 구별하기 위하여 '비슬거리다'에서 어간 '비슬'을 가져다 붙여 비슬나무라는 이름을 지은 것으로 보인다.

비슬나무는 다 자라면 높이가 15m, 줄기 지름 1m에 이르는 큰 나무로 껍질은 회흑색으로 세로로 갈라진다. 환경 적응력이 높아 건조한 지역에서도 잘 자라고 자라는 속도도 빠르다. 그래서 심양이나 하얼빈 등 만주 지방의 대도시에는 가로수로 흔히 심는다. 그 외 깔끔한 모양새 때문에 정원수로도 널리 쓰이고 새싹이 잘 돋아나므로 추운 지방의 생울타리로도 사랑받는다. 만주에서는 쓰임이 넓고 때로는 신목神木으로 숭상받는 귀중한 나무다. 잎은 손가락 한두 마디 크기 정도의 작고 긴 타원형이며 가장자리에 톱니가 있는데, 홑톱니인 경우도 있으나 대부분 겹톱니다. 연초록 잎이 돋을 때 따서 나물로 먹기도 한다. 어린 가지는 껍질을 벗겨 말려두었다가 기근이 들면 대용식으로 이용했다. 꽃은 잎이 나기 전에 2년 이상 된 가지에서 작은 꽃 여러 개가 모여 적갈색의 구슬 모양으로 핀다. 꽃이 지고 나면 이어서 바로 납작하고 둥글며 크기는 손톱 정도인 날개를 단 열매가 가운데에 씨앗을 품고 달린다.

경복궁 • 비슬나무

170

경북 청송 송생리의 비술나무 보호수. 높이 22m, 가슴 높이 둘레 5.2m에 달하는 거목이다.

비술나무는 느릅나무와 형제일뿐더러 모양새나 쓰임이 비슷하여 구별하기가 어렵다. 다만 열매의 가운데에 씨앗이 들어 있고 다른 느릅나무 종류보다 길이에 비해 너비가 더 넓은 것이 특징이다.

겨울날의 비술나무 가지도 눈여겨볼 필요가 있다. 잎이 떨어진 잔가지는 가늘고 실버들처럼 약간씩 늘어지는 성질이 있어서 풍성한 머리숱을 늘어뜨린 소녀의 머릿결처럼 예쁘다. 작은 바람이라도 일렁이면 섬세한 가지들이 나풀나풀 군무群舞를 추는 모습도 비술나무의 또 다른 매력이다. 비술나무에는 중요한 특징이 하나 더 있다. 조금 오래된 비술나무 줄기에서는 하얗고 긴 무늬를 흔히 볼 수 있다. 대체로 큰 가지를 잘라버린 옹이에서부터 아래쪽으로, 때로는 흰 페인트칠을 한 것처럼 줄기의 일부가 세로로 하얗게 된다. 물론 다른 느릅나무 종류에서도 흰 무늬를 볼 수 있지만 비술나무에서 가장 확실하게 잘 나타난다. 옛 문헌에서 비술나무를 흔히 백유白楡라고 한 것은 대부분 비술나무의 이런 현상을 보고 붙인 이름으로 보인다. 껍질에는 여러 종류의 스테롤Sterol 성분이 들어 있는데, 어떤 작용으로 흰 반점이 생기는지는 아직 밝혀지지 않았다.

33

세 알만 있으면 한 끼로 거뜬한

대추나무

Common jujube

봄기운이 채 무르익기도 전에 성급하게 잎새를 내미는 나무가 있는가 하면, 다른 나무에 잎이 새파랗게 돋아도 꿈쩍도 않고 겨울 가지를 그대로 달고 있는 나무도 있다. 대추나무는 늦봄, 지대가 높은 곳에서는 초여름이나 되어야 겨우 잎이 돋기 시작한다. 그래서 게으름을 피우는 양반에 빗대어 '양반 나무'라고도 한다. 대추나무란 이름은 한자 이름 대조목大棗木을 '대조나무'로 부른 것이 변해서 된 것이다.

나무에 달리는 열매 중에 대추만큼 쓰임새가 두루 미치는 열매도 없다. 설기와 증편을 비롯한 떡, 절기에 따라 특별히 만들어 먹는 음식[節食], 별식으로 먹는 찰밥, 십전대보탕 등 대부분의 탕제에는 대추가 빠지지 않는다. 약재나 과일 외에 구황식물이나 군대 식량으로도 쓰였다. "대추 세 알로 한 끼 요기를 한다"는 옛말이 있을 정도다. 염병이 나돌 때엔 대추를 실에 꿰어 사립문에 걸어두거나 대추 씨를 입에 물고 다니게도 했다. 붉은 대추가 나쁜 귀신을 물리친다고 여겼기 때문이다. 게다가 대추나무에는 가시까지 돋으니 귀신이 싫어할 만하다. 대추는 조상신이 내려오는 제사상의 앞줄을 차지하는 첫 번째 과일이기도 하다. 《태종실록》에는 종묘의 제사에 올리는 과일 중

↖ 어긋나기로 나고 3개의 큰
잎맥이 특징인 잎

국립민속박물관 놀이마당에서
자라고 있는 대추나무

과명	갈매나무과	학명	*Zizyphus jujuba* var. *inermis*	분포 지역	중북부 이남, 중국

연한 초록빛으로 핀 꽃, 붉은색으로 익어가는 대추, 세로로 갈라지는 진한 갈색 나무껍질

의 하나라고 기록해두고 있다.

또한 벼락 맞은 대추나무로 만든 부적에는 불행을 막아주고 병마가 범접하지 못하게 하는 상서로운 힘이 있다고 믿었다. 벼락을 맞을 때 번개의 신이 깃들여져 잡귀와 역귀를 달아나게 한다는 것이다. 믿거나 말거나 할 말이지만, 이것으로 만든 부적이나 도장 하나쯤은 지닐 만하지 않을까? 벼락 맞은 대추나무를 두고 항간에 떠도는 이야기가 무수히 많다. 우선 벼락을 맞아 더 단단해졌으므로 도장을 파는 재료로 쓴다는 말이 있다. 그러나 벼락 때문에 목질이 바뀌지는 않는다. 한 걸음 더 나아가 벼락 맞은 대추나무만 물에 가라앉는다고 믿는 이도 있다. 대추나무가 비중이 높은 나무인 것은 사실이나 오히려 수분이 많은 생나무일 때 더 무겁다. 벼락을 맞은 것과는 관련이 없다. 대추나무의 목재를 현미경으로 들여다보면 크기가 비슷한 세포가 고루 분포하고 세포 속이 보이지 않을 정도로 목질이 옹골차다. 그래서 회양목과 함께 도장으로 쓰기에 제격이다. 이 외에도 방망이, 떡메, 떡살도 만들었는데 모질고 단단한 사람을 '대추나무 방망이'라

고 부르기도 한다.

중국 송나라 때 정치가인 왕안석은 〈조부棗賦〉라는 글에서 대추나무에 네 가지 득得이 있다고 했다. 심은 해에 바로 돈이 되는 득, 한 그루에 많은 열매가 열리는 득, 목재가 단단한 득, 귀신을 쫓는 득이 그것이다. 대추나무의 특징을 잘 나타낸 말이지만 심은 그해에 바로 열매가 달린다는 것은 과장이다. 적어도 4~5년은 기다려야 한다.

갓 결혼한 신랑 신부가 폐백을 드릴 때 시부모가 신부의 치마에 아들, 딸 많이 낳으라고 대추를 던진다. 그러나 조선시대에는 그렇게 하지 않았던 것 같다. 세종 17년1435에 정한 혼례의婚禮儀에 따르면, 폐백을 드릴 때 "신부가 시아버지께 절하고 대추와 밤이 담긴 소반을 탁자 위에 올려두면, 시아버지가 이를 어루만진 다음에 시중드는 이가 들여간다"고 했다. 시어머니에게도 그렇게 했다.

이처럼 혼례 때 한 자리를 차지하는 대추나무인데, 아예 스스로 시집을 가기도 한다. 대추가 많이 달리기를 비는 사람들이 흔히 말해 '나무 시집보내기'를 한 것이다. 설날이나 단오에 과일나무의 Y자로 벌어진 가지 틈에 남근을 상징하는 돌을 끼워두면 그해에 과일이 많이 열린다는 것인데, 이 행위에 일리가 있다. 굵은 돌을 끼워두면 줄기의 나무껍질이 눌려 잎에서 광합성에 의해 만들어진 영양분이 줄기나 뿌리로 가기 어려워진다. 그 영양분이 결국 열매 맺는 데로 가게 되니 더 굵고 더 많은 열매가 달리는 것은 당연하다. 오늘날 환상박피環狀剝皮라 해서 나무껍질을 도넛처럼 동그랗게 벗겨내거나, 가지에 강철로 만든 가락지를 끼워두어 과일이 많이 달리게 하는 것 등이다 여기서 나온 방법이다.

중국 북부 지방이 고향인 대추나무는 중국의 가장 오래된 시문집인《시경》에 등장하는 것으로 보아 적어도 2~3천 년 전부터 사람들이 가꾸어온 과일나무였음을 알 수 있다. 우리나라는 문헌 기록으로 보면 고려 문종 33년1079에 송나라에서 수입한 의약품 중에 산조인酸棗仁이라 하여 대추가 들어 있다. 그러나 대추나무를 직접 재배하기 시작한 것은 이보다 100여 년 뒤다.

우리나라에서 대추나무를 심기 시작한 기록은 고려 때부터 나온다.《고려사》에 보면, 명종 18년1188 3월 왕이 이르기를 "때를 맞추어 농사를 장려

전북 진안 무릉리의 대추나무. 예부터 대추나무는 인가 부근에 많이 심었으나 고목은 많지 않다.

하고 대추나무 등 과일나무에 이르기까지 모두 제때에 심어서 이익을 많이 거두도록 할 것이다"라고 했다.《동국이상국집東國李相國集》〈율시栗詩〉에 보면 밤과 함께 대추를 중요한 제사에 썼다는 구절이 여섯 수에 걸쳐 적혀 있다. "제사상에 대추와 함께 오르고/ 폐백에는 개암과 함께 따르네……."

《동의보감》에 따르면 말린 대추, 생대추, 대추 씨, 대추나무 잎이 모두 약재다. "말린 대추는 성질이 따뜻하고 맛이 달며 독이 없다. 속을 편안하게 하고 지라에 영양을 주며 오장을 보하고 12가지 경맥硬脈을 도와준다. 진액을 불리고 사람 몸의 구혈九穴을 통하게 한다. 의지를 강하게 하고 여러 가지 약을 조화시킨다"고 했다. "생대추는 쪄서 먹으면 장과 위를 보하고 살이 오르게 하며 기를 돕는다. 생것을 많이 먹으면 배가 불러 오르고 설사를 한다"고 했다. 또 3년 묵은 대추 씨의 가운데 있는 알은 구워서 복통과 나쁜 기운을 다스리는 용도로 썼다. 대추나무 잎은 가루를 내어 먹으면 살이 내리고, 즙을 내어 땀띠에 문지르면 효과가 있는 것으로도 알려져 있다.

대추나무는 북한의 아주 추운 지방 외에는 전국 어디에서나 자라는 잎지는 넓은잎 큰키나무로 줄기 둘레가 거의 한 아름에 이를 수 있으나 쓰임새가 많은 탓에 고목은 보기 드물다. 나무껍질은 진한 갈색이며 세로로 갈라 진다. 어린 가지는 턱잎이 변한 가시가 있다. 잎은 어긋나기 하며 타원형으로 갸름하고 가장자리에는 둔한 톱니가 있으며 아랫부분부터 3개의 큰 잎맥이 발달한다. 꽃은 초여름에 피고 연한 초록빛이며 잎겨드랑이에 2~3개씩 모여 있다. 열매인 대추는 과육이 두껍고 가운데 단단한 씨가 1개씩 들어 있으며, 모양이 타원형이고 붉은 갈색으로 익는다.

대추나무와 묏대추, 갯대추 구별하기

대추나무와 비슷한 종류로 묏대추가 있다. 대추나무는 큰 나무로 자라고 열매가 타원형이며 과육이 많다. 그러나 묏대추는 작은키나무이고 열매는 거의 둥글며 과육이 적다. 《동의보감》에는 대추와 달리 묏대추 씨는 산조인酸棗仁이라 하여 "속이 답답해 잠을 잘 자지 못하는 증상, 배꼽의 위아

묏대추의 작고 둥근 열매　　　　갯대추의 잎

래가 아픈 것, 피가 섞인 설사, 식은땀 등을 낫게 한다. 간의 기능을 보하며 힘줄과 뼈를 튼튼하게 한다"고 소개하고 있다. 그리고 제주도에는 갯대추란 나무가 있다. 대추나무와는 종류가 다를 뿐 아니라 대추가 달리지도 않는다. 하지만 낙엽 진 겨울 가지의 모양이 대추나무와 비슷하고 바닷 가에 드물게 자라므로 이런 이름이 붙었다. 갯대추는 멸종위기식물이다.

34

봉황이 깃든다는

벽오동

Chinese parasol tree

벽오동은 봉황鳳凰과 관련이 있다. 중국 사람들은 봉황을 상서로움을 상징하는 새로 상상하며 기린, 거북, 용과 더불어 4대 영물靈物에 넣고, 덕망 있는 군자가 천자의 지위에 오를 때 출현한다고 여겼다. 그 밖에 재주가 뛰어난 사람을 상징하는 말로도 쓰이는가 하면 고귀하고 품위 있고 빼어난 것의 표상이기도 하다. 이러한 봉황은 "벽오동이 아니면 깃들지 않고 대나무 열매가 아니면 먹지 않는다"고 한다. 대나무는 50~60년 만에 어쩌다 한 번 꽃이 피니 식성이 고상한 것은 좋으나 자칫하면 굶어 죽지 않을까 걱정스럽다.

벽오동은 봉황이 앉을 만큼 훌쩍 큰 키로 자란다. 옛사람들은 벽오동을 항상 정성스럽게 심고 가꾸어왔다. "벽오동 심은 뜻은 봉황을 보자더니/ 내가 심는 탓인지 기다려도 아니 오고/ 밤중에만 일편명월一片明月이 빈 가지에 걸려 있네." 태평성대를 몰고 온다는 봉황새가 벽오동에 내려앉기를 기원하는 애절한 바람을 엿볼 수 있는 옛 시조다. 식어버린 임금의 사랑이 다시 찾아오기를 기원하는 내용이라는 해석도 있다. 당나라 때의 시인 두보의 시에 등장하기도 했다. 나라를 사랑했거나 적어도 사랑하는 척이라도 해야 하는 선비들은 서원書院이나 집 사랑채 앞마당에 벽오동 한두 그루는 꼭 심었다.

↖ 쪽배 모양의 열매 껍질에
  붙어 있는 씨앗

오동나무와 한 집안인 것으로
오해받는 벽오동

| 과명 벽오동과 | 학명 *Firmiana simplex* | 분포 전국 식재, 중국, 지역 일본 |

끝이 3~5갈래로 갈라지는 커다란 잎, 풍성한 꽃차례에 모여 피는 노란색 꽃, 녹색의 매끈한 나무껍질

벽오동은 잎이 매우 크다. 생김새는 오동나무와 닮았고 줄기의 빛깔이 푸르기 때문에 벽오동碧梧桐이라고 부른다. 사실 푸를 벽碧 자는 벽공碧空 또는 벽천碧天이라 하듯이 하늘빛에 가까운 색인데, 벽오동의 줄기는 녹색이 더 강하다. 북한에서는 청오동이라 하며 한자로도 청오靑梧 혹은 청동목靑桐木이라고 하니 더 어울리는 이름이다.

옛 문헌에는 벽오동과 오동나무를 구별하여 쓰지 않고 그냥 오동梧桐이라고 했다. 《본초강목》에서와 같이 "오동은 벽오동을 말하고, 동桐은 오동"이라 하여 따로 설명한 경우도 있으나 대부분의 문헌에는 그 구별이 엄밀하지 않았다. 고종 2년1865 경복궁을 중건할 때 만들어진 〈경복궁타령〉에 "단산봉황丹山鳳凰은 죽실竹實을 물고, 벽오동 속으로 넘나든다……"고 했다. 앞뒤 관계를 보아 판단하거나 봉황새 이야기가 이어지면 벽오동이라고 보는 수밖에 없다. 한편, 생각해보면 벽오동 역시 오동나무와 마찬가지로 빨리 자라고 악기 재로 쓰이며 잎 모양새도 비슷하기 때문에 복잡하게 따로 구별할 필요가 없었을 것이다. 하지만 식물학적으로 보면 벽오동과 오동나무는 사돈의 팔촌도 넘는 거의 완

전한 남남 사이다.

주로 중부 이남 지방에서 심으며, 잎지는 넓은잎 큰키나무로 줄기 둘레가 한 아름을 훌쩍 넘는 큰 나무로 자랄 수 있다. 잎은 어른 손바닥을 편 만큼 크고 3~5갈래로 갈라진다. 여름에 들어서면서 원뿔 모양의 꽃차례에 노란빛의 작은 꽃들이 수북하게 달린다. 열매는 아주 신기하게 생겼다. 작고 오목하여 마치 조그마한 장난감 배처럼 생긴 열매껍질[心皮]의 가장자리에 콩알 크기의 쪼글쪼글한 열매가 서너 개씩 붙어 있다. 톡 건드리면 금세 떨어질 것처럼 불안정하게 보인다. 행여 바람이라도 불면 배 모양의 껍질은 풍랑에 휩쓸리는 일엽편주一葉片舟처럼

벽오동 아래 노니는 봉황을 그린 민화인 봉황도

날아가는데, 그래도 열매들은 껍질에 꼭 붙어 있다. 열매는 오동자梧桐子라고 하며, 지방유가 37%, 단백질이 23%나 들어 있어서 기름을 짜면 질 좋은 식용유가 된다. 《본초강목》에 이르기를 "오동자는 위를 순하게 하고 소화를 돕고 위통을 치유하는 효과를 가졌다"고 한다. 카페인 성분이 제법 들어 있어서 커피 대용으로도 쓸 수 있다.

35

아름다울 뿐만 아니라 쓸모도 많은

자작나무

East Asian white birch

흔히 미인의 조건으로 아름다운 이목구비를 꼽지만 흰 피부와 늘씬한 몸매
도 빠트릴 수 없다. 하늘을 날던 천사가 차디찬 겨울 산속에서 자라는 나무
를 불쌍히 여겨 흰 날개로 나무줄기를 칭칭 싸매준 것이 아니라면 도저히
가질 수 없을 것 같은 흰 껍질이 자작나무의 자랑이자 매력이다. 자작나무는
'미인나무'라는 이름이 전혀 부끄럽지 않을 정도로 아름답다.

시베리아를 배경으로 찍은 영화에는 어김없이 자작나무 숲이 나온다.
그만큼 자작나무는 한대 지방을 대표하는 나무로 유명하다. 자작나무는 생
김새만 아름다운 것이 아니라 쓰임새도 여러 가지다. 크게 흰 껍질과 목재를
쓰는 두 경우로 나누어볼 수 있다. 흰 껍질은 얇은 종이를 여러 겹 붙여놓은
것처럼 차곡차곡 붙어 있으며, 한 장 한 장이 매끄럽고 잘 벗겨지므로 종이
를 대신해 불경을 쓰거나 그림을 그리는 재료로 쓰이기도 했다. 또 여기에는
큐틴Cutin이라는 왁스 성분의 방부제가 다른 나무보다 많이 들어 있어 잘 썩
지 않고 곰팡이도 잘 피지 않는다. 게다가 물도 잘 스며들지 않는다. 아무리
열악한 조건이라도, 심지어 수천 년을 땅속에 묻혀 있어도 거뜬히 버티는 게
바로 자작나무 껍질이다. 러시아에서는 자작나무 껍질에서 기름을 짜 가죽

↖ 둥그스름한 삼각형 모양 잎

흰 나무껍질이 아름다워
미인나무로 불리는 자작나무

| 과명 자작나무과 | 학명 *Betula pendula* | 분포 함남 이북, 중국 북동부,
지역 러시아, 일본 북부 |

아래로 늘어지면서 피는 수꽃, 수꽃보다 굵고 통통한 암꽃에서 익은 열매, 매끄러운 흰빛의 줄기

가공에 사용하는데, 이 가죽으로 책 표지를 만들면 곰팡이나 좀이 슬지 않는 다고 한다. 아메리카 인디언들의 카누는 가볍고 튼튼한 나무틀에다 자작나 무 껍질을 바르고 나무진으로 방수 처리한 것이다. 러시아의 아무르 강, 우 수리 강의 하류 유역에 거주하는 나나이족은 자작나무 껍질로 만든 배를 타 고 연어와 송어를 잡는 것으로 유명하다.

1973년에는 경주의 한 고분에서 하늘을 나는 천마天馬가 그려진 말다래 가 출토되었다. 그래서 고분의 이름을 천마총이라 했다. 말다래는 말안장 양 쪽에 늘어뜨려 진흙이 튀는 것을 막는 장식품을 말한다. 천마가 그려진 말다 래의 주재료가 자작나무 종류의 껍질이었다. 1921년 경주 금관총에서 발굴 된 금관의 머리에 쓰는 안쪽 부분에도 역시 자작나무 종류의 껍질과 속살이 덧대어져 있었다.

1994년에는 기원전 1~2 세기 무렵에 파키스탄에서 제작된 것으로 보이는 세계 에서 가장 오래된 불경이 엉 뚱하게도 영국에서 발견됐는 데, 그 역시 자작나무 껍질에 고대 인도 문자인 산스크리 트어로 석가모니의 가르침과 시를 기록한 것이라고 한다.

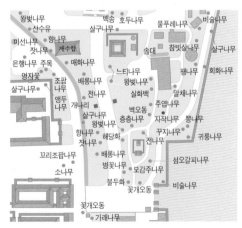

자작나무 껍질은 불을 붙이면 잘 붙고 오래가므로 촛불이나 호롱불 대신에 불을 밝히는 재료로도 애용되었다. 혼인하는 것을 화혼華婚 또는 화촉華燭을 밝힌다고도 하는데, 이 단어에 들어 있는 빛날 화華 자가 바로 자작나무를 가리키는 것이다. 자작나무란 이름도 껍질이 탈 때 "자작자작" 하는 소리가 나는 데서 따왔다.

자작나무 종류의 나무껍질로 만든 말다래에 그려진 천마도

예전에는 팔만대장경판 판재가 자작나무로 알려졌었다. 온 나라가 몽골군의 말발굽에 유린당하는 중에도 깨끗하고 고상한 나무를 베어다 부처님 말씀을 한 자 한 자 새겨 넣은 고려 사람의 여유에 감탄하곤 했었다. 그러나 지은이가 전자현미경으로 조사해보니, 대장경을 새겨 넣은 나무는 대부분이 산벚나무였고 일부는 돌배나무였다. 선조들이 자작나무나 산벚나무를 따로 구별하지 않고 모두 화樺 자로 적었기 때문에 혼동이 일어난 것이다. 자작나무는 껍질만큼이나 나무속도 황백색으로 깨끗하고 균일하다. 추운 지방의 서민들은 옹이 하나 없는 자작나무를 쪼개어 지붕을 이었으며, 나무껍질로 시신을 싸서 매장했다.

자작나무의 또 한 가지 큰 쓰임새는 바로 수액樹液을 뽑아서 마시는 것이다. 다른 나무들과 마찬가지로 따뜻한 봄기운이 대지를 감싸고 만물이 다시 소생할 즈음, 자작나무도 광합성을 하기 위해 땅속에서 물을 빨아올려 곧 피어날 잎이 있는 꼭대기로 올려보내기 시작한다. 나무줄기 속에 있는 가느다란 물관을 따라 올라가는 물은 5월 초 곡우穀雨 무렵이 되면 그 양이 많아지고 움직임도 왕성해진다. 이때쯤 줄기에 구멍을 뚫고 엄지손가락 굵기만한 파이프를 꽂아 물을 뽑아낸다. 이 물은 위장병을 비롯한 잔병을 낫게 하고 건강을 증진시킨다고 알려져 있다. 나무가 빨아들인 심산의 맑은 물이 고

강원도 인제 원대리의 자작나무 숲

도의 필터라 할 수 있는 세포막을 통과했을 뿐만 아니라, 미네랄을 비롯해서 각종 무기물이 풍부하게 녹아들었으므로 최고의 건강 음료일 것이다. 자작나무가 없는 남부 산간 지방에서는 곡우물이라 하여 거제수나무와 묽박달나무의 수액을 채취해 마신다. 이것 역시 위장병, 신경통, 관절염에 약효가 있다고 알려져 있어 해마다 품귀 현상까지 빚는다. 최근에는 단풍나무 종류인 고로쇠나무도 '물 뽑아 먹는 나무'로 몸살을 앓고 있다.

자작나무는 잎지는 넓은잎 큰키나무로 함경도 이북의 추운 지방에서 주로 자란다. 잎은 약간 둥그스름한 삼각형이고 가장자리에는 이빨 모양의 큼직큼직한 톱니가 있으며 잎맥은 6~8쌍 정도다. 암수한그루로 꽃은 봄에 피고 암꽃은 손가락 굵기만 하며, 수꽃은 이삭 모양이고 모두 아래로 처진다. 열매는 가을에 꽃대 모양 그대로 익는다.

자작나무 종류 구별하기

자작나무 종류에는 자작나무 이외에도 거제수나무, 사스래나무가 포함된다. 자작나무는 잎 모양이 거의 삼각형이며 잎맥은 6~8쌍 정도인 데 비해 거제수나무는 잎 모양이 타원형이고 잎맥의 수가 10~16쌍이다. 또 사스래나무는 거제수나무와 거의 비슷하나 껍질에 은백색이 강하며 톱니가 불규칙하고 잎맥이 7~11쌍이다. 거제수나무는 황화수黃樺樹라고도 하며 거제수巨濟樹로 쓰기도 하는데, 거제도에 이 나무가 많아서 붙인 이름이라고 잘못 알고 있는 경우가 흔하다. 지리산을 비롯해 남부 지방의 높은 산에 있다는 '자작나무'는 사실은 거제수나무나 사스래나무다. 자라는 지역으로 볼 때 남한에 자작나무가 자연적으로 자라는 곳은 없고 모두 일부러 심은 것이다. 일부 지방에서는 거제수나무를 '물자작나무'라고 부르기도 해서 더욱 혼란스럽다.

왼쪽부터 자작나무, 거제수나무, 사스래나무의 줄기

36

닥나무와 함께 껍질 벗겨 한지 만들던

꾸지나무

Paper mulberry

꾸지나무는 시골 마을 길섶에서 가끔 만날 수 있는 나무지만 이름이 익숙하지 않다. 닥나무와 모양새가 거의 쌍둥이라고 할 만큼 가깝고 껍질로 종이를 만드는 쓰임도 꼭 같아서 한지를 만들던 옛사람들은 꾸지나무와 닥나무를 구별하지 않고 종이 원료로 함께 썼다. 《오주연문장전산고五洲衍文長箋散稿》 등의 문헌에 꾸지나무 껍질로 추정되는 구피構皮란 말이 나오기도 하나 닥나무 껍질을 뜻하는 단어인 저피楮皮와 구별해 쓴 흔적은 없다. 꾸지나무란 이름의 유래도 종이를 만든다는 뜻의 구지構紙에서 꾸지로 변한 것으로 짐작한다. 여기서는 꾸지나무를 닥나무와 함께 묶어 설명하려 한다.

우스갯소리로, 닥나무를 두고 분지르면 '딱' 소리가 난다고 해서 '딱나무'라고 한 것이 닥나무가 된 것이란다. 나뭇가지를 분지르면 '딱' 하고 소리가 나지 않을 나무가 어디 있으련만, 사람들은 이 나무를 두고 죽을 때 제 이름을 부르는 나무라 하여 분질러보고 즐거워한다. 그러나 실제로 닥나무란 이름은 닥을 얻는 나무란 뜻이다. 종이를 만들 수 있는 질긴 껍질을 '닥'이라고 하는데, 닥나무와 꾸지나무의 껍질에는 인피섬유靭皮纖維라는 질기고 튼튼한 실 모양의 세포가 들어 있어 이것으로 종이를 만들었다.

↖ 가장자리에 뾰족한 톱니가
나 있는 달걀 모양의 잎

닥나무와 함께 종이의 원료로
많이 쓰였던 꾸지나무

과명	뽕나무과	학명	*Broussonetia papyrifera*	분포 지역	전국 인가 부근, 중국 남부, 일본

공 모양 꽃차례에서 피는 암꽃, 늦여름에 주홍색으로 익는 열매, 벗긴 껍질이 종이 원료가 되는 줄기

　　후한後漢의 채륜이 서기 105년에 처음 종이를 만든 것으로 알려져왔으나, 최근에 기원전 170년 무렵인 전한前漢시대에도 종이가 사용되었음이 밝혀진 바 있다. 《일본서기日本書紀》의 610년 기록에 고구려의 승려 담징이 일본에 종이 만드는 기술을 전했다는 내용이 나오는 것으로 보아, 이미 6~7세기에 우리나라에서도 종이 제조가 상당히 성행했음을 알 수 있다. 실증적 자료로는 신라 경덕왕 때인 755년에 작성된 뒤 1933년 일본 황실의 보물창고인 쇼소인[正倉院]에서 발견된 신라민정문서가 있다.

　　고려시대에 들어오면서 종이의 쓰임새는 한층 넓어졌다. 나라에서 직접 종이 만드는 공장을 세우고 직접 종이를 생산해 중국에 공물貢物로 보내곤 했는데, 그 기술이 매우 탁월해서 고려에서 온 종이는 중국에서도 고급 종이로 여겼다. 고려의 종이는 나무껍질로 만들었음에도 불구하고 마치 비단처럼 질이 아주 좋았기 때문에 누에고치 견繭 자를 써서 견지繭紙라 했다고 한다. 고려 공양왕 3년1391에는 중국의 제도를 모방해 우리나라 최초의 지폐인 저화楮貨를 만들어 썼는데 이 또한 닥나무나 꾸지나무의 껍질로 만든 것이었다. 저화는 고려 멸망 이후 쓰이지 않다가, 조선 태종 1년1401

에 다시 발행되어 중종 때까지 제한적으로 유통되기도 했다.

조선시대에 들어와 제지 산업은 더욱 번성했고, 나라의 중요한 사업이 되었다. 세종 2년1420에는 서울 세검정 부근에 관영 종이공장을 설치해 여기서 여러 종류의 종이를 만들기 시작했다. 따라서 원료 확보에도 애를 써야 했다. 닥나무와 관련된 기록은 《고려사》에도 있긴 하나 조선왕조실록에는 수십 회에 걸쳐 등장한다. 조선왕조는 백성들에게 닥나무를 재배하도록 권했으나, 닥나무를 재배하는 백성들은 그 때문에 더 애를 먹었다. 조선 태종 10년1410 승정원에 이런 상소문이 올라왔다. "대소大小 민가에 닥나무 밭이 있는 자는 백에 하나둘도 없고, 간혹 있는 자도 소재지의 관사官司에 빼앗기어, 이익은 자기에게 미치지 않고 도리어 해가 따릅니다. 그러니 심지 않을 뿐만 아니라 베어버리는 자도 있습니다." 정조 17년1793에 비변사에서 아뢰기를, "닥나무를 심는 것은 원래 중들이 하는 일이었으나 삼남 지방의 사찰이 모두 황폐해져서 중들이 뿔뿔이 흩어져버렸으니 닥나무 밭도 따라서 묵어버렸습니다"라고 했다. 숭유억불 정책으로 핍박받던 조선시대 스님들의 일면을 볼 수 있다.

꾸지나무는 높이 10m 이상의 큰 나무로 자랄 수 있는 잎지는 넓은잎 큰키나무이고 암수딴그루이다. 나무껍질은 회갈색이며 거의 갈라지지 않는다. 잎은 어긋나기로 달리고 가장자리에 뾰족한 톱니가 있으며 표면이 거칠고 뒷면에 털이 있다. 달걀 모양이 대부분이나 어린 나무의 경우 3~5갈래로 깊게 파인 잎도 섞여 있어서 한 나무에 두 종류의 잎이 달리기도 한다. 잎이 닥나무보다 더 크고 잎 전체에 털이 많은 것이 특징이다. 오뉴월에 꽃이 피며 암꽃은 마치 여러 개의 짧은 실을 표면에 달고 있는 작은 구슬 같은 모양을 한다. 열매는 늦여름에 주홍색으로 익는다. 닥나무는 잎지는 넓은잎 작은키나무로 전국의 인가 근처에서 만날 수 있다. 높이 5~6m, 줄기 지름 한 뼘 정도에 이를 수 있다. 꾸지나무와는 달리 암수한그루다.

꾸지나무와 이름이 헷갈리는 꾸지뽕나무도 종이 만드는 데 썼으나 속이 다른 별개의 나무다. 그 외에 가지가 3개로 계속 갈라지는 삼지닥나무와 싸리 비슷하게 생긴 산닥나무는 식물학적으로 팥꽃나무과에 속하여 뽕나무과인 닥나무와는 전혀 다른 나무다. 그러나 닥나무와 마찬가지로 껍질에 질긴 인피섬유가 들어 있어서 고급 전통 한지를 생산하는 데 귀하게 쓰였다.

37

화려한 금관의 관식冠飾 같은 황금빛 꽃으로

모감주나무

Golden rain tree

녹음이 짙어가는 6월 말이나 7월 초가 되면 화려한 꽃으로 우리를 유혹하던 나무들은 짙푸른 잎으로 뒤덮이고, 꽃 좋던 세월은 흔적도 없이 사라져버린다. 이때쯤 왕관을 장식하는 깃털처럼 우아하게 꽃대를 타고 올라온 자그마한 꽃들이 노랗게 줄줄이 달리는 나무가 바로 모감주나무다. 따가운 여름 태양에 바래버린 듯 모감주나무의 꽃은 노랑이라기보다 오히려 동화 속의 황금 궁전을 연상케 하는 고고한 금빛에 가깝다. 꽃대의 아래에는 길이가 한 뼘이나 되는 잎자루에 작은잎이 깃꼴로 6~16개씩 아까시나무 잎처럼 다닥다닥 달려 있다. 가장자리에 크고 깊은 톱니가 나 있는 잎이 약간 탁한 푸른 빛을 띠고 있어서 금빛 꽃을 한층 돋보이게 한다. 영어 이름은 아예 골든레인트리Golden rain tree라 하여 황금의 비가 쏟아진다는 뜻을 갖고 있다.

태양과 경쟁하듯이 버티던 수많은 황금색 꽃이 지고 나면 세모꼴 초롱 모양의 열매가 앙증맞게 달려 여름이 지나갈수록 부풀어간다. 작은 달걀 크기만큼 부풀면 얇은 종이 같은 껍질이 셋으로 길게 갈라지는데, 그 안에서 새까만 씨앗이 얼굴을 내민다. 콩알 크기로, 윤기가 자르르한 이 씨앗은 완전히 익으면 돌처럼 단단해진다. 망치로 두들겨야 깨질 정도다. 만질수록 반질

↖ 가장자리가 들쭉날쭉한
작은잎이 6~16개씩 매달린
깃꼴겹잎

국립민속박물관 입구 효자각
앞에서 화려한 금빛 꽃을 피운
모감주나무

과명	무환자나무과	학명	*Koelreuteria* *paniculata*	분포 지역	중남부 해안가 및 산지, 중국 서부

긴 꽃대에 줄줄이 노랗게 피는 꽃, 얇은 껍질이 부풀어가는 열매, 세로로 얕게 갈라진 줄기

반질해지므로 염주의 재료로 안성맞춤이다. 그것도 감질나게 몇 개씩 달리는 것이 아니라 염주 몇 꾸러미라도 만들 수 있을 만큼 풍족하게 매달린다.

모감주나무의 씨앗은 금강자金剛子라는 다른 이름도 갖고 있다. 금강이란 말은 금강석, 즉 다이아몬드의 단단하고 변치 않은 특성에서 유래되었겠으나, 불가에서는 도를 깨우치고 지덕이 굳으며 단단하여 모든 번뇌를 깨트릴 수 있음을 표현한 것이다. 염주는 피나무 씨앗, 무환자나무 씨앗, 율무, 수정, 산호, 향나무 등으로 만든다. 그중에서도 모감주나무 씨앗으로 만든 염주는 큰스님들이나 지닐 수 있을 만큼 귀했다.

《고려사》에 보면 숙종 4년1099 "임금이 상자사常慈寺에 머물면서 금강자와 수정 염주 각 한 꾸러미를 시주했다" 하고, 조선왕조실록에는 태종 "6년1406에 명나라 사신이 금강자 3관을 예물로 바쳤다"고 한다. 또 태종 9년1409 "권영균이 누이를 명나라 황제에게 바쳐 광록시경光祿寺卿이라는 벼슬을 받고 귀국하면서 임금에게 금강자 2관을 바쳤으나 되돌려주었다"는 기록도 있다. 이처럼 예부터 왕실에서도 사용한 귀중한 염주 재료임을 알 수 있다.

모감주나무라는 이름은

경복궁 · 모감주나무

어디서 왔을까? 지은이는 다음과 같이 추정해본다. 팔만대장경판에 들어 있는 인천보감人天寶鑑에는 중국 선종의 중심 사찰인 영은사靈隱寺 주지의 법명이 '묘감妙堪'이었고, 불교에서 보살이 가장 높은 경지에 도달하면 '묘각妙覺'이라 한다는 내용이 있다. 이처럼 열매가 고급 염주로 쓰이는 모감주나무는 불교와 깊은 관련이 있으므로 묘감이나 묘각에 구슬을 의미하는 주株가 붙어, 처음에 '묘감주나무'나 '묘각주나무'로 부르다가 모감주나무란 이름이 생긴 것으로 짐작하고 있다. 실제로 경남 거제 한내리에는 묘감주妙敢株나무라 불리는 모감주나무 군락이 있다.

충남 안면도의 승언리에는 천연기념물 제138호로 지정된 500여 그루의 모감주나무 군락이 있다. 이곳은 우리나라의 대표적인 모감주나무 서식지로 황해의 모진 갯바람을 막아주는 방풍림의 구실을 했다. 이곳의 모감주나무는 중국의 산동반도에서 씨앗이 파도를 타고 건너와 자란 것으로 알려져왔다. 그러나 최근 완도, 거제도, 포항 등 남해안과 동해안은 물론 대구 내곡동을 비롯해 충북 제천 송계리 및 복평리 등 내륙 지방 여러 곳에서 군락지가 발견되고 있어서 우리나라에서도 자라고 있었다는 설에 더 무게가 실린다.

한방에서는 모감주나무 꽃잎을 말려두었다가 요도염, 장염, 치질, 안질 등에 쓴다고 한다. 옛날 중국에서는 왕에서 서민까지 묘지의 둘레에 심을 수 있는 나무를 정해주었는데, 학덕이 높은 선비가 죽으면 모감주나무를 심게 했다. 모감주나무는 잎지는 넓은잎 중간키나무로, 우람한 모양새를 자랑하는 아름드리나무로 자라지는 않는다. 그러나 가지가 단아하게 뻗어나갈 뿐만 아니라 가장자리가 들쭉날쭉한 잎, 황금 깃털처럼 솟아오른 금색 꽃이 보기 좋다. 그런가 하면 새까만 열매가 맺을 무렵이면 루비색 또는 연노랑 단풍이 들어 사시사철 아름다운 자태를 자랑한다.

38

개오동을 꼭 닮은 친척 나무

꽃개오동

Southern catalpa

꽃개오동은 오동나무에 접두어가 둘이나 붙은 재미있는 나무다. 오동나무와 비슷하지만 격이 좀 떨어진다는 뜻으로 이름 앞에 '개'가 붙은 개오동이 있는데, 꽃개오동은 그 개오동과 거의 비슷하지만 꽃이 아름답다 하여 여기에 '꽃'이란 접두어가 또 붙었다. 꽃개오동은 1905년 평북 선천에 있던 선교사가 미국에서 처음 들여왔다. 그 뒤 1914년 무렵 미국에서 직접 씨앗을 들여와 지금의 홍릉산림과학원의 전신인 임업시험장에서 양묘하여 전국에 3만 그루가량을 심었다고 한다.

꽃개오동은 잎지는 넓은잎 큰키나무로 높이 약 30m까지 자랄 수 있고 둘레도 두세 아름에 이른다. 잎은 타원형이고 활짝 편 손바닥만큼이나 크며 끝이 뾰족한 경우가 대부분이나 때로는 얕게 3~5갈래로 갈라지기도 한다. 잎자루도 한 뼘이나 되며 마주나기나 돌려나기를 한다. 큰 원뿔 모양 꽃차례에 달리는 꽃은 나팔 모양이며 끝이 5갈래로 갈라져 있고 꽃잎엔 주름이 잡혀 있다. 꽃 안쪽으로 노란 줄무늬와 짙은 보라색 반점이 있으며 6월 초순에 꽃이 핀다. 꽃개오동의 열매는 모양새가 매우 독특하다. 굵어질 생각은 않고 땅을 향해 무작정 길어지기만 한다. 여러 개가 모여 달리며 지름이 연필 굵

↖ 원뿔 모양 꽃차례에 달리는
깔때기 모양의 꽃

국립민속박물관 입구에
수문장처럼 서 있는 꽃개오동

과명 능소화과	학명 *Catalpa bignonioides*	분포 전국 식재, 지역 미국 중남부 원산

커다란 타원형의 잎, 이듬해까지도 달려 있는 가늘고 긴 열매, 나이가 들수록 잘게 갈라지는 나무껍질

기만 하고 길이는 한 뼘이 넘으며 때로는 약 60cm에 이르기도 하는데, 세상에서 가장 날씬한 열매다. 다이어트에 목숨을 거는 사람들은 정말 부러워할 '빼빼'다. 열매는 이듬해에 꽃이 다시 필 때까지도 달려 있어서 겨울에도 금세 알아볼 수 있다. 긴 열매가 갈라지면 명주 같은 털을 단 씨앗이 나온다. 열매는 이뇨제로 신장염, 부종, 단백뇨를 다스린다고 한다. 아울러 나무속껍질은 신경통, 간염, 황달, 신장염 같은 염증에 약으로 처방한다.

개오동은 중국 원산이지만 오래전에 한반도에 들어온 나무다. 꽃개오동과는 수만 리 떨어진 곳에서 따로 자란 나무지만 거의 비슷하게 생겨서 구별하기 어렵다. 차이는 꽃개오동의 꽃 색깔이 거의 흰색이고 잎끝이 거의 갈라지지 않는 반면 개오동은 연한 노란빛이 들어간 황백색 꽃이 피고 잎끝이 3~5개로 갈라진 잎이 섞여 있는 정도다. 개오동의 목재는 대체로 가볍고 연하지만 오동나무와 비슷한 성질을 갖고 있어서 비파와 같은 악기나 가구를 만드는 데도 썼다. 경북 청송 홍원리의 천연기념물 제401호가 우리나라에서 가장 크고 오래된 나무다. 둘레가 두 아름이나 되는 개오동 세 그루가 마을 앞에 나란히 자란다. 나이

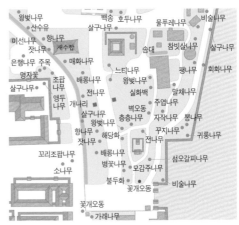

198

경북 청송 홍원리에 있는 개오동. 천연기념물 제401호이다.

는 약 300살로 짐작하고 있다.

조선왕조실록을 보면 숙종 43년1717에 "군사들이 땔나무를 조달하려고 무덤에 기르는 소나무·개오동이건 마을에 심은 뽕나무·밤나무건 묻지 않고 모두 다 베어서 거의 남아 있는 것이 없다"라고 했다. 또 영조 10년1734에 죄인을 신문하던 중 "개오동 잎에 글을 썼다"라는 언급이 나온다. 잎이 커서 종이 대신으로도 썼던 모양이다. 다소 엉뚱하게 개오동은 벼락을 피할 수 있는 나무라고 알려져 있다. 실제 효과는 알 수 없으나 일본이나 중국에서는 뇌신목雷神木 혹은 뇌전동雷電桐이라 불렀고, 때로는 목왕木王이라고도 부르며 큰 건물 옆에다 심었다고 한다. 자라는 곳이 주로 습한 곳이며 나무 자체도 함수율이 높고 키도 크므로 피뢰침의 기능을 할 것이라고 믿었던 것 같다. 개오동은 한자로는 흔히 재梓라고 쓴다. 가래나무도 같은 한자를 쓴다. 그러나 《성호사설》 '만물문'에는 "재동梓桐이란 것이 있는데, 그 열매가 팥과 같다. 나무의 성질이 썩지 않아서 관棺을 만들기에 알맞고 심은 지 40~50년이면 재목이 된다"라고 했다. 그 열매 모양으로 보아 이는 분명히 개오동을 말한 것이다.

Chapter 2

창덕궁의
우리 나무

1405년 태종이 지은 궁궐이다. 2차 왕자의 난을 평정하고 왕위에 오른 태종은 경복궁을 꺼려서 개경지금의 개성으로 옮겨갔다가 다시 한양으로 되돌아오면서 경복궁이 아닌 또 다른 궁궐, 곧 창덕궁을 지어 생활했다. 창건 당시 규모는 경복궁의 절반 정도 크기였으나, 점차 규모가 커졌다. 그러나 임진왜란 때 잿더미가 되었다가 광해군 때인 1610년 재건되었으며, 경복궁이 중건되기 전까지 오랫동안 정궁의 역할을 했다.

창덕궁 역시 다른 궁궐들과 마찬가지로 일제 강점기에 조선 궁궐에 대한 고의적 훼손을 피하지는 못했지만 돈화문, 인정전仁政殿, 선정전宣政殿 등 비교적 많은 전각이 원형을 유지하고 있어서 역사적인 가치가 높다.

창덕궁은 북한산 응봉을 주산으로 한 아담한 자리에 포근히 들어앉아 있다. 남북으로 흐르는 일직선을 기본 축으로 하는 경복궁과 달리, 정문인 돈화문에서 금천교를 거쳐 인정전에 이르는 길이 동서 축을 이루고 있으며, 선정전, 희정당熙政堂, 대조전大造殿 등 주요 전각도 동서 방향으로 놓여 있다. 지형지세에 순응하여 건물을 지으려고 한 조선시대의 가치관을 엿볼 수 있다. 역시 자연 그대로의 아름다움을 거스르지 않는 정자들과 자연의 아름다움을 한껏 즐길 수 있도록 꾸민 후원은 누구나 감탄하는 곳이다. 후원 권역에 있는 주합루宙合樓는 정조 때 문예부흥의 산실이기도 하다. 구중궁궐九重宮闕이라고 말할 때 떠오르는 깊고 그윽한 멋을 간직한 창덕궁과 후원은 1997년 유네스코 세계유산으로 등재되었다.

무궁화
● 보리수나무
● 참빗살나무

● 상수리나무

뽕나무

화살나무
병꽃나무
앵두나무

조릿대 소나무

회화나무   모란
앵두나무
회화나무

뽕나무
● 찔레꽃
쪽동백나무
목련
살구나무
● 복사나무

경추문

의풍각

귀룽나무

선정전

은행나무

구선원전
측백나무
❷ ● 매화나무

조릿대

인정전

소나무

뽕나무

봉모당
❸ ● 향나무

느티나무

살구나무

반송

<궐내각사>

규장각

인정문

숙장문

귀룽나무
회화나무

● 산사나무   ● 느티나무   ● 매화나무
느티나무   버드나무
● 소나무   ● 느티나무
진선문
금천교

상서원

산벚나무

회화나무
● 백당나무 회화나무
금호문 ● 복사나무

내병조

영춘화

느티나무
❶
회화나무 ❶
함박꽃나무
❶
● 매화나무   회화나무

앵두나무

상의원

회화나무

돈화문

N

주목
단풍나무 주목
정당
갈참나무
산벚나무 쪽동백나무
음나무
말채나무
단풍나무
풀또기 소나무 회화나무
소나무 주목 감나무
소나무
눈주목 단풍나무
반송 미선나무
대조전 보리수나무
상수리나무
정당 물싸리 느티나무
앵두나무 말채나무
관물헌 살구나무
성정각 매화나무
감나무 ❺매화나무 돌배나무
화살나무 ❻미선나무 삼삼와
나무 산철쭉 산수유
능수벚나무 상량정
진달래 향나무 반송
❹ 사철나무 풀또기 모란 흥자단 이스라지
무 참빗살나무 산철쭉 낙선재
쉬나무 석복헌
시무나무 수강재
고욤나무 앵두나무
느티나무 참빗살나무 감나무
함박꽃나무 산수유 매화나무 ❼
화장실 앵두나무 감나무
쉬나무 살구나무 자두나무
단풍나무 자엽꽃자두
<매화나무 숲> 주목

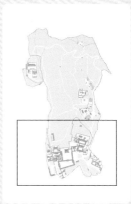

일러두기

- ● 나무
- ⊖ 나무 무리
- ▦ 시설물(경비실, 안내실 등)
- 🄲 CCTV
- ⊸ 출입금지
- ● 우물 또는 음수대
- ⚱ 가로등 또는 조명

다래 ●

신선원전

의효전

몽답정

외삼문

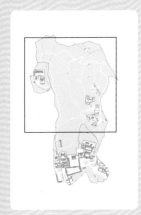

일러두기

- ● 나무
- ⬤ 나무 무리
- ▪ 시설물(경비실, 안내실 등)
- 📷 CCTV
- ⊸▸ 출입금지
- ● 우물 또는 음수대
- ⚲ 가로등 또는 조명

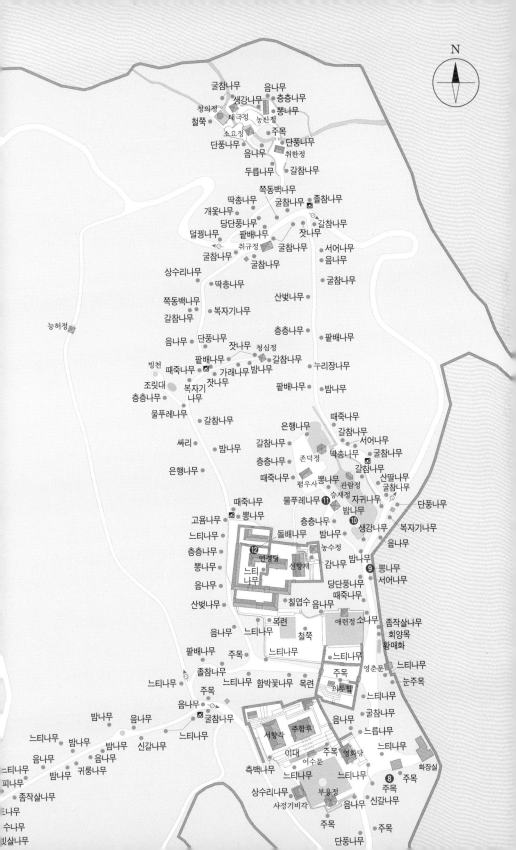

선비의 절개를 지켜주는 마음의 지주

회화나무

Chinese scholar tree

회화나무는 궁궐의 권위를 상징하는 나무다. 《주례周禮》에 따르면 주나라 때는 삼괴구극三槐九棘이라 하여 조정의 외조外朝에 세 그루의 회화나무를 심어 우리나라의 삼정승에 해당하는 삼공三公이 마주 보고 앉고, 좌우에는 각각 아홉 그루의 대추나무를 심어 고관들이 둘러앉았다고 한다. 당나라 때 안녹산의 난으로 궁궐이 점령당했을 때, 시인으로 이름을 날리던 왕유는 옥에 갇혀서 "회화나무 낙엽 지는 궁궐은 쓸쓸한데/ 응벽지 언덕에는 주악 소리만 들려오누나"라고 읊었다. 《동국이상국집》 '응벽지凝碧池'에도 이 시가 실려 있다. 중국의 궁궐에 널리 심은 나무임을 짐작할 수 있다.

우리 궁궐에서도 중국의 예에 따라 심은 회화나무를 만날 수 있다. 창덕궁 정문인 돈화문을 들어서면 왼편 행각 건물에서 금호문金虎門 앞까지 일렬로 여섯 그루의 큰 나무들이 자라고 있다. 이들 중 행각 앞 세 그루와 금호문 앞 한 그루가 회화나무 고목이다. 또 금천 서쪽 둑의 한 그루와 금천 건너 동남쪽의 세 그루까지 합쳐 모두 여덟 그루의 회화나무가 함께 천연기념물 제472호로 지정되어 있다. 나무들의 크기는 높이 15~16m, 가슴 높이 둘레 0.9~1.8m 정도이다. 이 나무들은 모두 〈동궐도〉에서도 확인할 수 있으며

↖ 긴 타원형의 **뾰**족한 작은잎이
잎자루에 7~15개씩 달리는
깃꼴겹잎

창덕궁 돈화문 행각 앞에 자라는
세 그루의 회화나무

| 과명 | 콩과 | 학명 | *Sophora japonica* | 분포
지역 | 전국 식재, 중국 원산 |

황백색의 꽃, 염주를 꿰어놓은 듯 독특하게 생긴 열매, 세로로 깊게 갈라진 나무껍질

행각 쪽 회화나무 두 그루는 3m 정도 높이인 담장보다 낮게 그려져 있으므로 〈동궐도〉의 제작 연대가 19세기 초인 점을 감안하면 나이는 250살 전후로 짐작된다. 나머지 여섯 그루도 250~550살 정도로 조선왕조 중후기의 험난한 역사를 지켜보아온 셈이다. 이곳 말고도 창덕궁에는 빈청 앞산과 인정전 옆 등에도 큰 회화나무가 서 있다.

　창경궁에는 우리의 가슴을 아리게 하는 나무 두 그루가 있다. 영조 38년 1762 윤5월 13일 영조는 지금의 창경궁 문정전文政殿 앞에서 자신의 친아들인 사도세자를 8일 동안이나 뒤주 속에 가두어 죽게 했다. 사도세자가 여름날 뒤주에 갇혀 고통의 비명을 지를 때 고스란히 그 소리를 들었을 나무가 지금도 살아 있는 것이다. 바로 문정전에서 동쪽으로 150m쯤 떨어진 선인문宣仁門 앞 금천 옆의 회화나무와 명정전明政殿 남행각의 광정문光政門 밖의 아름드리 회화나무다. 특히 선인문 앞 회화나무는 줄기가 휘고 비틀리고 속까지 완전히 비어 있는데, 너무 가슴이 아파 이렇게 까맣게 속이 썩어버렸다고도 한다. 이 두 회화나무는 〈동궐도〉에도 크게 그려져 있어서 그 비극의 현장을 목격했음을 알 수 있다.

　남가일몽南柯一夢이란 고사성

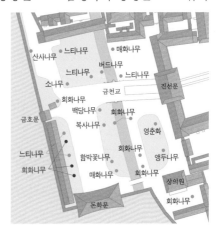

창덕궁 ◦ 회화나무

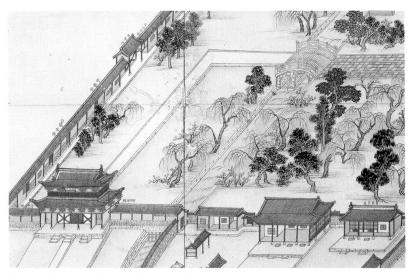

동궐도 중 창덕궁 돈화문 일대. 오늘날의 회화나무들도 찾아볼 수 있다.

어는 바로 회화나무 아래에 있던 개미나라에 얽힌 이야기다. 옛날 순우분이라는 사람이 술에 취하여 낮잠을 자다가 괴안국槐安國 사신의 초청을 받았다. 그는 집 마당에 있는 회화나무 구멍 속으로 사신과 함께 들어갔다. 그리고 그곳에서 공주와 결혼도 하고 태수가 되어 호강을 누리다가 어느 날 깨어보니 모든 것이 꿈이었다. 꿈에서 깬 그가 마당의 회화나무를 베어 조사해보니 꿈속에서 본 것과 똑같은 개미나라가 있었다고 한다. 당나라 전기소설 〈남가태수전南柯太守傳〉의 줄거리다.

중국 원산의 회화나무는 두세 아름을 훌쩍 넘기는 커다란 나무다. 천 년을 마다 않고 오래 살고 멋스런 모양을 만들어 정자나무로도 제격이다. 나뭇가지의 뻗음이 조금은 제멋대로인데, 이를 두고 학자의 기개를 상징한다 하여 다른 이름으로 학자수學者樹라 부르며, 영어 이름도 같은 뜻인 스칼라트리Scholar tree다. 주나라 때는 묘지에 심을 수 있는 나무를 나라에서 정해주었는데 군주는 소나무, 왕족은 측백나무, 고급 관리는 회화나무, 학자는 모감주나무, 서민은 사시나무를 각각 무덤 주변에 심었다고 한다.

옛 병마절도사영이었던 충남 서산의 해미읍성 내에 교수목絞首木 또는 호야나무 등으로 불리는 나이 약 600살 된 회화나무 고목이 있다. 조선 말기

사도세자가 뒤주에 갇혀 죽었을 때에도 자라고 있던 창경궁 선인문 앞의 회화나무

병인박해 때 많은 천주교 신자가 이 성에서 처형당했다. 그런데 신도들을 주야로 이 회화나무에 매달아 고문하면서 신앙을 버릴 것을 강요하다가 끝내 교수형을 시켰기에 교수목이라 부르게 되었다고 한다. 지금도 나무에는 고문 기구로 사용했던 철사가 박혀 있던 흔적이 남아 있다.

회화나무는 한자로 괴槐라 쓰며 꽃을 괴화槐花라고 하는데, 괴화의 중국 발음이 '화이화huáihuā'여서 회화나무라는 이름이 붙은 것으로 짐작한다.

민간에서는 회화나무 씨앗, 가지, 속껍질, 진을 치질이나 불에 덴 데 쓴다고 한다. 특히 꽃은 말려서 고혈압, 지혈, 혈변, 대하증 등에 널리 이용했다. 황백색 꽃에 들어 있는 루틴Rutin, 일명 비타민 P라는 물질이 모세혈관을 강화하는 역할을 한다는 것이 과학적으로 증명되기도 했다. 꽃을 솥에 넣어 달여서 나온 노란 물로 물들인 한지에 부적을 쓰면 효험이 더 있다고 알려져 있다.

회화나무는 전국 어디에서나 자라는 잎지는 넓은잎 큰키나무다. 어린 가지는 잎 색깔과 같은 녹색이 특징이고 나이를 먹으면서 나무껍질은 세로

교수목 혹은 호야나무라고 불리는 충남 서산 해미읍성의 회화나무

로 깊게 갈라진다. 잎은 깃꼴겹잎으로 어긋나기로 달리고 작은잎은 7~15개이며 아까시나무 잎처럼 생겼으나 잎끝이 점점 좁아져 뾰족해진다. 꽃은 여러 개의 원뿔 모양으로 가지 끝에 달리며 여름에 황백색으로 핀다. 열매는 염주를 길게 꿰어놓은 것 같고, 씨앗이 들어 있는 부분마다 잘록잘록하여 매우 독특하다.

회화나무, 주엽나무, 다릅나무, 아까시나무 구별하기

이 네 나무는 모두 잎이 깃꼴겹잎으로 비슷비슷하나, 다음과 같이 구별한다. 꼭지잎이 없어서 작은잎의 개수가 짝수이고 가장자리에 물결 모양 톱니가 있으며, 가끔 험상궂은 가시가 줄기에 발달하면 주엽나무다. 나머지 셋은 모두 꼭지잎이 있어서 잎의 개수가 홀수이며 가장자리도 밋밋하다. 가끔 잎끝이 오목하고 가시가 있으면 아까시나무, 어린 가지가 녹색이고 잎끝이 차츰 뾰족해지면 회화나무, 잎끝으로 갈수록 서서히 좁아지나 둥글면 다릅나무다.

군자의 기상, 소나무와 같다

측백나무

Oriental arborvitae

《본초강목》에 따르면 잎이 옆으로 납작하게 자라기 때문에 측백側栢이라는
이름이 붙었다고 한다. 잎을 자세히 들여다보면 작고 납작한 비늘이 나란히
포개진 것 같고, 모여서 여러 갈래의 작은 가지처럼 달려 있다. 꼭 옆으로 자
란다고 하기는 어려우나 납작한 것만은 틀림없으니 측백이란 이름이 나무
의 잎 모양과 어울린다.

측백나무는 중국에 널리 자라는 늘푸른나무로 사원이나 황제의 묘지에
는 반드시 심는 나무였다. 북경北京의 명13릉에는 온통 측백나무를 심어두
었다. 1776년 조선왕조실록에 실린 영조의 묘지문墓誌文에는 "효종께서 손수
심으신 측백나무의 씨를 옛 능에서 가져다 뿌려 심고 임금의 효성을 나타내
려 했다"는 구절이 있는 것으로 보아 우리나라에서도 무덤 주변에 흔히 심
었음을 알 수 있다. 한자로 측백나무는 측백側栢 또는 백栢, 잣나무는 백栢으
로 표기했으나 엄밀히 구별하지는 않았다. 따라서 옛 문헌에서 잣나무인지
측백나무인지를 알려면 나무가 자라는 장소와 앞뒤 한자어를 풀이해 찾아
내는 수밖에 없다. 다만 중국 문헌의 백은 백栢이든 백栢이든 모두 측백나무
종류로 새겨야 할 것이다.

⬉ 앞뒤가 모두 녹색인
비늘 모양의 납작한 잎

창덕궁 구선원전 앞에
자라는 측백나무

| 과명 측백나무과 | 학명 *Platycladus orientalis* | 분포 경북·충북 절벽지,
지역 중국, 러시아 |

봄에 살짝 핀 수꽃, 도깨비 뿔처럼 돌기가 달린 열매, 세로로 길게 갈라진 나무껍질

측백나무는 석회암 지대에서 회양목과 함께 자라는 경우가 많으며, 아름드리로 크게 자랄 수 있다. 자라는 속도가 늦고, 나이를 먹으면 줄기가 잘 썩어버려 나무 자체로는 쓰임새가 별로 없다. 하지만 예부터 향교나 양반 집의 정원수 또는 생울타리 등 조경수로서의 가치가 높았다.

창덕궁 구선원전舊璿源殿 앞의 측백나무는 궁궐에서 가장 크고 오래되었다. 중국에서는 관청을 백부栢府라 하여 권위의 상징으로 측백나무를 심기도 했으며 지방에 따라서는 정월 초하룻날 측백나무 가지를 꺾어 집 안을 장식하고 가족의 장수와 행복, 번영을 빌기도 했다. 우리나라에도 궁궐이나 사원에 흔히 심었으며 지금의 구선원전 측백나무도 어진御眞을 모신 이곳을 신성시하여 심었다고 본다. 〈동궐도〉에도 제법 큰 나무로 그려져 있으니 나이는 약 300살 정도로 짐작한다.

우리나라에는 측백나무가 집단으로 자라는 곳이 여러 군데 있고 천연기념물로 지정된 숲도 많다. 대구 도동의 제1호, 충북 단양 영천리의 제62호, 경북 영양 감천리의 제114호, 경북 안동 광음리의 제252호가 대표적이다. 대구 도동 측백나무 숲은 조선 초기의 문신 서거정이 《사가집四佳集》에서

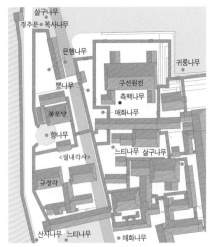

대구10경 중 6경이 바로 이곳 '도동 향림'이라며 시 한 수를 읊은 곳이다. 노산 이은상은 이 시를 "옛 벽에 푸른 측백나무 창같이 늘어섰네/ 사시四時로 바람 곁에 끊이지 않은 저 향기를/ 연달아 심고 가꾸어/ 온 고을에 풍기게 하세"라고 번역했다. 그러나 옛날에는 앞을 흐르는 개울에 물이 깊었겠으나 지금은 물이 줄어들어 대구10경의 하나라고 하기가 민망할 정도다. 서울 삼청동 국무총리 공관의 본관 바로 옆에 서 있는 천연기념물 제255호 측백나무는 높이가 약 11m, 가슴 높이 둘레가 2.3m 정도이며, 나이는 약 300살로 짐작된다. 공관 자리가 조선 중기에 왕자가 살았던 태화궁太和宮 터이므로 군자의 표상으로 삼기 위하여 심고 가꾼 것으로 보인다.

측백나무는 늘푸른 바늘잎 큰키나무로 높이가 약 20m, 줄기 둘레가 한두 아름에 이른다. 나무껍질은 길게 세로로 깊게 갈라지고 회갈색이다. 어린 가지는 녹색이며 편평한데, 가지의 뻗음이 넓게 퍼지기보다 곧추서는 경향이 있다. 비늘 모양의 잎은 도톰하며 끝이 약간 뾰족하다. 잎의 앞뒤가 거의 같은 녹색이며 납작하다. 암수한그루로 꽃은 봄에 핀다. 열매는 손가락 마디만 하고 타원형이며 익으면 적갈색이 되어 벌어진다. 열매 끝에 짧은 도깨비 뿔 같은 돌기가 여러 개 달려 있다.

측백나무와 편백, 화백 구별하기

측백나무와 비슷한 나무 무리에는 일본에서 들여와 심고 있는 편백과 화백이 있다. 이들은 일본의 역사책《일본서기》에도 등장할 만큼 일본인들이 자랑해 마지않는 나무들이다. 편백과 화백은 잎의 뒷면에 숨구멍이 모여 있는 부분이 하얗게 보이는데, 편백은 Y자 그리고 화백은 W자 혹은 흰 점처럼 생겼다. 잎의 끝도 편백은 동그스름하나 화백은 뾰족한 것이 차이점이다. 측백나무는 숨구멍인 흰 줄이 나타나지 않고 잎의 앞뒤 색깔이 거의 같은 녹색이다. 한편 서양측백은 열매가 황갈색이며 긴 타원형이고 10여 개의 비늘로 이루어진다.

Y자 모양 숨구멍을 가진 편백, W자 모양의 숨구멍을 가진 화백, 부드러운 향내가 나는 서양측백의 열매

땅에 묻어 더한 향을 얻으려 한

향나무

Chinese juniper

향을 풍기는 여러 가지 식물 중에서 가장 대표적인 나무가 향나무다. 다른 나무보다 방향芳香을 더 많이 포함하고 있으며 자른 다음에도 향기가 금세 날아가지 않고 천천히 풍기기 때문이다. 나무 색깔이 붉은빛이 도는 자주색이라 자단紫檀이라 하고, 향기가 난다고 하여 목향木香이라고도 부른다. 향 내는 부정不淨을 없애고 정신을 맑게 함으로써 천지신명과 연결하는 통로가 된다고 생각하여, 예부터 모든 제사 의식 때 제일 먼저 향불을 피웠다. 또 심신을 수양하기 위해 거처하는 방 안에 향불을 피우기도 한다.

이렇듯 향은 우리 생활의 필수품이었으며, 최고급 향은 침향沈香이었다. 침향나무는 열대 지방에서만 자라므로 귀족들은 삼국시대 때부터 침향을 수입해 사용했다. 침향나무를 땅속에 묻어둔 다음, 썩지 않은 나무진을 채집하거나 상처에서 흘러나온 수지를 모아서 침향을 만든다. 그렇게 만든 침향은 의복이나 기물에 스며들게 하거나 태워서 향기를 내게 했다. 아울러서 침향나무 자체도 귀하게 썼다.

《삼국사기》 '거기'조에 "진골은 수레 재목으로 침향나무를 쓸 수 없다"고 못 박고 있다. 진골은 왕족이었으나 성골보다 한 단계 떨어지기 때문에

↖ 바늘잎과 비늘잎이
함께 달리는 잎

약 750살 이상으로 짐작되는
창덕궁 봉모당 앞의
천연기념물 제194호 향나무

과명	측백나무과	학명	*Juniperus chinensis*	분포 지역	동해안 절벽지 및 울릉도, 중국, 일본

비늘잎 끝에 달린 꽃, 콩알만 한 열매, 세로로 길게 갈라진 나무껍질

그 귀한 침향나무로 수레를 만들어 쓸 수 없었던 것이다. 1966년 경주 불국사佛國寺 석가탑에서도 침향 조각이 나와 당시의 쓰임새를 추측하게 한다. 고려시대에 들어와서는 침향나무의 사용을 억제했으나 그래도 상당한 양이 수입되고 있었다. 문종 33년1079에는 중국의 해남도海南島에서 침향을 가져왔으며, 의종 5년1151에는 침향나무로 관음보살 불상을 조각해 내전에 두게 했다는 등《고려사》에 기록이 여럿 있다. 조선시대에 들어와서도 침향은 여전히 즐겨 사용되었고 일본 사신들이 바치는 공물에도 거의 빠지지 않았다.

그러나 수입품인 침향은 왕실을 비롯한 특수 계층의 전유물이었고, 일반에서 널리 사용할 수 있는 향의 원료는 향나무밖에 없었다. 부인들의 속옷 위에 늘어뜨리는 장신구인 발향, 점치는 도구인 산통算筒의 산算가지, 염주알 등 향나무의 쓰임새는 광범위했다. 향으로 쓸 때는 흔히 나무를 잘게 깎아서 그대로 쓰거나, 연향練香이라 하여 나무를 가루로 만들어 사향 등의 다른 향료를 섞고 꿀 같은 것으로 반죽하여 여러 형태로 만들어 사용했다.

고려 말에서 조선 초에는 향나무를 땅에 묻는 매향埋香 의식이 있었다. 미륵보살을 공양하고 깨

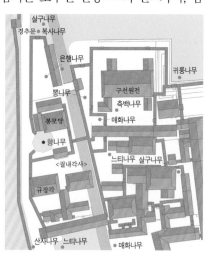

끗한 세상에서의 왕생을 기원하는 불교 의식으로 주로 강과 바다가 만나는 해안가에서 행했다고 한다. 이는 우리 향나무로 침향을 만들려는 노력으로, 이렇게 오랫동안 땅에 묻어두면 향나무가 더 단단해지고 굳어져서 으뜸가는 향이 된다고 여겼다. 또 향을 묻은 자리에는 흔히 매향비를 세워서 내세에 미륵불이 인간 세계에 태어날 것을 염원하였다.

경남 사천 흥사리에 있는 매향비는 고려 말 우왕 13년1387에 세운 것으로, 여기에 승려를 비롯한 불자 4,100명이 향계香契를 맺고 '나라가 태평하고

경남 사천 흥사리에 있는 매향비

백성이 살기가 평안함을 미륵보살께 비옵니다'라는 내용의 글자 204자를 새겼다. 또 조선시대 때 펴낸 강원도 삼척 지방의 기록인《척주지陟州誌》에는 '고려 때 강릉 정동에 향나무 310그루를 묻었다'는 내용이 전한다. 매향한 확실한 지점은 알 수 없으나, 드라마〈모래시계〉가 방영된 이후 유명해진 정동진일 가능성이 가장 높아 보인다. 이렇게 땅에 묻어 오래된 향나무도 침향이라고 하는데, 열대 지방에서 생산되는 진짜 침향과 혼동하기 쉬우니 유의해야 한다.

향나무는 신과 인간을 이어주는 매개체이자 부정을 씻어주는 신비의 나무로 사랑받아왔다. 그래서 궁궐은 물론 사대부의 정원, 유명 사찰, 우물가에도 널리 심었다. 요즘에도 주변에서 크고 늙은 향나무를 쉽게 만날 수 있는 것은 그 때문이다. 오늘날 궁궐의 여러 나무 중 가장 나이가 많은 나무는 창덕궁에 있는 천연기념물 제194호 향나무다. 2000년부터 2004년까지 4년에 걸쳐 새로 복원한 궐내각사의 규장각奎章閣 뒤 봉모당奉謨堂 뜰 앞에 서 있으며, 약 750년의 세월을 살아온 것으로 짐작한다. 파란만장한 조선왕조의 영욕을 내내 지켜본 나무다. 〈동궐도〉에서도 동서로 긴 타원형처럼 뻗은 가

지들을 받침목 6개로 지탱
하고 있는 모습을 확인할 수
있다. 이 외에도 창경궁 함인
정涵仁亭 화계와 종묘 망묘루
望廟樓 연못 등 여러 곳에 향
나무 고목이 있다.

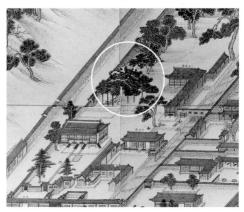

동궐도에 나오는 천연기념물 제194호 향나무

　　향나무는 나무를 잘라
야 속에서 향이 나는 나무
다. 그러나 왕실에서 사용하
는 향을 궁궐에서 자라는 향
나무에서 바로 조달한 것 같

진 않다. 제사에 필요한 향은 특별히 멀리서 가져다 쓴 것으로 보인다. 정조
18년1794 강원도 관찰사 심진현이 월송 만호 한창국을 시켜서 울릉도를 조
사하고 조정에 보고하면서 "자단향紫檀香 두 토막을 올려보냅니다"라고 적
었다. 여기서의 자단향은 물론 향나무를 말한다. 울릉도에서 생산되는 향
나무는 최고의 품질을 자랑했다. 2년마다 한 번씩 울릉도를 조사하고 지금
의 태하리 일대를 일컫는 황토구미黃土邱味에서 채취한 황토와 함께 향나무
를 조정에 보냈다. 한편 왕릉에 올리는 제사에 필요한 향나무와 숯은 향탄산
香炭山 혹은 향탄소라 하여 왕릉에 딸린 산에서 따로 공급했다. 대량으로 필
요한 것은 아니었으므로 향나무 숲이 남아 있지는 않으나, 화성 융건릉 재실
齋室, 무덤이나 사당 옆에 제사를 지내기 위해 지은 집 앞에 자라는 향나무 고목 등은 제
사에 쓰였던 향나무의 흔적으로 짐작된다.

　　목재는 향료 외에도 고급 조각재, 가구재, 불상, 관재 등 특수한 목적으
로 두루 쓰인다. 신라의 마지막 임금 경순왕이 고려 태조 18년935 11월에 개
경으로 항복하러 가는 행차를 기술한《삼국사기》내용을 보면, "신라왕이 백
관을 거느리고 왕도를 출발했는데 백성들이 다 그를 따라나섰다. 이때 향나
무로 꾸민 수레와 구슬로 장식한 말이 30리에 뻗쳐 길을 메웠고 구경꾼들이
담벼락처럼 늘어섰다"고 한다. 천 년 사직을 통째로 넘기러 가는 부끄러운
행차가 이처럼 호화스러웠으니, 신라가 망한 원인을 짐작할 수 있다.

향나무는 배 과수원 옆에 심으면 붉은별무늬병^{赤星病}의 중간기주 역할을 하여 배 밭을 망치게 된다. 서유구의《임원경제지^{林園經濟志}》'행포지^{杏浦志}'에 "배나무는 노송^{老松}을 싫어하며 배 밭 가까이 심은 노송 한 나무가 배나무 모두를 죽게 한다"고 했다. 여기서의 노송은 늙은 소나무가 아니라 노간주나무를 말하는데, 사실 배나무에게 더 큰 피해를 주는 것은 향나무다.

향나무는 늘푸른 바늘잎 큰키나무로 줄기의 둘레가 한 아름이 넘으며 전국 어디에서나 자랄 수 있다. 어린 가지는 초록빛이고 차츰 암갈색에서 적갈색으로 되며 나무껍질은 세로로 길게 갈라진다. 잎은 손톱 길이 정도인데, 어릴 때는 끝이 날카로운 바늘잎이 대부분이며 손바닥에 가시가 박힐 정도로 단단하다. 그러나 10여 년이 지나면 날카롭지 않은 비늘잎이 함께 생긴다. 암수가 다른 나무이고 꽃은 봄에 피어 이듬해 가을에 굵은 콩알만 한 열매가 익는다.

향나무 종류 구별하기

향나무는 여러 종류가 있다. 가이즈카향나무는 바늘잎이 거의 없고 비늘잎만 있는 변종이다. 가지가 나선형으로 뒤틀리므로 나사백^{絲柏}이라고도 하며, 잔 가지가 잘 발달하여 여러 모양으로 자르기가 쉬워서 정원수로 가장 많이 심고 있다. 그러나 일본 원산으로 항일유적지 등에서는 심어서는 안 될 나무다. 최근에는 서울 국립현충원의 가

가이즈카향나무　　　　경북 청도 명대리의 뚝향나무

이즈카향나무를 제거하라는 국회 청원이 받아들여지기도 했다. 둥근향나무 혹은 옥향^{玉香}이라 부르는 향나무가 있다. 창경궁 대온실 앞에서 볼 수 있는데 빈 공간이 거의 보이지 않을 정도로 가지와 잎이 촘촘하며 스스로 가지 뻗음을 적당히 조절하여 반원형의 모습을 만드는 것이 특징이다. 크기가 아담하고 전정을 조금 게을리해도 원래의 아름다움을 잃지 않는다. 그래서 학교나 공원처럼 어느 정도 규모가 큰 정원에 널리 심는다. 그 외 뚝향나무는 줄기가 3~4m쯤 올라온 후 가지가 수평으로 넓게 퍼지는데, 경북 안동 주하리 및 경북 청도 명대리에 각각 천연기념물 제314호, 경상북도기념물 제100호로 지정된 크고 오래된 뚝향나무가 있다. 또 눈향나무는 정원수로 흔히 만날 수 있지만 원래는 눈주목처럼 고산 지대의 절벽지에 드물게 자라는 희귀 식물이다.

먹을 수 있는 진짜 꽃 '참꽃'

진달래

Korean rhododendron

"연분홍 치마가 봄바람에 휘날리더라/ 오늘도 옷고름 씹어가며 산제비 넘나드는 성황당 길에/ 꽃이 피면 같이 웃고 꽃이 지면 같이 울던/ 알뜰한 그 맹세에 봄날은 간다." 산 너머 어디에선가 불어오는 따스한 봄바람을 완연히 느낄 즈음, 이웃의 낮은 산은 물론이요, 높은 산꼭대기도 온통 진달래꽃으로 뒤덮인다. 화사한 연분홍 꽃은 잎보다 먼저 피어나 가지마다 무리를 짓는다. 그 모습이 아름다워 예로부터 사랑 노래의 단골손님이 되었다.

　고려 충렬왕 6년1280 3월, 임금이 궁전 뒤뜰에 핀 진달래를 보고 사운시四韻詩 한 편을 지은 다음 신하들에게 화답하는 시를 지어 올리게 했다. 세조 3년1457 진달래가 만발할 즈음 남녀 일고여덟 명이 큰 소리로 노래를 부르고 춤을 추며 대궐 문 앞을 지나갔으나 태평성대를 구가하는 일이라 하여 이를 용서해주었다고 한다. 연산군 12년1506에는 장의사藏義寺, 지금의 세검정 인근에 있던 절 서편 기슭의 언덕에 탕춘정蕩春亭이란 새 정자를 짓고 산 안팎에 진달래를 심었는데 왕과 왕비가 자주 거동하여 봄을 감상했다고 한다. 임금에서 서민에 이르기까지 예나 지금이나 변함없이 진달래는 우리와 가장 가까운 꽃임에 틀림없다.

↖ 끝이 뾰족하고 아랫부분은
쐐기 모양인 잎

우리 땅 어디에서도
잘 자라는 진달래

| 과명 | 진달래과 | 학명 | *Rhododendron mucronulatum* | 분포
지역 | 전국 산지, 중국,
일본, 러시아 동부 |

5갈래로 갈라진 꽃잎, 기다란 암술대가 남은 채로 익는 열매, 포기로 자라는 줄기

"영변에 약산/ 진달래꽃/ 아름 따다 가실 길에 뿌리오리다"로 이어지는 김소월의 시 속에서의 정경처럼 진달래꽃은 너무나 정겨운 우리 강산의 꽃이다. 불행히도 지금은 갈 수 없는 땅, 북한의 영변이 이제는 김소월이 아름다운 시상을 얻은 낭만적인 곳이 아니라 무시무시한 핵 시설이 자리한 곳으로 먼저 떠오르는 것이 안타깝다.

진달래는 한때 북한의 국화로 알려져 있었다. 항일 빨치산들이 조국 산천의 봄을 물들이던 진달래를 떠올리며 조국 광복을 다짐했으리라는 상상을 해본다. 이 때문인지 북한의 예술 작품에는 유달리 진달래가 자주 등장한다. 그러니 우리 정부의 괜한 미움을 받을 수밖에 없었다. 그 붉은빛이 저항의 상징이기도 해서 더더욱 그랬다. 그러나 오늘날 북한의 국화는 그들은 목란이라 부르는 함박꽃나무다.

남부 지방에서는 진달래가 참꽃이란 이름으로 더 친숙했다. 진달래가 필 즈음 닥치는 보릿고개, 배를 주린 아이들은 진달래 꽃잎을 따 먹고 허기를 달랬다. '먹을 수 있는 진짜 꽃'이란 의미로 참꽃이란 이름이 붙은 것이다. 제주도에 참꽃나무란 이름의 나무가 따로 자라고

는 있지만 이는 식물학적인 이름이고 흔히 말하는 '참꽃'은 진달래를 두고 하는 말이다. 어린 시절에 서너 살 더 먹은 형들이 진달래 꽃잎은 먹을 수 있어도, 비슷하게 생긴 연달래 꽃잎은 먹으면 죽는다며 그 둘을 구별하는 법을 단단히 가르쳐주곤 했다. 연달래는 바로 철쭉이다. 실제로 철쭉 꽃잎에는 독이 있어 먹을 수 없다.

진달래의 한자 이름은 두견화杜鵑花다. 중국 촉나라 제후 두우는 다 죽어가는 사람을 구해서 정승으로 중용했다가 오히려 그에게 나라를 뺏기고 국외로 추방되고 말았다. 원통함을 참을 수 없어 죽어서는 두견새가 되어 밤마다 촉나라를 날아다니며 목에서 피가 나도록 울었다. 그 피가 나뭇가지에 떨어져 핀 꽃이 두견화, 바로 진달래꽃이란다. 우리나라에는 계모의 구박에 죽은 어린 여자아이의 혼이 꽃으로 피어났다는 전설이 있다.

음력 3월 3일 삼짇날은 제비가 돌아오는 날이라 하여 봄을 맞는 마음으로 꽃전[花煎]을 부쳐 먹는 풍속이 있다. 꽃전이란 찹쌀가루 반죽에 꽃잎을 얹어서 지진 부침개를 말하는데, 이 풍속은 고려시대부터 있었다. 조선시대에도 삼짇날 후원에서 중전이 궁녀들과 함께 진달래꽃 꽃전을 부쳐 먹는 행사가 있었다고 한다. 청주에 진달래꽃을 넣어 빚은 술을 두견주杜鵑酒라 한다. 조선 말기 문신 김윤식의 시문집에 의하면 고려의 개국공신 복지겸이 병에 걸려 휴양할 때, 17세 된 딸이 꿈에서 신선의 가르침을 받아 만든 술이라고 한다. 이 술은 진통, 발열, 류머티즘의 치료약으로 쓰였다. 진달래 꽃잎에 녹말가루를 씌운 다음 살짝 데친 뒤 오미자즙에 띄우는 진달래화채 역시 삼짇날 먹는 계절 음식이다.

진달래는 전국 어디에서나 사람 키 정도로 자라는 잎지는 넓은잎 작은키나무다. 줄기의 굵기가 손목 정도면 꽤 나이가 든 것이다. 나무껍질은 매끄러운 회백색이며 작은 가지는 비늘처럼 벗겨지기도 한다. 긴 타원형으로 양끝이 좁고 가장자리가 밋밋한 잎은 어긋나기로 달린다. 꽃은 잎보다 먼저 피고 가지 끝 부분의 곁눈에서 1개씩 나오지만 2~5개가 모여 달리기도 한다. 꽃은 벌어진 깔때기 모양이고 가장자리가 5갈래로 갈라진다. 드물게 흰꽃이 피는 진달래가 있는데 아주 귀하다. 열매는 마른열매로 새끼손가락 첫마디만 하며 5개의 골이 얕게 파이고 가을에 익는다.

5

꽃은 봄바람을 불러오고 열매는 병마를 쫓는

매화나무

매실나무, Korean apricot

군이 옛 노래를 들먹이지 않아도 매화나무가 이른 봄에 꽃을 피우는 것을 모르는 사람은 없을 것이다. 매화는 봄기운이 채 돌기도 전에 눈발이 흩날려도 아랑곳하지 않고 꽃망울을 터뜨리는 도도한 꽃이다. 화려하진 않지만, 그렇다고 너무 수수하지도 않은 품격 높은 동양의 꽃이다.

매화가 성급하게 봄소식을 전한 뒤로 꽃샘추위가 이어진다. 그렇게 잠깐 숨을 돌린 뒤 곧바로 산수유, 생강나무, 진달래, 목련이 꽃을 피운다. 그리고 완연한 봄에는 개나리, 살구꽃, 벚꽃, 복사꽃이 뒤를 잇는다. 매화는 꽃이 아주 일찍 피어 조매早梅라고도 하고, 추운 날씨에 핀다 하여 동매冬梅라고도 한다. 눈 속에도 핀다고 설중매雪中梅, 또 봄 내음을 전한다 하여 춘매春梅로도 부른다. 매화를 두고 부르는 이름은 이렇게 셀 수 없이 많다.

중국의 사천성四川省을 원산지로 하는 매화는 시나 그림의 소재로 널리 사랑받았다. 중국을 떠나 우리나라에 전해진 후에도 사정은 마찬가지였다. 《삼국사기》에 실린 고구려 대무신왕 24년41의 기사에 "8월, 매화가 피었다"는 기록이 있다. 또 《삼국유사》에는 "모랑의 집 매화나무가 꽃을 피웠네"라는 시구가 있다. 이것으로 미루어 보아도 매화가 아주 오래전에 우리 곁에

↖ 달걀 모양 잎

임진왜란 때 명나라에서
가져왔다는 창덕궁 자시문 앞
만첩홍매

과명 장미과	학명 *Prunus mume*	분포 지역 전국 식재, 중국 원산

여러 겹의 분홍 꽃잎이 달린 만첩홍매, 쓰임새가 다양한 매실, 회갈색을 띠는 줄기

왔음을 알 수 있다. 《고려사》에 실린 당악唐樂 〈석노교 곡파惜奴嬌 曲破〉를 보면, "……따스한 봄바람에/ 매화는 향기 풍기고/ 버드나무는 푸른빛 띠었는데/ 상서로운 연기 아지랑이와 얕게 엉키었도다/ 때는 정월 보름날/ 백성들과 서로 정회를 풀어가며 즐겁게 놀아보세!"라는 가사가 있다. 고려 때에 우박을 매실만 하다고 서술한 기록이 여러 번 있는 것으로 보아 당시에 이미 매화나무가 친숙해진 지 오래였다는 것을 알 수 있다.

조선시대에 들어서 매화는 양반 사회를 대표하는 상징이 되어 난초, 국화, 대나무와 더불어 사군자四君子에 꼽히기도 했다. 조선시대 사대부들은 사군자를 치면서 여유를 부렸다. 매화는 화가들의 그림 소재로 사랑을 받았다. 신사임당의 묵매도墨梅圖, 어몽룡의 월매도月梅圖, 오달제의 설매도雪梅圖, 조희룡의 홍매도, 장승업의 홍매백매도 그리고 민화에 이르기까지 조선시대 수많은 유·무명 화가들의 그림에 매화는 빠지지 않았다.

매화를 노래한 조선의 선비 중에 퇴계 이황만큼 매화 사랑이 각별했던 이도 없다. 매화 시 91수를 모아 《매화시첩梅花詩帖》이란 시집을 냈고 매화를 매형梅兄, 매군梅君, 매선梅仙이라고도 불렀다. 매화를 얼마나 사랑했

던지 1570년 12월 8일 아침, 70세를 일기로 세상을 떠나면서 남긴 유언도 "저 매화 화분에 물을 주어라"였다.

매화는 궁궐 안에도 흔히 심었을 터이다. 태종이 특별히 매화를 좋아했다 하며, 창덕궁의 성정각誠正閣 자시문資始門 앞에는 임진왜란 때 명나라에서 가져왔다는 매화나무 한 그루가 자라고 있다. 이 매화는 꽃잎이 여러 겹인 만첩홍매로 줄기가 발목 굵기 남짓하여 400여 년 전 심었을 원래의 매화나무로 보기는 어렵고, 옛 나무가 죽은 둥치에서 새 움이 올라와 자란 것으로 짐작된다.

임진왜란 이후 중국에서 들어온 것으로 알려진 매화는 자시문 앞 만첩홍매 외에도 두 그루가 있다. 하나는 선조 29년1596 북경에 사신으로 다녀온 이정구가 가져왔다는 통칭 월사매月沙梅로 홑

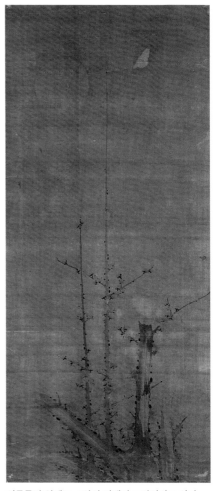

어몽룡의 월매도. 5만원 지폐의 도안이기도 하다.

꽃 홍매이다. 또 하나는 인조 2년1624 역시 북경을 다녀온 고부천이 황제로부터 선물 받았다는 대명매大明梅로 전남대 구내에서 지금도 잘 자라고 있다. 대명매의 꽃 모양은 자시문 만첩홍매와 꼭 같아서 서로 상관이 있을 것 같으나 남아 있는 자료가 없다.

매화는 꽃의 기품 있는 모양새와 향기의 감상을 위해 존재하는 꽃나무만은 아니다. 열매 또한 사람에게 매우 이롭게 쓰이는 과일나무이기도 하다. 청동기시대의 사람들에게는 식초를 만드는 귀한 원료였다. 중국에서 가장

꽃잎은 희고 꽃받침은 초록빛인 청매, 흰 꽃잎에 꽃받침이 붉은 백매, 꽃잎과 꽃받침이 붉은 홍매

오래된 시집인《시경》에 실린〈표유매摽有梅〉란 시에 애타는 처녀의 마음을 떨어져 몇 남지 않은 매실에 비유하면서 꽃이 아닌 열매부터 먼저 등장한다. 꽃이 필 때는 매화나무, 열매가 달릴 때는 매실나무라고 불러도 좋다. 매화나무와 매실나무는 별개의 다른 나무가 아니라 같은 나무의 다른 이름이다.

매실 중에서 익어도 푸른빛을 거의 그대로 가지고 있는 것을 청매靑梅라고 한다. 꽃잎이 희지만 약간 푸른빛이 도는 꽃 역시 청매라 하여 귀하게 여긴다. 또 설익었을 때 수확한 매실을 그렇게 부르기도 한다. 불에 쬐어 말린 것은 오매烏梅라 하는데 쓰임새가 다르다. 청매는 각종 건강식품으로 널리 쓰이지만 특히 매실주의 재료로 가장 많이 소비된다. 매실주는 소주와 설탕으로 매실의 성분을 추출하여 독특한 향기를 풍기는 술이다. 매실의 씨껍질에는 시안산Cyanic acid이라는 독성 물질이 있으므로 씨와 과육을 분리하거나, 어느 정도 추출이 되었다고 생각되면 매실을 건져내는 것이 매실주를 담그는 올바른 방법이다. 그에 비해 오매는 설사를 멈추게 하고 염증을 낮게하는 한약재로 쓰인다.

매화나무는 수많은 품종이 있다. 흰색 꽃이 피는 백매白梅가 흔하지만 분홍색 혹은 붉은색 꽃이 피는 홍매紅梅도 자주 만날 수 있다. 꽃잎 5장이 모여 둥그런 모양을 이루는 꽃은 꽃자루가 거의 없어 가지에 바로 붙어 있는 것처럼 보이고, 수술은 작은 꽃밥을 달고 수십 개씩 붙어 있다.

매화나무는 우리나라 어디에서나 볼 수 있는 잎지는 넓은잎 중간키나무로 다 자라야 높이가 5~6m 정도다. 나무껍질은 회갈색이고, 줄기는 비스

퇴계 이황이 제자들을 가르쳤던 경북 안동의 도산서당 마당에 매화가 활짝 피었다.

듬하거나 구불구불하게 자란다. 잎은 어긋나기로 달리고 달걀 모양이며 가장자리에 톱니가 있다. 꽃은 작년 잎의 겨드랑이에서 1~3개가 달린다. 열매의 과육 가운데에 단단한 씨가 들어 있으며, 모양이 둥글고 짧은 털로 덮여 있다. 초여름에 초록색으로 열렸다가 차츰 노랗게 익으며 신맛이 난다. 순천 선암사仙巖寺, 장성 백양사白羊寺, 구례 화엄사, 강릉 오죽헌烏竹軒에 가면 천연기념물로 지정된 매화나무 고목을 만날 수 있다.

매화나무와 살구나무 구별하기

매화나무와 살구나무는 구별이 어렵다. 매화나무는 잎 가장자리의 톱니가 규칙적이고 익은 열매의 과육과 씨가 잘 분리되지 않는다. 또 꽃잎과 꽃받침은 서로 붙어 있다. 반면에 살구나무는 잎에 불규칙한 잔톱니가 있으며 잎이 나올 때는 흔히 잎자루가 붉고 과육이 씨와 쉽게 분리된다. 꽃받침은 꽃잎과 떨어져 뒤로 젖혀 있다.

매화나무 꽃의 꽃받침   살구나무 꽃의 꽃받침

6

오로지 우리나라에만 있는

미선나무

Korean abeliophyllum

중종 23년1528 일본 사신이 와서 돗자리 둘과 벼루 하나, 금물로 그림을 그린 미선尾扇 셋을 진상하려 하자 예조禮曹에서 '신하의 도리로는 사사로이 물건을 바치지 못한다'는 말로 거절했다고 한다. 미선은 둥그스름한 모양의 고급 부채로 진상품에 들어갈 만큼 귀한 물건이었다. 미선나무는 열매의 모습이 이런 미선을 닮았다고 해서 붙은 이름이다. 동전보다 살짝 큰 동그란 날개열매[翅果]의 가운데에 씨가 들어 있는 모습이 손잡이만 달면 영락없는 아기 부채 모습이다. 미선나무는 사람 키 정도로 자라는 작은 나무지만 이렇게 열매 모양새부터 우리의 눈길을 끈다. 뿐만 아니라 식물학적으로 중요한 의미를 가진 특별한 우리 나무다. 잎의 형태는 긴 타원형이거나 넓은 타원형이고 끝이 뾰족하며 가장자리가 밋밋하고 마주나기로 달린다.

　대개 나무는 넓은 범위에 걸쳐 자란다. 우리나라에 있으면 중국에도 있고 일본에도 있는 경우가 대부분이다. 그러나 미선나무는 좁디좁은 한반도 안에서도 허리 부분에 해당하는 충북 괴산과 진천 및 영동, 전북 부안의 산지에만 드물게 작은 집단을 이루어 자라고 있다. 잎지는 넓은잎 작은키나무인 미선나무는 개나리와 가까운 친척 사이이며 모양도 비슷하다. 꽃 피는 시

↖ 마주나고 끝이 뾰족한
달걀 모양의 잎

창덕궁 삼삼와 앞에서
활짝 꽃을 피운 미선나무

| 과명 | 물푸레나무과 | 학명 | *Abeliophyllum distichum* | 분포 지역 | 충북·전북의 일부 지역, 한국 원산 |

개나리와 닮은 하얀 꽃, 미선나무란 이름의 유래가 된 둥글고 납작한 열매, 포기를 이루는 줄기

기도 개나리보다 조금 빠른 정도이며 대부분 노란 꽃이 아니라 흰 꽃이 피고 꽃 크기는 개나리보다 작다. 다만 개나리는 향기가 없지만 미선나무 꽃엔 은은하고 독특한 향기가 있다. 꽃 색에 따라 연분홍은 분홍미선, 상아색은 상아미선이라 하여 따로 구분하기도 한다.

미선나무가 세상에 알려져서 주목을 받기 시작한 것은 1919년이다. 이보다 2년 전인 1917년 당시 우리나라 식물분류학을 개척한 정태현 선생은 한반도 식물을 조사하던 일본인 나카이 박사와 함께 충북 진천의 한 야산에서 미선나무를 발견하고 확인을 거쳐 처음으로 학계에 발표했다. 두 분의 연구 결과 미선나무는 세계 어디에도 없고 오직 한반도의 허리에서만 자란다는 것이 밝혀졌다. 더욱 중요한 사실은 미선나무가 종이 아니라 새로운 속으로 분류해야 할 만큼 독특한 가계를 이루는 것이었다. 종이 우리나라에서만 자라는 경우는 더러 있어도 미선나무처럼 속 전체가 세계 어느 곳에도 없고 오직 우리 강산에만 자라는 경우는 흔치 않다. 하나의 속에는 대체로 여러 종들이 포함되어 있으나 미선나무속은 형제 없이 달랑 혼자다. 미선나무는 1924년 미국 아널드Arnold식물원에 보내지면서

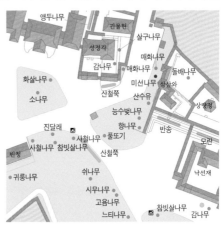

충북 괴산 송덕리의 미선나무 자생지. 천연기념물 제147호로 지정되어 보호받고 있다.

세계적으로 알려졌고, 1934년에는 영국 큐Kew식물원을 통하여 유럽에도 소개됐다.

그렇다면 미선나무는 왜 한반도의 좁은 지역에서만 살아남았을까? 오늘날 미선나무가 자라는 지역을 보면 공통점이 있다. 대부분이 석력지石礫地, 즉 흙이 거의 없는 굵은 돌밭이라 다른 식물이 들어가기 어려운 곳이다. 이런 곳은 한여름에는 햇볕을 받아 돌이 뜨거워지고, 비가 와도 바로 물이 흘러버린다. 한마디로 식물들이 살기를 꺼려하는 곳이다. 미선나무를 심어보면 산성토양을 싫어할 뿐 웬만한 곳에는 까다롭게 굴지 않고 잘 자라준다. 여러 이유로 경쟁에 밀린 미선나무가 살아갈 곳은 이런 피난처밖에 없어서 사람들에게 발견되기 전까지 겨우 생명을 부지하고 있었던 셈이다. 그냥 두었더라면 영원히 지구상에서 사라져버렸을 것이나 지금은 그런 걱정은 없어졌다. 미선나무가 조금이라도 모여 자라는 곳은 대부분 천연기념물로 지정되어 특별히 보호받고 있으며 국가나 개인도 관심을 갖고 여기저기서 키우고 있기 때문이다. 이제 궁궐에까지 들어왔으니 당당히 귀족 나무의 반열에 오른 셈이다.

7

까치밥으로 남길 만큼 풍성했던

감나무

Oriental persimmon

우리의 옛 시골 풍경을 떠올려보자. 돌담으로 둘러쳐진 사립문을 밀고 집 안으로 들어가면 마당 구석에 감나무 한두 그루가 꼭 서 있었다. 붉은 감이 주렁주렁 달리고 초가지붕 위에 얹힌 달덩이 같은 박이 익으면 가을이 절정을 이룬다. 풍성한 가을의 상징인 감 수확이 끝나고 나뭇가지 끝에 한두 개의 까치밥을 남겨두면 그것으로 겨울이 시작된다.

감나무의 원산지는 중국 사천성, 운남성雲南省, 절강성浙江省 등 중국의 남부 지방이다. 중국과 교류가 처음 시작되었을 먼 옛날 우리나라에 들어온 것으로 보이나 문헌에 처음 나오는 때는 고려 후기다. 《고려사》에 보면 충선왕 5년1313 혹세무민한 승려 효가를 잡아들인 기사 중에 '감과 밤을 먹었다'는 기록이 나온다. 이후 감나무는 조선시대에 들어서 차츰 널리 보급된 것으로 보인다. 조선왕조실록에는 태종 4년1404 곶감 10속을 대마도對馬島에 보냈다는 내용을 비롯하여 성종 5년1474에 반포한 《국조오례의國朝五禮儀》의 '감을 한가위 제물로 사용하라'는 내용 등 감 관련 기록이 많이 나온다.

오늘날 감나무의 분포 지역은 서해안은 평남 진남포, 내륙 지방은 경기도 가평·충북 제천·경북 봉화, 동해안은 함남 원산을 기점으로 북청 해안을

↖ 가장자리가 매끈하고 앞면에
  윤기가 나는 커다란 잎

창덕궁 수강재 앞에
자리 잡은 감나무

과명	감나무과	학명	*Diospyros kaki*	분포 지역	중남부 식재, 중국 원산

노란색의 도톰한 감꽃, 탐스럽게 익은 붉은 감, 그물처럼 갈라지는 흑갈색의 독특한 나무껍질

잇는 선의 이남이다. 따라서 조선시대에는 궁궐에 감나무가 자라지 않았던 것으로 보인다. 원래 궁궐의 꽃과 과일, 나무 등은 경복궁 근처에 있던 장원서에서 담당하는데, 연산군 10년1504에 "홍시는 생산되는 지방에서 따로 봉하여 올리게 하라"는 기록이 있다. 그러나 오늘날에는 궁궐 여기저기에서 감나무를 흔히 만날 수 있다. 모두 최근에 심은 나무이며 온난화의 영향으로 따뜻해진 서울 기후에 적응하여 잘 자라고 있다. 경복궁에 고종의 거처였던 건청궁을 2007년 복원하면서 고종이 좋아해서 고종시高宗枾라는 이름이 붙었다는 고종시 감나무를 경남 산청에서 옮겨다 심었다.

감은 여러 가지 모양과 맛을 가진 품종이 200여 종류나 된다. 경남 진영의 단감, 경북 청도의 반시, 전북 완주의 고종시 같은 고급 품종에서부터 흔히 말하는 땡감떫은 감에 이르기까지 끝이 없다. 감은 떫은맛 때문에 단감이 아닌 이상 그대로는 먹기 어렵다. 떫은 감을 달게 만들어 먹기 위해 껍질을 벗겨 말려서 곶감을 만들거나, 꼭지에 침을 놓아 따뜻한 소금물에 담그기도 하고, 짚을 깐 항아리에 두어 홍시를 만들기도 한다. 곶감은 저장하기도 쉽고 맛도 좋을 뿐 아니라 기침, 딸꾹질, 숙취 같은 데 효과가 있어 민간에서는 오래전부터 약으로 사용해왔다. 곶감에

는 하얀 가루가 묻어 있는데, 감이 말라 물기가 빠져나가면서 단맛이 농축되어 표면에 과당이나 포도당의 하얀 결정체로 나타나는 것이다.

병자호란이 일어나기 한 해 전인 인조 13년1635 11월 4일 조선왕조실록에는 "금한金汗, 청태종이 해마다 홍시 3만 개를 요구하니, 임금이 주라고 했다"는 기록이 나온다. 만주에는 감나무가 자라기 어려우니 평생 감 구경을 못 했을 청나라의 태종을 비롯한 지배 계층들이 잘 익은 달콤한 홍시를 처음 맛보고는 진한 단맛에 흠뻑 빠져 이렇게 엄청난 양의 홍시를 매년 보내도록 요구한 것이다. 아무리 겨울이라도 물렁물렁한 홍시를 어떻게 포장해 가져갔는지 흥미로울 따름이다.

《동의보감》에 의하면 "곶감은 몸의 허함을 보하고 위장을 든든하게 하며 체한 것을 낫게 한다. 주근깨를 없애고 어혈을 삭히고 목소리를 곱게 한다"고 했다. 그리고 "홍시는 심장과 폐를 눅여주며 갈증을 멈추게 하고 폐와 위의 심열을 치료한다. 또한 식욕이 나게 하고 술독과 열독을 풀어주며 위의 열을 내리고 입이 마르는 것을 낫게 하며 토혈을 멎게 한다"고 했다. 감이 약재로 쓰였음을 알 수 있다.

민간에는 감이 설사를 멎게 하고 배탈을 낫게 한다고 알려져 있는데 과학적인 근거가 있다. 바로 떫은맛을 내는 타닌 성분이다. 강한 수렴收斂 작용을 하는 타닌은 장의 점막을 수축시켜 설사를 멈추게 한다. 과음한 다음 날 아침에 생기는 숙취 제거에도 좋은 약이 된다. 이는 감에 들어 있는 과당, 비타민 C 등이 체내에서 알코올의 분해를 도와주기 때문이다.

감나무 목재는 단단하고 재질이 고른 편이다. 특히 검은 줄무늬가 들어간 것을 먹감나무[烏柹木]라고 한다. 사대부 집안에서는 이것을 가구, 문갑, 사방탁자를 만드는 데 많이 사용했다. 먹감나무라는 나무 종류가 따로 있는 것은 아니고 간혹 검은 줄무늬가 들어간 감나무를 부르는 말이다. 감나무 종류는 검게 변하는 특징이 있으며, 열대 지방에서 자라는 감나무의 사촌 흑단黑檀은 이름 그대로 나무속이 완전히 새까맣다.

감나무 목재의 약점이라면 질기지 못하다는 것이다. 감을 딸 때, 대나무 장대의 끝을 약간 벌려서 가지를 끼우고 비틀면 간단히 부러지는 것을 봐도 얼마나 약한지 알 수 있다. 다른 나무보다 유별나게 세포 길이가 짧고 배열

경남 산청 남사마을의 600살이 넘은 감나무 고목

이 특별나기 때문이다. 그래서 감나무에는 함부로 올라갈 수 없었다. 특히 여자가 올라가는 것을 엄격히 막았다. 대신에 여자들은 오뉴월에 피는 연한 노란빛의 감꽃으로 목걸이를 만들어 걸었다. 그러면 아들을 낳는다는 이야기가 전한다.

잎지는 넓은잎 큰키나무인 감나무의 아름다움은 두툼하고 큼지막한 잎과 맑고 푸른 가을 하늘을 배경으로 달리는 붉은 열매에서 두드러진다. 어릴 때는 갈라지지 않다가 나이가 들면 그물처럼 깊게 갈라지는 흑갈색의 나무껍질도 매우 독특하다.

먹감나무로 만든 삼층탁자

나이 200~300살 이상 된 감나무 고목은 전국에 10여 그루쯤 있다. 이들 중 최고령은 조선 초 영의정을 지낸 문신 하연이 일곱 살 때인 고려 우왕 8년1382에 심어 나이가 600살이 넘었다는 경남 산청 남사마을 감나무다. 그 외 540년 된 경북 상주 소은리 감나무는 최초의 접목椄木 감나무로 알려졌으며 경남 의령 백곡리 감나무는 가장 크고 굵어서 천연기념물 제492호로 지정되었다.

감나무와 고욤나무 비교하기

감나무 종류에는 크게 감나무와 고욤나무가 있다. 감나무가 주로 따뜻한 지방에서 자라는 데 반해 고욤나무는 보다 북쪽 지방에서도 자라며 숲 속에서 자라는 경우도 흔하다. 고욤나무는 감나무를 접붙이는 밑나무로 쓰기는 하지만 열매인 고욤 자체는 작은 새알만 한 크기로 과육이 별로 없고 씨앗만 잔뜩 들어 있어서 식용으로는 잘 쓰지 않는다. 고욤은 한자로 소시小柿라고 하며 생즙을 내어 약용이나 염료로 쓰기도 한다. 우리 속담에 "고욤 일흔이 감 하나보다 못하다"는 말이 있다. 자질구레한 것이 아무리 많아도 큰 것 하나

가지에 다닥다닥 매달려 익어가는 고욤

를 못 당한다는 의미다. 고욤나무도 나무껍질 모양이 감나무와 꼭 같아서, 열매가 달리지 않을 때는 구별하기 어렵다고들 한다. 그러나 감나무는 잎이 두껍고 손바닥만 하며 약간 둥근 타원형이고, 고욤나무는 잎이 조금 얇고 작으며 약간 긴 타원형이다.

8

살아 천 년, 죽어 천 년

주목

Rigid-branch yew

나무껍질이 붉은빛을 띠고 속살도 유달리 붉어 주목朱木이란 이름이 붙었다. 흔히 주목은 '살아 천 년, 죽어 천 년의 나무'라고 한다. 수백 년에서 천 년을 넘게 살 수 있을 뿐 아니라 목재로 쓰인 뒤에도 잘 썩지 않기 때문이다. 소백산이나 덕유산같이 높은 산꼭대기에 오르면 수백 년 된 주목이 무리를 이루어 자라고 있다. 그러나 바둑판이나 조각재로 쓰려고 몰래 베어간 탓에 얼마 남아 있지 않아 우리를 안타깝게 한다.

어린 주목은 쨍쨍 내려 쪼이는 햇빛을 그다지 좋아하지 않는다. 햇빛을 많이 받아들여 더 높이 더 빨리 자라겠다고 아옹다옹 경쟁하는 나무가 아니다. 느긋하게, 아주 천천히 숲 속 그늘에서, 사람의 시간으로 치자면 적어도 몇 세기 앞을 내다보면서 유유자적한 삶을 이어간다. 그러다가 오랜 세월이 지나면 자연적으로 주위의 다른 나무보다 키가 커져 햇빛을 받는 데 불편이 없다. 느긋하게 살자니 산꼭대기밖에 달리 거처할 데가 없었던 모양이다. 그렇게 살았던 주목이 정원수로 주목注目받게 되어, 이제 우리네 마당으로 내려왔다. 주목은 어릴 때 느리게 자라는 반면 잔가지가 잘 나오는 특성이 있다. 그래서 각자 취향에 맞춰 여러 가지 모양으로 다듬을 수 있어 정원수로 제격이다.

↖ 나선 형태로 달리는 좁고
납작한 잎

높은 산에서도 보기 힘들 정도로
크게 자란 창덕궁 후원의
아름드리 주목

과명 주목과	학명 *Taxus cuspidata*	분포 전국 고산지, 중국, 지역 일본, 러시아 동부

초봄에 잎겨드랑이에 달리는 수꽃, 흑갈색의 씨앗을 고이 품은 컵 모양 붉은 열매와 붉은 나무껍질

주목 목재는 결이 곱고 붉은색이 아름다우며 잘 썩지 않는다. 그런 특성 때문에 시신을 감싸는 관재로는 최상품 대접을 받았다. 일제 강점기에 평양 부근의 오야리 고분에서 출토된 낙랑고분의 관재는 두께 25cm에 너비 1m가 넘는 주목 판재로 만들어졌다. 중국 길림성 집안현 환문총 및 경주 황남동 금관총의 목곽木槨 일부도 주목이었다. 이렇게 2천 년 전의 주목 관재가 남아 있고, 강원도 정선 두위봉에는 나이 1,400살로 추정되는 주목이 살아 있으니 '살아 천 년, 죽어 천 년'이라는 말이 결코 빈말이 아님을 알 수 있다. 그 외 공주 무령왕릉의 왕비 시신이 베고 있던 두침頭枕도 주목이었다. 흔하지도 않은 나무, 그것도 주로 높은 지대에서 자라는 주목을 굳이 관재로 쓴 이유는 무엇일까? 단순히 잘 썩지 않고 재질이 좋기 때문만은 아니다. 주목의 붉은색이 잡귀를 내쫓고 영원한 내세를 상징한다고 믿었기 때문이었다. 서양에서도 주목은 관재로 쓰였으며, 활을 만드는 재료로도 사랑을 받았다.

주목은 기록에는 거의 등장하지 않지만 궁궐에 흔히 심어져 있는 것으로 보아 선조들이 좋아한 나무였음을 짐작할 수 있다. 창덕궁 부용지芙蓉池 입구의 오른쪽 야트막한 언덕에는 두 아름이 넘는 주목 한 그루가 자란다. 북쪽으로 영화당暎花堂과 부용지를 내려다보고, 동쪽으로는 다른 주목 몇 그루

의 호위를 받고 있다. 높이 12m, 가슴 높이 둘레 3.2m이고, 나이 260여 살의 고목으로 줄기가 곧고 힘차게 뻗어 기품과 품위를 자랑한다. 주목의 붉은 줄기에서 추출한 액은 궁녀들의 옷감은 물론 임금의 곤룡포를 염색할 때

창덕궁 대조전 뒤의 눈주목

도 썼다. 또 주목을 한 뼘 정도로 얇게 다듬어 관리들이 임금을 알현할 때 손에 드는 홀을 만들었다.

주목은 전국의 높은 산에서 자라는 늘푸른 바늘잎 큰키나무다. 줄기의 둘레가 두세 아름이나 될 정도로 크게 자라지만, 자라는 속도는 매우 느리다. 1년에 1~2mm 남짓 굵어지니, 제법 굵어 보인다 싶으면 나이가 100년을 훌쩍 넘는다. 잎은 바늘잎인데, 소나무처럼 가늘고 긴 것이 아니라 납작하고 짧다. 가지에 불규칙하게 두 줄로 배열되며 잎의 끝이 갑자기 뾰족해진다. 잎의 뒷면은 연한 초록빛이고, 눈으로는 잘 보이지 않는 숨구멍이 나란히 나 있다. 암수한그루이며, 봄에 꽃이 피긴 하지만 웬만큼 주의하지 않으면 잘 찾을 수 없다. 그러나 가을에 접어들면 새끼손가락의 첫 마디보다도 작은 열매가 앵두만큼이나 고운 붉은빛으로 익어 우리의 눈길을 끈다. 작은 컵처럼 속이 뚫린 열매 안에는 앙증맞게 생긴 흑갈색 씨앗이 1개씩 들어 있다. 산새에게 먹혀서 자손을 멀리까지 퍼뜨려보자는 속셈이다. 이 씨앗에는 독이 있으므로 사람이 함부로 먹어서는 안 된다.

곧바르게 자라는 주목에 비하여 처음부터 원줄기가 여러 개로 갈라져 비스듬하게 누워 자라는 눈주목이 있다. 수시로 억센 바람이 불어오는 산꼭대기에서 자라던 주목이 오랜 세월 동안 환경에 적응하여 곧바르게 자라기를 포기하고, 아예 눈주목이라는 새로운 종種으로 다시 태어난 것이다. 눈주목 역시 궁궐 곳곳에서 흔히 만날 수 있다.

9

누에는 뽕잎을 먹고 연인들은 사랑을 나눈다

뽕나무

White mulberry

중국 고전 《시경》 '용풍鄘風' 장의 〈상중桑中〉을 보면, "보리 베러 간다고 마을 북쪽으로 갔다네/ 누구를 생각하며 갔을까/ 익戈씨 집 큰딸이지/ 만나자 한 곳이 뽕나무 밭 가운데라서 상궁上宮에서 나를 맞이했고/ 올 때엔 기수까지 바래다주네"라고 하여 뽕나무 밭에서 연인을 만났다는 내용이 노래로 남아 있다. 또 중국에는 이런 이야기도 전한다. 초나라와 오나라의 처녀가 국경 가까운 곳에서 뽕을 따다가 서로 자기 뽕이라고 우겨 말다툼이 시작되었다. 이웃 사람들까지 가세하여 결국 국경 가까이 있는 두 마을은 한판 싸움을 벌이게 되었다. 오나라 쪽 마을 사람들이 지자 이를 전해 들은 오나라 임금은 군사를 크게 동원하여 빼앗긴 마을을 되찾고, 초나라 쪽 마을마저 점령해버렸다. 그만큼 옛 중국에서도 뽕나무를 귀중하게 여겼다는 고사일 것이다.

농상農桑이라는 말에서 알 수 있듯이 뽕나무를 키워 누에를 치고 비단을 짜는 일은 농업과 더불어 나라의 근본이었다. 중국 서진西晋, 265~316 때 편찬한 《삼국지三國志》 '마한馬韓'조에 "누에를 치고 비단을 짜서 옷을 해 입었다" 했으니 한반도에서 양잠이 시작된 때는 삼한시대 이전으로 짐작된다. 우리의 기록에도 고구려 동명왕 때와 백제 온조왕 때 농상을 권장했고, 초고

창덕궁 · 뽕나무

↖ 넓은 타원형에 아랫부분이
하트 모양인 잎

궁궐에서 자라는 뽕나무 중 가장
큰 나무인 천연기념물 제471호
창덕궁 뽕나무

과명 뽕나무과	학명 *Morus alba*	분포 지역 전국 인가 부근. 중국

늦봄에 피는 수꽃, 암꽃이 진 뒤 씨방이 그대로 자라 검붉게 익는 오디, 세로로 길게 갈라진 나무껍질

왕 때는 양잠법과 직조법을 일본에 전해주었다고 한다. 신라 박혁거세 17년 기원전 41에는 임금이 직접 6부의 마을을 돌면서 뽕나무 심기를 권장했으며, 1933년에 일본에서 발견된 신라민정문서에도 뽕나무 재배 기록이 있다. 고려 때에도 태조, 현종, 명종 등이 누에치기를 권장한 기록이 남아 있다.

조선시대에 들어오면서는 비단 생산을 더욱 늘려야 했다. '비단입국'의 기치를 높이 든 이유는 명나라에 조공도 보내야 했지만, 신흥 귀족들의 품위를 높이기 위한 비단의 수요도 만만치 않았기 때문이다. 태종 때는 집집마다 뽕나무를 몇 그루씩 나누어주고 거의 강제로 심으라 하다시피 했다. 그러나 예나 지금이나 권력자의 집안 단속은 쉽지 않다. 태종 11년1411에 임금은 이렇게 역정을 낸다. "옛날에는 후궁들이 부지런하고 알뜰하여 친히 누에를 쳤는데, 지금은 아래로 시녀까지 모두 배불리 먹고 하는 일 없이 내 옷까지도 모두 사서 바친다. 앞으로는 시녀들로 하여금 길쌈을 맡아서 내용內用에 대비하게 하라." 이후 세종으로 내려오면서 누에치기를 더욱 독려한다. 예부터 내려오던 친잠례

창덕궁 · 뽕나무

親蠶禮를 강화하여 왕비가 직접 비단 짜는 시범을 보이기도 했다. 각 도마다 좋은 장소에 뽕나무를 널리 심도록 했고 누에치기 전문기관인 잠실蠶室을 설치했다. 그러다가 중종 1년1506에는 좀 더 효율적으로 관리하기 위하여 각 도에 있는 잠실을 서울 근처로 모이도록 한다. 바로 그때 그 장소가 오늘날의 서울 잠원동 일대다.

세종은 이렇게 궁궐 밖에다 뽕나무를 심고 누에 치는 것으로 만족하지 않았다. 세종 5년1423 잠실을 담당하는 관리가 임금께 올린 공문에는 "뽕나무는 경복궁에 3,590그루, 창덕궁에 1,000여 그루, 밤섬에 8,280그루가 있으니 누에 종자 2근 10냥을 먹일 수 있습니다"라는 내용이 있다. 그렇게 넓지도 않은 경복궁에 이만큼 뽕나무가 자랐다면 그야말로 '뽕나무 대궐'이었음직하다. 영조 43년1767에는 왕실에서 거행하는 친잠례의 절차와 내용을 기록한 《친잠의궤親蠶儀軌》를 펴내 누에치기가 얼마나 중요한지를 강조하기도 했다. 조선 말기로 오면서 잠시 친잠례가 소홀해진 적도 있으나 일제 강점기인 1911년, 창덕궁 후원 주합루 왼쪽 서향각西香閣에 양잠소를 만들고 친잠례를 거행했으며, 이후 1924년까지도 친잠례 행사가 있었다. 조선의 왕비들이 아끼고 가꾸던 궁궐의 수많은 뽕나무 중에 창덕궁 후원의 가장 큰 나무한 그루를 천연기념물 제471호로 지정하여 보호하고 있다.

뽕나무의 열매인 오디는 식용으로 쓰인다. 상실桑實 또는 상심桑椹이라 하며 날것으로 먹는데, 건조시켜 한약재로 쓰기도 한다. 이뇨 효과가 있을 뿐만 아니라 기침을 멈추게 하고 강장 작용을 하며, 기타 여러 질병의 치료에 효과가 있는 것으로 알려져 있다. 또 오디의 즙을 누룩과 함께 섞어 발효시킨 상심주는 정력에 좋다고 한다. 임진왜란 직후 한 유생의 상소문에 "군사들은 반 달 치 양식도 없어서 장차 뽕나무 열매로 살아가야 할 판국에 직면했습니다"라고 하여, 오디로 배고픔을 달랬다는 기록이 남아 있다.

일반적으로 뽕나무는 잎을 따기 편하도록 가지치기를 해서 자그마하게 키우지만, 그대로 두면 아름드리나무가 된다. 강원도 정선 봉양리와 경북 상주 두곡리에는 각각 가슴 높이 둘레 3.3m, 3.8m의 고목이 자라고 있다. 뽕나무 속은 황색을 띠고 있어서 독특한 정취가 있고, 단단하며 질기고 잘 썩지 않는다. 경북 경산에는 신라 초기의 작은 나라 압독국의 고분군으로 추정되

우리나라에서 가장 큰 높이 25m의 경북 상주 두곡리 뽕나무. 천연기념물 제559호로 지정되어 있다.

는 경산 임당동 고분군이 있다. 이곳 무덤에서 출토된 목관은 지름이 1m를 넘는데 바로 뽕나무로 만든 것이다.

또《세종실록》'오례'의 기록을 보면 "우주虞主는 뽕나무를 사용하고 연주練主는 밤나무를 사용할지를 대신들에게 의논하게 했다"라고 하여, 뽕나무나 밤나무를 위패를 만드는 데 사용했음을 알 수 있다. 한방에서는 뽕나무의 껍질을 상백피桑白皮라고 하며 소염, 이뇨 및 기침을 멈추게 하는 용도로 쓴다. 뽕나무겨우살이는 상상기생桑上寄生이라 하며 귀중한 약재로 취급된다. 뽕나무는 잎이 잘려나가는 아픔을 누에와의 인연으로 소중히 승화시킨 덕분에, 누에가 만든 비단길을 통해 동서양의 문화 교류에 물꼬를 트는 디딤돌이 될 수 있었다. 최근에는 뽕나무에서 자란 상황桑黃버섯이 널리 이름을 떨치고, 뽕잎을 먹었다는 이유만으로 누에 자체가 바로 약으로 쓰이는 세상이 되었다. 비단에서 출발하여 상황버섯을 거쳐 이제는 정력제 '누에그라'로 새로운 영광을 잡은 그 변신술이 놀랍다.

조선 후기의 문신 송시열의 문집《송자대전宋子大全》에는 신상구愼桑龜라는 중국 오나라 때의 고사故事가 실려 있다. 옛날 한 효자가 아버지의 병을 고치고자 강에 나가 천년 묵은 커다란 거북을 잡아 집으로 돌아가고 있었다. 거북이 너무 무거워 뽕나무 아래에서 지게를 받치고 잠시 쉬려 하자 거북이 말했다. "여보게, 효자! 나를 솥에 넣어 백 년을 고아보게나. 나는 결코 죽지 않을 테니 헛수고라네"라고 했다. 그러자 옆의 큰 뽕나무가 "무슨 소리! 나를 베어 불을 떼어보게. 고아지는지 어떤지"라고 뽐냈다. 이 말을 들은 효자는 그 뽕나무를 잘라서 거북을 고아 아버지의 병환을 낫게 했다고 한다. 즉, 신상구는 쓸데없는 말을 조심하라는 뜻으로 충고할 때 쓰인다.

뽕나무는 전국에서 자라는 잎지는 넓은잎 큰키나무로 다 자라면 줄기의 둘레가 한두 아름에 이른다. 나무껍질은 세로로 깊게 갈라지고 속껍질이 노란 것이 특징이다. 잎은 달걀 형태로 밑은 하트 모양에 가깝고, 끝은 꼬리 모양으로 길고 둔하고 불규칙한 톱니가 있다. 가끔 깊게 파인 잎이 달려서 전혀 다른 나무처럼 보이기도 한다. 꽃은 봄에 피며, 딸기처럼 생긴 열매 오디는 까맣게 익는데 크기가 새끼손가락 마디만 하다.

뽕나무와 산뽕나무, 꾸지뽕나무 구별하기

뽕나무 종류에는 중국 원산의 뽕나무와 우리나라 산에 자연적으로 흔히 자라는 산뽕나무가 있다. 뽕나무는 잎의 끝이 점차 뾰족해지고 꽃의 암술대가 매우 짧으나 산뽕나무는 꼬리가 달리듯 갑자기 잎 끝이 뾰족해지고 암술대가 훨씬 길다. 꾸지뽕나무는 가시가 있고 잎에도 톱니가

산뽕나무 열매와 잎

꾸지뽕나무 열매

없어서 뽕나무 종류의 모양새와는 확연히 다르다. 그러나 옛 문헌에 의하면 꾸지뽕나무는 흔히 자목柘木 또는 상자桑柘라 하여 누에를 칠 때 뽕나무 대용으로 쓰였고 활을 만드는 데는 더 요긴하게 이용되었다.

10

알밤 없는 가을은 상상할 수 없다

밤나무

Korean chestnut

파란 하늘이 차츰 높아지고 벌어진 밤송이와 함께 성큼 다가온 가을날, 산에 오른 사람은 낭만으로 알밤을 줍고 다람쥐는 겨울나기 양식으로 알밤을 모은다. 그러나 지난 세월을 조금만 거슬러 올라가면, 밤은 다람쥐에게 절대로 양보할 수 없는 우리의 중요한 먹거리였다. 먼 옛날부터 우리에겐 밤나무에 얽힌 이야기가 많다.

《삼국유사》에 원효대사와 관련해 다음과 같은 일화가 전해 내려온다. "원효대사는 처음에 압량군지금의 경북 경산, 불지촌 북쪽의 율곡栗谷이란 곳의 사라수娑羅樹 아래에서 태어났다. 사람들이 말하기를 스님의 집은 본래 이 골짜기 서남쪽에 있었는데, 만삭이 된 그의 어머니가 골짜기 밤나무 밑을 지나다가 갑자기 해산하게 되었다. 몹시 다급했으므로 집으로 돌아가지 못하고 남편이 옷을 나무에 걸어주어 나무 밑에서 출산한 것이다. 이후로 이 나무를 사라수라 불렀으며 열매 또한 보통 것과 달라 사라율娑羅栗이라 했다." 고려 때에도 밤나무를 재배한 기록이 있고, 조선시대의 기본 법전인 《경국대전 經國大典》에는 그 재배 방법이 상세히 실려 있다. 특히 조선 초기에 밤나무 심기를 강조한 대목이 조선왕조실록 곳곳에 나타난다.

↖ 날카로운 가시가 촘촘히 돋은
껍질에 싸여 있는 밤

보기 드물게 크게 자란
창덕궁 관람지 밤나무

| 과명 | 참나무과 | 학명 | *Castanea crenata* | 분포 지역 | 중남부 식재, 중국, 일본 |

어긋나기로 달리는 길쭉한 잎, 말미잘 모양의 암꽃과 기다란 수꽃, 세로로 깊게 갈라진 나무껍질

우리나라의 밤은 품종이 좋아 천진밤으로 대표되는 중국 밤에 비하여 알이 굵었다고 한다. 3, 4세기에 쓰인 《삼국지》나 《후한서後漢書》에서 마한을 소개한 내용에 "밤의 크기가 먹는 배만 하다"고 한 기록이 있으며, 광해군 3년 1611 허균이 귀양 가서 쓴 《도문대작屠門大嚼》에도 "지리산 밤은 크기가 주먹만 하다"고 했다. 밤 크기가 꼭 그만해서 그렇게 표현했다기보다는 중국 밤에 비하여 상대적으로 크다는 뜻에서 한 말일 것이다. 임진왜란을 예견하고 '10만 양병설'을 제창한 율곡 이이 또한 식량 자원으로 밤나무 심기를 권했다. 그의 호가 율곡栗谷이니, 밤나무골 선비가 되는 셈이다. 또한 밤은 대추, 감, 배와 함께 조상들이 관혼상제의 예를 갖출 때 상에 올린 4대 과일 중의 하나이다. 가시 돋은 껍질 안에 든 3개의 알밤은 출세의 대명사인 영의정, 좌의정, 우의정이 함께 있는 것에 비유되었다. 그 세 벼슬을 두루 내고 싶은 마음에 제사상에 밤을 올렸다는 이야기도 있으니 말이다. 다만 이보다는 밤이 싹틀 때 밤껍질을 땅속에 남겨두고 싹만 올라오는데, 그 껍질이 오랫동안 썩지 않고 남아 있기 때문에 자신의 근본인 조상을 잊지 않는 나무라고 여겨 제사상에 올렸다는 이야기가 더 그럴 듯하다.

결과는 같은데 눈앞에 보이는 이익에만 집착하는 어리석음을 비유하

는 고사성어로 조삼모사朝三暮四가 있다. 송
나라 때 원숭이를 좋아하는 노인이 살았
다. 집 안에 키우던 원숭이 숫자가 차츰 많
아져 부담스러워지자 원숭이들에게 말했
다. "오늘부터 먹이는 아침에 밤 3개, 저녁
에 밤 4개로 하겠다." 그러자 원숭이들이
크게 화를 내므로, 말을 바꾸어 아침에 4
개, 저녁에 3개를 주겠다고 하니 조용해졌
다는 것이다. 서거정은 이 이야기를 두고
자신의 시문을 모은 책인 《사가집》에 실
린 시 〈율목栗木〉에서 다음과 같이 노래했
다. "밤알이 주먹만 하여라 가을에 잘 여
물어[栗子如拳秋正熟]/ 원숭이가 좋아서 나는

함양 벽송사 입구의 밤나무로 만든 장승

듯이 따 먹는구나[狙兒得意疾於飛]/ 아침에 셋 저녁에 넷을 너는 상관치 말고
[朝三暮四渠休管]/ 배불리 먹고 묵묵히 있으면 절로 살찌리라[飽食無言自在肥]."

　밤나무는 밤알을 이용하는 것이 전부가 아니다. 밤나무 목재는 단단하고
잘 썩지 않으며 무늬가 아름다워 제기에서 건물의 기둥까지 두루 쓰인다. 나
라의 제사 관련 업무를 관장하던 봉상시奉常寺에서는 신주神主와 신주 궤匱를
반드시 밤나무로 만들었고, 민간에서도 위패와 제상祭床 등 제사 기구의 재
료는 대부분 밤나무였다. 왕실에서는 밤나무의 수요가 많아지자 벌채를 금
지하는 율목봉산栗木封山까지 두기도 했다. 궁궐 안에서 밤나무를 심고 가꾼
흔적을 찾기는 어려우나 창덕궁 관람지觀纜池 남쪽 둑에는 줄기 둘레가 두
아름이 훨씬 넘는 밤나무 고목 한 그루가 연못 쪽으로 비스듬히 자라고 있
다. 궁궐에서 가장 굵고 크며 나이도 300살 이상으로 짐작된다.

　경남 함양 추성리에 자리한 벽송사碧松寺 입구에는 짱구 모양의 민대머
리에 커다란 왕눈과 주먹코를 가진 독특한 생김새의 나무 장승이 서 있다.
특이한 것은 모양만이 아니다. 보통 소나무로 만드는 다른 장승과는 달리 밤
나무로 만들어졌다. 경기도 고양 일산 신도시에는 조선 후기에 지어진 '밤가
시초가'란 독특한 이름을 가진 초가집 한 채가 삭막한 아파트촌의 한구석에

경기도민속문화재 제8호인 일산 밤가시초가. 기둥부터 가구까지 모든 것을 밤나무로 만들었다.

옛 모습을 간직하고 있다. 밤가시초가는 가옥의 주요 구조재인 기둥, 대들
보, 서까래 그리고 마루와 문지방뿐만 아니라 가구나 주요 생활용품까지 모
두를 과거 이 마을에 울창했던 밤나무로 만들었기 때문에 붙은 이름이다.

여름이 시작되는 6월 초에 피기 시작하는 밤꽃은 초록색 잎에 연한 잿
빛 가발을 쓴 것처럼 나무를 온통 뒤덮는다. 그 흐드러지게 피는 꽃에서 질
좋은 밤꿀을 얻을 수 있다. 그런데 밤꽃이 한창 필 때 코끝을 스치는 냄새는
다른 꽃들의 달콤한 향기와는 다르다. 살짝 쉬어버린 것 같기도 하고 어쩐지
시큼한 듯한 묘한 냄새가 난다. 바로 남자의 정액 냄새가 그렇단다. 옛 부녀
자들은 양향陽香이라 불리는 이 냄새를 부끄러워하여 밤꽃이 필 때면 외출
을 삼갔고 과부는 더더욱 근신했다 한다.

밤송이는 "고슴도치야 게 섰거라" 할 만큼 완벽해 보이는 방어 구조를
갖고 있다. 날카로운 침만으로는 모자라서 두껍고 단단한 껍질로 싼 다음 그
안을 다시 떫은맛이 잔뜩 든 속껍질로 감쌌다. 그런데 천려일실千慮一失이랄
까? 밤나무는 이렇게 어마어마한 방비를 하고도 벌레의 침입을 억제하는 물
질을 껍질에 살짝 섞어두는 것을 잊어버렸다. 그래서 생밤을 치다 보면 토

실토실 살이 오른 밤벌레가 기어 나온다. 밤을 수확할 무렵부터 껍질에 붙어 있던 알에서 벌레가 깨어나 껍질을 뚫고 열매 속으로 들어간 것이다. 진한 소금물에 4, 5일 정도 담가두었다가 꺼내어 그늘진 곳에 모래와 함께 묻어두면 밤벌레 피해를 줄일 수 있다.

밤나무는 잎지는 넓은잎 큰키나무로 줄기 둘레가 두세 아름에 이르기도 한다. 경산 임당동 고분군에서 밤나무로 만들어진 목관이 나온 것으로 보아 옛날에는 더 큰 나무가 있었던 것 같다. 강원도 평창 운교리에 있는 뿌리목 둘레 6.4m에 이르는 밤나무 고목은 천연기념물 제498호로 지정되어 있다. 어린 가지는 자줏빛이 도는 적갈색으로 털이 있으나 자라면서 없어진다. 잎은 어긋나기로 달리며 아주 긴 타원형이고 끝이 차츰 뾰족해진다. 가장자리의 톱니 끝에는 2~3mm 남짓한 짧은 바늘이 붙어 있다. 밤나무는 밤알이 크고 맛있으며 많이 달리도록 개량한 수많은 재배 품종이 있다. 우리나라 밤나무의 한 종류인 약밤나무는 알이 작고, 딱딱한 겉껍질을 벗기면 속껍질도 거의 한꺼번에 벗겨지는 점이 속껍질이 잘 벗겨지지 않는 일반 밤과의 차이점이다. 열매가 달리지 않으면 구별이 어렵다.

밤나무의 잎은 상수리나무 및 굴참나무의 잎과 모양이 비슷해 혼란스러울 때가 있다. 간단히 알아내려면 잎 가장자리 톱니 끝의 짧은 바늘을 찾아보면 된다. 밤나무 잎은 엽록소가 침 끝까지 들어 있어서 파랗지만, 상수리나무와 굴참나무의 잎은 침에 엽록소가 들어 있지 않아 회갈색을 띤다.

너도밤나무와 나도밤나무

밤나무란 이름이 붙은 나무로 너도밤나무가 있는가 하면 나도밤나무도 있다. 옛사람들에게 밤은 간식거리가 아니라 귀중한 식량 자원이었다. 그래서 모양이 비슷한 나무는 모두 밤나무로 만들어 항상 배부르게 먹기를 소원한 탓에 '너도' '나도'라는 이름이 붙은 것 같다. 울릉도에만 자라는

너도밤나무 잎

나도밤나무 잎과 꽃

너도밤나무는 밤나무처럼 참나무과에 들어가고 작은 도토리가 달리니 그런 대로 밤나무와 인연이 있으나, 남부 지방에 자라는 나도밤나무는 언뜻 보면 잎이 밤나무보다 좀 크고 모양새가 닮았다는 것 외에는 밤나무와는 전혀 상관없는 나무다.

11

물을 푸르게 하는

물푸레나무

East Asian ash

물푸레나무란 이름은 '물을 푸르게 하는 나무'란 뜻이다. 이 나무의 한자 이름인 수정목水精木 혹은 수청목水青木의 뜻도 그와 같다. 실제로도 어린 가지에서 벗긴 껍질을 맑은 물이 담긴 하얀 종이컵에 살그머니 담그면 가을 하늘이 연상되는 맑고 연한 파란 물이 우러난다.

물푸레나무 껍질은 진피秦皮라 하여 눈병을 고치는 약으로 사용한다. 세종은 한글을 창제할 즈음, 눈병으로 크게 고생을 했다. 세종 23년1441 승정원에 "내가 안질眼疾을 얻은 지 이제 10년이나 되었으므로, 마음을 편히 하여 몸조리를 하고자 한다"고 이른 기록이 있다. 세종 21년1439에는 "지난봄 강무講武한 뒤에는 왼쪽 눈이 아파 안막眼膜을 가리는 데 이르고, 오른쪽 눈도 어두워서 한 걸음 사이에서도 사람이 있는 것만 알겠으나 누가 누구인지를 알지 못하겠다"고 했다. 광해군 역시 오랫동안 안질로 고생했다. 염증성 눈병을 말하는 안질은 조선시대에는 적당한 치료약이 없어 임금도 평생 고생했던 것 같다. 그나마 비교적 널리 쓰인 약재가 물푸레나무 껍질이었다.《동의보감》에는 "우려내어 눈을 씻으면 정기를 보하고 눈을 밝게 한다. 두 눈에 핏발이 서고 부으면서 아픈 것과 바람을 맞으면 눈물이 계속 흐르는 것을 낫게

↖ 잎자루 하나에 작은잎이
5~7개씩 달리는 깃꼴겹잎

창덕궁 후원 승재정 옆에서
크게 자란 물푸레나무

과명	물푸레나무과	학명	*Fraxinus rhynchophylla*	분포 지역	전국 산지, 중국

늦봄에 가지 끝에서 피는 꽃, 납작한 날개를 달고서 익고 있는 열매, 차츰 갈라지는 회갈색 나무껍질

한다"고 했다. 효과에 대한 기록은 따로 없지만 옛사람들에게는 다른 방법이 없었다. 물푸레나무는 이렇게 껍질이 벗겨지는 아픔을 감내하면서 임금부터 백성에 이르기까지 사람들 곁에서 눈병을 치료해준 고마운 나무였다.

껍질뿐만 아니라 목재 자체도 질기고 잘 휘기 때문에 도리깨 같은 농기구를 만드는 데 쓰이는 등 여러 용도로 쓰였다. 눈이 많이 오는 강원도의 산간 지방에서는 물푸레나무로 설피雪皮를 만들어 신었다. 서당의 훈장도 물푸레나무나 싸리로 회초리를 다듬어 아이들의 졸음을 쫓아냈다. 오래전부터 죄인을 심문할 때 쓰는 몽둥이는 거의 물푸레나무로 만들었다.《고려사》를 보면 "임견미 등이 못된 종놈들을 시켜서 좋은 토지를 가진 사람들에게 덮어놓고 수정목으로 곤장질을 하고는 그 땅을 강탈했다"고 나온다. 가끔 마음씨 좋은 임금이 물푸레나무는 질기고 단단하여 매 맞는 죄인들이 너무 아파하므로 좀 덜 아픈 다른 나무로 곤장을 만들라고 했다가 죄인들이 자백을 잘 하지 않는다고 다시 물푸레나무 곤장으로 되돌아간 예를 찾을 수 있다. 조선 예종 때

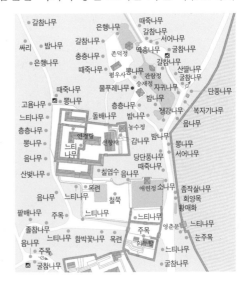

에도 형조판서 강희맹이 "지금 사용하는 몽둥이는 그 크기가 너무 작아 죄인이 참으면서 조금도 사실을 자백하지 않으니 이제부터 버드나무나 가죽나무 말고 물푸레나무만을 사용하게 하소서"라고 상소했다.

물푸레나무의 어린 가지에서 우려낸 파란 물

　물푸레나무는 잎지는 넓은잎 큰키나무로 우리나라 산속의 크고 작은 계곡 어느 곳에서나 아름드리로 자란다. 회갈색의 어린 가지는 정확하게 마주나며 제법 굵어져도 껍질은 거의 갈라지지 않는다. 띄엄띄엄 보이는 흰 반점이 이 나무의 특징이다. 그러나 가는 세월을 더 이상 버티지 못하고 아랫부분부터 조금씩 세로로 갈라지기 시작하다가 큰 나무가 되면 회갈색의 깊은 골이 생긴다. 잎은 마주나고 하나의 잎자루에 5~7개씩 붙어 있다. 잎의 가장자리는 밋밋하거나 얕은 톱니가 있다. 꽃은 늦봄에 새로 난 가지 끝에서 핀다. 열매는 납작한 주걱 모양의 날개가 붙어 있고 가운데 씨앗이 들어 있다. 날개가 2개 맞붙은 단풍나무 열매와 달리, 물푸레나무는 날개가 1개씩 붙은 열매가 무더기로 달린다.

물푸레나무, 들메나무, 쇠물푸레나무 구별하기

물푸레나무와 비슷하여 얼핏 구별하기가 어려운 들메나무도 흔히 만날 수 있다. 물푸레나무는 잎자루 하나에 달려 있는 작은잎이 5~7개이고 여러 잎 중에서 꼭대기 것이 가장 크며 잎 뒷면의 주맥을 따라 갈색 털이 촘촘하다. 꽃은 금년에 자란 가지에서 긴 꽃대가 나와 핀다. 반면에 들메나무는 작은잎의 수가 9~11개로 약간 많고 잎의 크기는 모두 비슷하며 잎자루 끝에만 갈색 털이 모여서 나 있다. 꽃은 작년 가지에서 나온 꽃대에 핀다. 깊은 산에서는 들메나무를 더 자주 만날 수 있다. 나무의 쓰임새는 둘 다 거의 같다. 쇠물푸레나무는 물푸레나무나 들메나무보다 잎이 작고 좁으며 야산이나 산등성이에서 흔히 볼 수 있고, 잎 뒷면 잎맥을 따라 흰 털이 있다.

왼쪽부터 물푸레나무 잎, 들메나무 잎, 쇠물푸레나무 잎. 잎 뒷면에 나는 털의 색과 위치에 따라 구별할 수 있다.

12

꽃은 달빛에 비추고 열매는 이태조의 화살에 떨어지다

돌배나무

Sand pear

배꽃이 만발한 배밭 주변은 마치 흰 눈이 내린 듯하다. 고즈넉한 산사의 앞마당에 구부정한 허리를 다 드러낸 채 고고하게 서 있는 배나무가 꽃을 두르면 금세라도 노승의 법어法語가 들려올 것만 같다. 이처럼 활짝 핀 배꽃은 어디에서나 주변을 압도하는 품위가 있다.

　"배꽃[梨花]에 달빛[月白] 내려 비추고 은하수 흘러가는 깊은 밤/ 한 가닥 나뭇가지에 걸린 춘심春心을 두견새가 어이 알랴마는/ 다정多情도 병이런가 잠 못 들어 하노라." 고려 말의 문신 이조년의 〈다정가多情歌〉이다. 흐드러지게 피는 새하얀 배꽃 위로 휘영청 밝은 보름달이 걸려 있는 모습을 보고 있자면 저절로 시 한 수를 읊게 된다. 여기에 배꽃 필 무렵에 쌀로 빚은 이화주梨花酒 한 잔을 곁들인다면 그야말로 '주상첨화酒上添花'겠다. 그래서 배꽃은 옛 시가에 단골로 등장한다. 고려의 문신 이규보의 시문집인《동국이상국집》에는 "아득한 풀밭 위에 푸른 안개 서려 있고/ 땅에는 배꽃 가득 피어 흰 눈같이 깔렸네"라는 시가 있고 일제 강점기에 활동한 시인 김동환은 "……산 너머 남촌에는 배나무 있고/ 배나무 꽃 아래엔 누가 섰다기/ 그리운 생각에 영에 오르니/ 구름에 가리어 아니 보이네……"라고 노래했다. 이렇게 늘

↖ 4~5월에 피는 5장의   창덕궁 후원의 연경당 안채
흰 꽃잎이 달린 꽃   뒤편의 커다란 돌배나무

과명 장미과	학명 *Pyrus pyrifolia*	분포 중부 이남 산지, 지역 중국, 일본

짧은 바늘 모양 톱니가 촘촘한 잎, 아이 주먹만 한 열매, 나이 들어 세로로 갈라진 나무껍질

우리 가까이 있던 배꽃인데, 이제는 많이 사라져버렸다.

배나무의 용도는 꽃으로 정서를 순화시키는 데 그치지 않는다. 열매는 복숭아, 자두와 함께 옛 과일의 대표다. 대추, 밤, 감과 더불어 제사상에 꼭 올랐음은 두말할 필요가 없다. 요즘의 개량종은 갓난아이 머리통만큼이나 큰 배를 나무에 달기도 한다. 그러나 산속에 자라는 돌배나무의 열매는 기껏해야 어린아이의 주먹만 한 크기여서 앙증맞기까지 하다.

경기도 고양에 일산 신도시를 조성하기 전의 지표 조사에서 약 4천 년 전의 것으로 추정되는 선사시대 유적이 발견되었는데, 그 자리에서 돌배나무가 나왔다. 또 약 2천 년 전 유적으로 추정되는 창원 다호리 고분군에서도 밤, 천선과天仙果와 함께 돌배씨가 출토된 바 있다.

돌배나무의 한 품종으로 문향리聞香梨라고도 하는 문배는 열매가 갸름하고 꼭지 부분이 뾰족하며 단단하다. 토속주로 유명한 문배주는 조, 수수, 밀 등을 발효시켜서 만든 증류주로, 고려 왕건 때부터 함경도 지방에서 제조되었다. 술의 향기가 문배나무 과실에

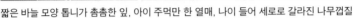

토종 우리 배를 심기보다 일제 침략과 함께 들어온 개량종 배나무를 주로 심은 배 과수원

서 풍기는 것과 같아서 문배주란 이름이 붙었다. 그러니까 붕어빵에 붕어가 없듯이 문배주에는 사실 문배가 없는 것이다.

만해 한용운이 1920년대에 쓴 〈해인사 순례기〉를 보면 "환경이란 스님은 가을에 돌배를 따두었다가 즙을 내어서 그릇에 넣고 밀폐해 공기가 통하지 못하게 두었다가 차로 만들어 먹었다"고 한다. 이 차는 돌배에서 이름을 따서 석차石茶라고 하며, 몇 년을 두어도 그 맛이 조금도 변치 않았다고 한다. 돌배를 따다가 한 번쯤 만들어 먹어도 좋겠다.

배나무의 목재는 은은한 황갈색에 재질이 고른 편이라 오래전부터 쓰임새가 많다. 대표적인 것이 벚나무와 함께 목판의 재료로 쓰인 것이다. 해인사 팔만대장경판에 산벚나무 다음으로 돌배나무가 많이 쓰였다.

《삼국사기》에는 고구려 양원왕 2년546에 "봄 2월, 서울에 가지가 서로 맞붙은 배나무[梨樹連理]가 있었다"는 기록이 있다. 연리란 나무와 나무를 맞붙여 묶어두면 껍질이 파괴되고 서로의 부름켜가 연결되어 한 나무가 되는 현상이다. 연리목은 나라에서 상서로운 조짐으로 받아들였고, 일반 백성들도 이 나무에 빌면 금슬이 좋아진다고 믿었다.《삼국유사》 '기이'편을 보면,

경북 울진 쌍전리의 천연기념물 제408호 산돌배나무. 나이 250살 정도로 추정된다.

혜공왕 때 각간角干 대공의 집 배나무 위에 참새가 수없이 모여들었다고 한다. 이러한 변괴가 있을 때는 천하에 큰 병란이 일어난다 했으므로, 이에 죄수를 사면하고 왕이 자숙했다. 《고려사》에는 "정몽주의 본래 이름은 몽란이었다. 그가 아홉 살이 되던 해 어느 날, 그의 어머니가 낮잠을 자는데 꿈에서 검은 용이 동산 가운데 있는 배나무에 올라간 것을 보았다. 놀라서 잠이 깨어 나가 보니 그 배나무에 바로 몽란이 있었다. 그 후로 아들의 이름을 몽란에서 몽룡夢龍으로 고쳤고 성년이 된 후에 다시 몽주로 바꿨다"고 한다.

   태조 이성계는 특히 배나무와 인연이 많다. 어느 날 묘한 꿈을 꾼 이성계 장군은 무학대사로부터 왕업을 일으킬 꿈이라는 풀이를 듣게 된다. 그리고 정말 나라를 세운 뒤에는 무학대사가 지내던 곳에 절을 세우고 이름을 석왕사釋王寺라 했으며 거기에 배나무를 손수 심었다. 또 마이산 은수사銀水寺에 있는 청실배나무는 명산인 마이산을 찾아가 기도를 마친 이성계가 그 증표로 심은 씨앗이 싹 터 자란 것이라 전한다. 조선왕조실록에는 "태조가 일찍이 친한 친구들을 모아 술을 준비하고 활쏘기 시범을 보이는데, 백 보步 밖에 서 있는 배나무에 배 수십 개가 서로 포개어 축 늘어져 달려 있었다. 손님들이 태조에게 이를 쏘기를 청하므로, 한 번에 쏘아서 다 떨어뜨렸다. 이를 가져와서 손님을 접대하니 모두들 탄복하면서 술잔을 들어 서로 하례했다"는 내용이 나온다. 신궁으로 알려진 태조가 활솜씨 자랑에 배나무를 이용한 것이다. 오늘날 창덕궁 후원 연경당 뒤뜰에 풍채 좋은 돌배나무가 자라고 있으며, 낙선재 안 만월문을 지나면 둘레가 한 아름 반이나 되는 돌배나무 고목 한 그루가 과거의 영광을 뒤로하고 무심하게 서 있다.

옛날에 재배하던 우리나라 배에는 돌배나무나 산돌배나무를 개량한 청실배, 문배, 황실배, 금화배, 함흥배, 봉산배 등 많은 품종이 있었다. 그러나 이런 토종 배들은 일제 침략과 함께 들어온 개량 품종에 밀려 지금은 거의 심지 않는다. 서울에 편입된 태릉의 먹골배 역시 유명했지만 그 넓던 배 밭에 지금은 아파트가 잔뜩 들어서버렸다.

돌배나무는 잎지는 넓은잎 큰키나무로 줄기 둘레가 두세 아름에 이르기도 한다. 나무껍질은 흑갈색이며, 세로로 잘게 갈라진다. 잎은 어긋나기로 달리며 둥글고 가장자리에 바늘 모양의 톱니가 촘촘한 것이 특징이다. 열매는 크기나 모양이 다양하고, 익을수록 겉의 색깔이 녹색에서 점차 갈색, 황갈색이 된다. 과육은 연한 황백색이고 속에 모래알 같은 석세포가 들어 있어서 사각사각 씹는 감칠맛을 더한다.

배나무 종류 구별하기

돌배나무와 산돌배나무는 열매로 구별할 수 있다. 열매에 꽃받침이 일찍 떨어져 없고 색깔이 조금 진한 갈색으로 익는 돌배나무에 비해, 산돌배나무는 열매에 꽃받침이 달려 있고 색깔이 노랗게 익는 것이 두 나무의 차이점이다. 산에서 흔히 만나는 것은 주로 산돌배나무이며 경북 울진 쌍전리의 천연기념물 제408호가

꽃받침이 남아 있는 산돌배   긴 열매자루에 매달린 콩배

우리나라에서 가장 오래된 산돌배나무다. 그러나 실제로 돌배나무와 산돌배나무의 구별은 쉽지 않다.

배나무는 재배하는 나무로서 돌배나무나 산돌배나무에 비하여 잎이 더 크고 열매도 더 굵다. 또 배나무의 한 종류로 콩배나무가 있다. 콩알만 한 배가 달리는 배나무라는 뜻인데 실제 크기는 콩알보다야 조금 크지만 껍질의 점박이까지 배와 영락없이 닮은 '국화빵'이다.

Chapter 3

창경궁의
우리 나무

조선시대의 임금들은 경복궁보다는 창덕궁에서 지내는 것을 더 선호했다. 왕실 가족이 늘어남에 따라 창덕궁에 생활공간이 부족해지자, 성종은 세조비 정희왕후, 덕종비 소혜왕후, 예종비 안순왕후 등 세 대비를 위해 태종이 아들 세종에게 임금 자리를 물려준 뒤 지냈던 수강궁壽康宮 터에 1484년 창경궁을 지었다. 창덕궁과는 담장 하나를 사이에 두고 있으며, 둘을 함께 일러 동궐東闕이라 부른다.

　남향을 택한 다른 궁궐들과 달리 창경궁은 정문인 홍화문과 정전인 명정전이 동쪽을 바라보고 있다. 창경궁을 남향으로 지으려면 산자락을 잘라 앞을 터야 하는데, 그렇게 하면 이웃한 창덕궁과 종묘의 풍수에도 영향을 미치므로 길하지 못한 것으로 생각했기 때문이다. 그러나 편전便殿, 임금이 정사를 돌보는 공간인 문정전과 생활공간인 환경전, 통명전 등은 전통 건축관에 따라 남향으로 지었다.

　창경궁 역시 임진왜란 때 잿더미로 변했다가 1616년 광해군 때 중건되었으며, 창덕궁과 함께 조선 후기 정치사의 주요 무대가 되었다. 일제는 창경궁을 동물원, 식물원, 박물관 등으로 탈바꿈시키면서 수많은 전각을 훼손하고 이름마저 궁宮 자를 놀이 공간을 뜻하는 원苑 자로 바꿔 창경원으로 격하시켰다. 1983년에 이르러 본래 궁궐의 면모를 되찾는 복원 공사를 시작했으며, 창경궁이란 이름도 되찾아 원래 지위와 명예를 되찾았다.

창경궁

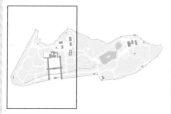

일러두기

- ● 나무
- ▬ 나무 무리
- ■ 시설물(경비실, 안내실 등)
- CCTV
- ▲ 탑
- ◦→ 출입금지
- ● 우물 또는 음수대
- ⚑ 풍기대
- ⚲ 가로등 또는 조명

층층나무 쉬나무

쉬나무

❶❶ 국수나무

뽕나무 생강나무

매화나무

앵두나무

별천 병아리꽃나무

단풍나무

느티나무 팥배나무

생강나무

매화나무

상수리나무

앵두나무

병아리꽃나무

철쭉 미선나무

주목

회화나무

모란 느티나무 조릿대 귀룽나무

❶❷ 목련 귀룽나무

철쭉 진달래 단풍나무 느티나무

백목련 산철쭉 개나리 자작나무

물푸레 산철쭉 말채나무 소나무 단풍나무

나무

병아리 회화나무 복자기나무 말채나무 상수리나무

꽃나무 자귀나무 국수나무 귀룽나무 층층나무

서어나무 고추나무 개나리 말채나무 느티나무

회잎나무 전나무 산철쭉 쪽동백나무 귀룽나무 서어나무

산수유 쪽동백나무 생강나무 황벽나무 주목 ❶❻

산철쭉 귀룽나무 생강나무 능수버들

산사나무 광대싸리 회화나무 느릅나무 ❶❺ 귀룽나무 황매화 때죽나무

벌목련 뽕나무 단풍나무 까치박달 살구나무 느티나무 산사나무

산사나무 돌배나무 ❶❹ 다릅나무 느티나무 빈도리 오리나무 철쭉

야광나무 들메나무 다릅나무 느티나무

야광나무 돌배나무 귀룽나무 귀룽나무 철쭉

버드나무 단풍나무 쉬나무 음나무 보리수나무 황벽나무

느티나무 뽕나무 오리나무 말채나무 자작나무

마가목 느티나무 버드나무 산딸나무 ❸❷ 말채나무 꼬리조팝나무 병아리꽃나무

산수유 회잎나무 함박꽃나무 ❸❸ 병꽃나무 산딸나무 히어리 참느릅나무

단풍나무 층층나무 미선나무 히어리 소나무 느티나무 서어나무

산철쭉 좀작살나무 층층나무 왕벚나무 화장실 자두나무

귀룽나무 병꽃나무 병아리꽃나무 라일락 창경궁관리사무소

느티

단

화살나무

물푸레나무 측백나

음나무 주목 당단풍나

소나무 산벚나무

춘당지

팥배나무

왕벚나무 갈

병꽃나무 왕벚나

단풍나무 물푸레나

산사나무 향나무 능수버들 ❷❼ 당단풍

느티나무 왕벚나무 주목 팥배나무

오리나무 귀룽나무 소나무 때죽나

물박달나무 눈주목 ❷❽ 백송

화살나무 자작나무 화살나무

매화나무 회잎나무 눈주목 음나무 백송 오

모감주나무 음나무 ❷❾ 함박꽃나무

단풍나무 귀룽나무 단풍나무 느

회양목 자작나무 느티나무 단풍나무

살구나무 ❸❶ 자작나무 왕벚나무 산

단풍나무

물푸레나무

월근문

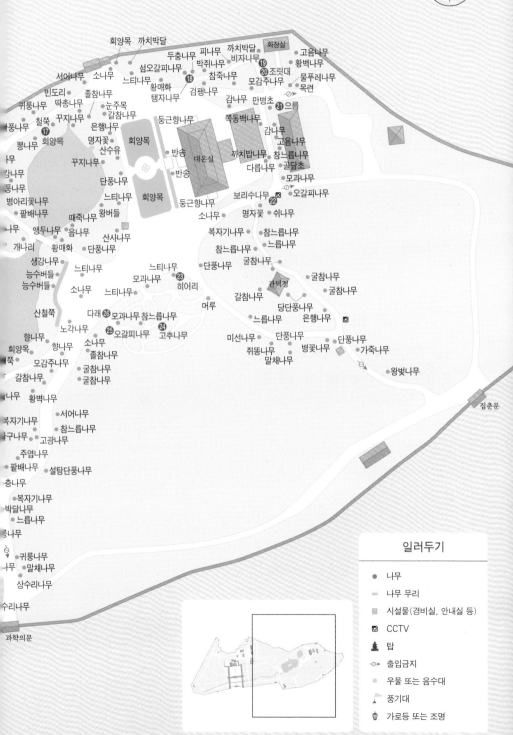

일러두기

- ● 나무
- – 나무 무리
- ▪ 시설물(경비실, 안내실 등)
- ▣ CCTV
- ▲ 탑
- ⊷ 출입금지
- ● 우물 또는 음수대
- ⚑ 풍기대
- ⬮ 가로등 또는 조명

그 연분홍 꽃에 취하지 않을 재간이 없다

복사나무

복숭아나무, Peach

중국 동진東晋, 317~419 효무제 때, 한 어부가 계곡을 따라 배를 저어가다가 홀연히 아름다운 복사나무 숲을 만난다. 황홀한 경치에 도취되어 있다가 숲을 빠져나올 즈음, 이상한 광채가 흘러나오는 작은 동굴 앞에 닿게 되었다. 신비로움에 사로잡힌 그는 배를 매어두고, 뭔가에 홀린 듯이 동굴 속으로 들어갔다. 입구는 간신히 사람 한 명이 들어갈 정도였는데, 안으로 들어가니 넓은 들이 나오면서 개와 닭 소리가 아련히 들려오는 평화로운 마을이 나타났다. 마을 뒤편에는 뽕나무와 대나무가 둘러서 있고 앞에는 연못과 비옥한 논밭이 그림같이 펼쳐져 있었다. 남녀노소가 오가면서 평화롭게 농사를 짓고 있는데, 모두 즐거운 모습이었다.

마을 사람들은 어부를 보고 크게 놀라 어디에서 왔는가를 물었다. 자초지종을 듣고는 그를 집에 초대하여 담소를 나누면서 말하기를, "진秦나라기원전 221~206 때 난리를 피해 여기에 들어왔다가 다시는 나가지 않았다"고 했다. 그들은 한漢나라기원전 206~기원후 220는 물론이고 위魏나라225~265, 진晉나라265~419도 알지 못했다. 어부가 자기가 살고 있는 세상을 이야기해주자 모두 놀라움을 감추지 못했다. 맛있는 음식을 대접받으면서 며칠을 보낸 어

↖ 가장자리에 얕은 톱니가
촘촘한 긴 타원형 잎

연분홍 꽃을 활짝 피운 창경궁
옥천교의 복사나무(복숭아나무)

과명 장미과	학명 *Prunus persica*	분포 지역 전국 식재, 중국 원산

잎보다 먼저 피는 화사한 연분홍 꽃, 잔털이 촘촘한 복숭아, 어릴 때의 매끈하고 윤기가 나는 줄기

부는 그곳을 떠나게 되었다. 집에 돌아온 그가 이 이야기를 고을 태수에게 했더니 즉시 사람을 보내 어부가 가본 곳을 찾아가게 했으나, 영영 그 길을 찾을 수 없었다.

중국의 시인 도연명의 〈도화원기桃花源記〉에 실려 있는 무릉도원의 모습이다. 이처럼 복사나무 숲은 신선 사상과 이어져 유토피아의 대명사가 되었다. 조선 세종 29년1447, 안평대군은 꿈속에서 박팽년과 함께 본 복사나무 숲의 경치를 화가 안견에게 이야기했고, 안견은 그 광경을 사흘 만에 그림으로 완성했다고 한다. 이때 그린 그림이 〈몽유도원도夢遊桃源圖〉다.

그런가 하면 하늘나라에는 신선이 먹는 천도天桃가 있었다. 전설적인 신선 서왕모의 복숭아를 훔쳐 먹은 동방삭은 삼천갑자, 곧 18만 년을 살았다 한다. 중국 명나라 때의 소설 《서유기西遊記》에서도 먹기만 하면 불로장생할 수 있는 천도가 열리는 복숭아 과수원을 지키는 임무를 맡게 된 손오공은, 어느 날 틈을 보아 9천 년에 한 번 열리는 열매를 몽땅 따 먹었다. 그 때문에 손오공은 나중에 삼장법사가 구해줄 때까지 무려 500년 동안을 바

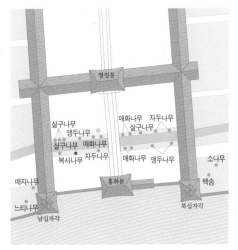

안견의 몽유도원도 중 도원경 부분. 복사나무 숲은 이상향의 상징이 되어 시와 그림의 소재로 쓰였다.

경북 영천 선원리의 복숭아 과수원. 활짝 핀 연분홍 꽃 사이에서 봄날의 정취를 만끽할 수 있다.

위틈에 갇히는 시련을 겪게 된다.

　복사꽃의 연분홍빛에는 시인도 화가도 도저히 취하지 않을 재간이 없다.《시경》에서부터 현대시에 이르기까지 동양 시인들의 입에 가장 많이 오르내린 나무가 바로 복사나무일 것이다. 옛 시에서 복사나무는 흔히 젊고 아름다운 여인에 비유되었다. 중종 29년1534 소세양이 지은 율시律詩에는 "버들개지는 늙은 나그네 귀밑보다 희고/ 복사꽃은 미녀의 뺨보다 붉도다"라고 했고, 영조 28년1752 빈궁을 칭찬하는 내용 중에 "복사꽃처럼 아름다운 자태가 널리 소문이 나서 빈嬪이 되었다"는 내용이 나온다.

　그러나 복사꽃은 색정에 비유되기도 한다. 흔히 하는 말로 도화살桃花煞이 끼었다고 하면 여자가 한 남자의 아내로 평생을 살지 못하고 뭇 남자를 상대하거나 사별하는 살기殺氣를 지니고 있다는 뜻이므로 행동을 삼가야 한다고 믿었다.

　우리나라에도 12~13세기에 축조된 것으로 추정되는 거창 둔마리 고분의 벽화에 복숭아를 들고 있는 선녀들의 모습이 나온다. 신라시대에 만들어진 술잔, 고려 때의 청자 연적과 주전자 그리고 조선시대의 백자 연적 등에도 복사나무의 꽃과 잎, 열매는 흔히 들어 있다.

오래전부터 사람들은 특히 동쪽으로 뻗은 복사나무 가지가 잡스런 귀신을 쫓아내는 구실을 한다고 믿었다. 무당이 살풀이할 때도 복사나무 가지로 활을 만든 다음 화살에 메밀 떡을 꽂아 밖으로 쏘면서 주문을 외기도 했다. 《회남자淮南子》에 의하면, 옛날 중국에 태양을 쏘아 떨어뜨릴 정도로 활의 명사수였던

앙증맞은 청화백자 복숭아 연적

예羿가 있었는데 배신한 제자가 휘두른 복사나무 몽둥이에 맞아 죽었다고 한다. 그래서 예는 죽어 귀신이 되어서도 복사나무를 무서워했다. 그때부터 복사나무 가지를 이용해서 귀신을 물리쳤다고 한다.

세종 2년1420, 세종의 어머니인 원경왕후가 위독해지자 "임금이 직접 복사나무 가지를 잡고 지성으로 종일토록 기도했으나 병은 낫지 아니했다"고 하며, 연산군 9년1503에는 "대궐의 담장 쌓을 곳에다 복사나무 가지에 부적을 붙여 예방하게 하라" 했다. 또 연산군 12년1506에는 "해마다 봄가을의 역질 귀신을 쫓을 때에는 복사나무로 만든 칼과 판자를 쓰게 하라"는 전교가 있었다. 지금도 제사를 모시는 사당이나 집 안에는 복사나무를 심지 않으며, 제사상의 과일로도 절대로 복숭아를 쓰지 않는다. 심지어 어린아이의 백일상에도 제철에 나는 다른 과일은 모두 올려놓아도 복숭아만은 제외한다. 귀신에게 음식을 대접해야 하는 제사에서 복숭아를 올려놓으면 귀신이 도망갈까 봐 그런 것이다.

《동의보감》에 보면 복사나무는 그야말로 버릴 것 하나 없는 약재다. 복사나무 잎과 꽃, 열매, 복숭아씨[桃仁], 말린 복숭아, 나무속껍질, 나무진을 비롯해 심지어 복숭아 털, 복숭아벌레까지 모두 약으로 쓰였다. 농약을 쓰는 요즘과는 달리 옛날에는 벌레 없는 복숭아를 찾기가 어려울 정도였다. 복숭아는 달밤에 먹으라는 말도 그래서 나왔는지 모른다. 눈으로 보고는 벌레를 삼키기가 어려웠으리라. 벌레 먹지 않은 복숭아가 드물었기 때문에 벌레 먹

은 것이라도 귀하게 여기고 먹으라는 뜻이 담겨 있지 않았을까 싶다.

복사나무는 잎지는 넓은잎 중간키나무로 높이는 5~6m 정도다. 가지와 줄기에 나무진이 많아, 상처가 나면 맑은 액체가 분비된다. 어긋나기로 달리는 잎의 아랫부분에는 꿀샘이 있는 짧은 잎자루가 달려 있다. 잎은 손가락 길이 남짓하고 폭이 좁은 긴 타원형이며, 끝이 뾰족하고 잎 가장자리에 잔톱니가 있다. 봄이 무르익을 즈음 잎보다 먼저 꽃이 피는데, 색깔은 분홍색이 기본이고 흰색과 붉은색도 있다.

복사나무는 중국 원산으로 삼국시대 초기의 기록이 있는 것으로 보아 그보다 더 전에 우리나라에 들어온 것으로 보인다. 오랫동안 우리 곁에 있던 옛 복사나무는 개화기에 들어온 개량종 복사나무에 밀려 지금은 거의 없어졌다. 다만 등산길에서 과일이 작고 신맛이 강한 복사나무를 만날 수 있다. 산복사나무 혹은 개복사나무라고 하는데 옛 복사나무가 야생화된 것인지 우리가 먹고 버린 개량종의 씨앗이 싹을 내 퇴화된 것인지 명확하지 않다.

만첩홍도, 풀또기, 옥매 비교하기

복사나무는 복숭아를 얻기 위하여 재배하는 나무이나 꽃을 보기 위해 개량한 품종도 있다. 꽃잎이 겹겹이 붙어 있는 것이 특징이므로 만첩萬疊이란 접두어가 붙은 복사나무들이다. 꽃 색깔이 붉은색이면 만첩홍도, 흰색이면 만첩백도라고 한다. 타원형의 작은 꽃잎 수십 장이 모여서 지름 4~5cm의 꽃을 이룬다. 꽃이 잎보다 먼저 피거나 같이 피는데 거의 잎이 보이지 않아 꽃방망이를 뒤집어쓰고 있는 것 같다.

또 만첩홍도와 비슷하게 생긴 풀또기가 있다. 좁고 긴 타원형의 복사나무 잎과는 달리 잎이 타원형이며 조금씩 갈라진 잎 끝과 가장자리의 날카로운 톱니가 특징이다. 조금은 무뚝뚝한 느낌의 풀또기란 이름은 순수 우리말로 함경도의 방언에서 따왔다고 한다. 근래 여기저기에 심고 있지만

만첩홍도의 붉은 꽃   풀또기의 연분홍 꽃   옥매의 새하얀 꽃

창덕궁 낙선재 입구에서 연분홍빛 꽃을 활짝 피운 풀또기

아직은 잘 알려져 있지 않다. 자생지는 북한의 함북 회령, 무산 일대의 추운 지방이며 중국에서도 자란다. 풀또기는 홑꽃과 겹꽃이 있다. 홑꽃이 원래의 풀또기이나 현재 우리나라에서는 거의 만날 수 없고 겹꽃인 만첩풀또기만이 널리 퍼져 있다. 대체로 겹꽃은 홑꽃을 개량하여 인위적으로 만들었거나 자연에서 돌연변이로 생겨났다는 등 유래가 밝혀져 있는데, 만첩풀또기는 어떻게 생겨났는지 전혀 알려진 바가 없다. 심지어 각종 식물도감에서조차 설명은 홑꽃풀또기로 하고 사진은 만첩풀또기를 실어 혼란스럽게 하고 있다. 여기서는 만첩풀또기를 중심으로 알아본다.

높이 3m 정도까지 자라는 자그마한 잎지는나무인 풀또기는 밑에서부터 여러 개의 줄기로 갈라지므로 전체적인 모습은 둥그스름하다. 추위도 잘 이겨내며 땅이 약간 건조해도 크게 가리지 않는다. 다만 햇빛이 잘 드는 장소가 아니면 잘 자라지도 않고 꽃도 예쁘게 피지 않는다. 봄이 무르익어가는 4월 중순부터 5월 초순에 걸쳐 잎이 피기 전에 동전만 한 20~30장의 분홍 꽃잎이 겹겹이 쌓여 하나의 꽃을 만든다. 가지마다 이런 겹꽃이 다닥다닥 붙어 피어서 온통 꽃방망이로 덮인다. 꽃이 피는 기간도 길고 잎이 돋아날 때까지도 꽃이 달리곤 한다. 꽃봉오리는 진한 분홍색이었다가 꽃잎이 활짝 열리면 연분홍색이 된다. 다른 어떤 꽃 못지않게 화려하고 화사하다.

다만 겹꽃을 달면서 꽃은 피되 생식 기능을 잃어 석화가 되어버렸다. 당연히 열매가 달리지 않는다. 그래서 가까운 친척 사이인 앵두나무에 접붙이거나 꺾꽂이 혹은 뿌리나눔 등의 방법으로 번식시킨다. 잎은 달걀 모양으로 손가락 두 마디 정도 길이이고 잎 뒷면은 잎맥을 따라 흰색 털이 촘촘히 나 있으며 가장자리에는 날카로운 톱니가 있다. 전체적인 잎의 형태가 느릅나무를 닮았다. 그래서 중국에서는 유엽매榆葉梅라 부르고, 일본에서도 느릅나무 종류인 난티나무 잎과 닮았다고 하여 난티잎복사라고 한다. 최근 경복궁과 창경궁에는 풀또기를 흔히 심고 있다.

풀또기와 비슷하나 꽃이 하얀 옥매玉梅를 가끔 만날 수 있다. 봄날 새하얀 작은 꽃잎 수십 장이 모여 둥글납작한 공 모양의 여러 겹으로 된 꽃을 피운다. 포기를 이루어 자라면서 꽃 수백 개가 갸름한 잎 사이사이에 모여 달린다. 옥처럼 눈부시게 새하얗고 매화를 닮은 꽃이라 하여 옥매라 할 뿐 매화와는 관련이 없다.

무궁이란 이름으로 무궁하길 바란 것일세

무궁화

Rose of sharon

구한말 강요된 개항이 일제의 국권 침탈로 이어지면서 질곡의 역사가 삶을 짓누르던 시절, 우리네 할아버지 할머니들은 무궁화를 품고 모진 목숨을 부지했다. 조국의 해방 뒤에 동족이 서로 총부리를 겨누는 가운데에서도 사람들은 여전히 무궁화 노래를 부르며 어려운 삶을 견뎠다.

중국 고대의 기서奇書인 《산해경山海經》에 "군자의 나라가 북방에 있는데 그들은 서로 양보하기를 좋아하여 다툼이 없다. 그 땅에 자라는 무궁화는 아침에 피고 저녁에 시든다"는 기록이 있다. 이 기록을 그대로 믿자면 무궁화는 적어도 4천 년 전부터 우리나라에 들어와 피고 지고 했던 것이다. 신라 효공왕 1년897에 최치원이 당나라에 보낸 외교문서에 근화지향槿花之鄕이란 말이 있는 것을 봐도, 무궁화는 일찍부터 이 땅에 자라고 있었다.

고려 때 이규보가 지은 《동국이상국집》에는 무궁화란 이름을 두고 친구 두 사람이 논쟁한 내용이 있다. 한 사람 이야기는 "꽃이 끝없이 피고 지니 무궁無窮이다"라는 것이고, 다른 사람은 "옛날 어떤 임금이 이 꽃을 사랑하여 온 육궁六宮, 제왕의 궁전이 무색해졌으니 무궁無宮이다"라는 것이었다. 그에 대하여 이규보 자신은 "……이 꽃은 피기 시작하면/ 하루도 빠짐없이 피고 지

↖ 3갈래로 얕게 갈라지는 잎

창경궁 궐내각사 터에서
자라고 있는 무궁화

과명 아욱과	학명 *Hibiscus syriacus*	분포 지역 전국 식재, 중국, 중동

분홍색 꽃잎 안쪽에 붉은 무늬가 있는 꽃, 열매 안 솜털에 싸여 있는 까만 씨앗, 어린 줄기

는데/ 사람들은 뜬세상을 싫어하고/ 뒤떨어진 걸 참지 못하니/ 도리어 무궁이란 이름으로/ 무궁하길 바란 것일세……"라 했다. 근화槿花나 목근木槿으로 불리던 것이 이때부터 무궁화無窮花란 이름으로 불리게 되지 않았나 싶다. '무우게'라는 우리말 이름도 있으나 거의 쓰지 않는다.

영조 때의 원예가인 유박이 지은 《화암수록花菴隨錄》은 《양화소록養花小錄》과 함께 조선시대의 2대 원예서인데 그 '화보花譜'에 무궁화가 실려 있지 않다. 무궁화 애호가였던 안사형은 이를 알고 "무궁화는 본디 우리나라에서 생산되는 화목인데, 형은 그것을 화보에도 수록하지 않았고 또 화평花評에서도 논하지 않았으니 어찌된 일이오?"라고 항의했다는 이야기가 전한다. 그런가 하면 인조 1년1623에는 유몽인이 "무궁화 꽃 같은 멋진 남자였어라"라는 시 구절을 남기기도 했다. 《훈몽자회》, 《동의보감》, 《산림경제》, 《임원경제지》, 《성호사설》 등 무궁화가 등장하는 옛 문헌이 수없이 많은 것으로 보아 우리 선조들이 아주 오래전부터 무궁화를 즐겨 심고 가꾸었음을 짐작할 수 있다.

무궁화가 민족의 꽃으로 자리매김한 것은 현재 우리가 부르는 애국가 가사에 "무궁화 삼천리 화려강산"이라는 구절이 들어가면서

부터일 것이다. 암울했던 일제 강점기의 독립운동가들은 무궁화를 민족을 대표하는 표상으로 삼았다. 1933년 남궁억 선생의 무궁화를 통한 민족혼 고취 운동이 일제의 탄압을 받게 되면서 전국의 무궁화가 죄다 뽑히게 되었다. 그럼에도 불구하고 사람들은 몰래몰래 무궁화 묘목을 나누어 가졌다. 해방이 되자 정부는 자연스럽게 무궁화를 나라꽃으로 정했다. 국기봉을 무궁화의 꽃봉오리 형상으로 만들고 정부와 국회의 상징으로 무궁화 꽃을 택했다.

잎지는 넓은잎 작은키나무인 무궁화는 높이 2~3m에 줄기는 팔목 정도로 굵은 경우가 보통이지만 훨씬 더 크게 자라기도 한다. 줄기가 잘 갈라져 포기처럼 보이는 경우가 많고 나무껍질은 회갈색이다. 잎은 달걀 모양이고 3갈래로 얕게 갈라지며 어긋나기로 달린다. 꽃은 7월에서 9월을 지나 서리가 올 때까지 계속하여 핀다. 꽃은 커다란 꽃잎 5장이 서로 반쯤 겹쳐 펼쳐지는데 크기는 작은 주먹만 하고, 꽃잎 안쪽에 짙은 붉은색 무늬가 생긴다. 우리나라에서 가장 굵고 오래된 무궁화는 천연기념물 제520호로 지정된 나무로 강원도 강릉 방동리의 강릉 박씨 재실 안에 자란다. 나이 110살에 높이는 4m 남짓지만 밑동 둘레가 1.5m나 되어 거의 한 아름에 이른다.

무궁화는 새벽에 피었다가 오후가 되면 오므라들기 시작하고, 해 질 무렵에는 꽃잎이 완전히 닫힌다. 이틀째가 되면 땅에 떨어진다. 꽃은 수분이 많아 쉬이 마르지 않으므로 떨어진 통꽃이 지저분하게 나무 밑에 남아 있기 일쑤다. 잘못 밟으면 미끄러지기 십상이다. 열매는 손가락 마디만 한 달걀 모양이며 끝이 뾰족하다. 익으면 5갈래로 갈라지고 바싹 말라 있으며, 납작한 작은 씨앗에는 황백색의 긴 털이 촘촘히 붙어 있다.

무궁화는 수많은 품종이 있으며, 심기를 장려하는 종류만도 20여 종이 넘는다. 대개 분홍색, 보라색, 흰색 꽃이 피고 홑꽃과 겹꽃이 있다. 왕성한 번식력과 강한 생명력을 가지고 있어서 씨로 번식하는 것은 물론, 포기나누기나 꺾꽂이, 옮겨심기를 해도 잘 자란다. 따뜻한 곳을 좋아하므로 대체로 평양을 기준으로 그 남쪽이면 우리나라 어디서나 잘 자란다.

평강공주와 온달장군의 운명적인 만남

느릅나무

Wilson's elm

시끌벅적한 세상사를 잠깐 접어두고 박목월의 시 〈청노루〉를 감상해보자. "머언 산 청운사靑雲寺 낡은 기와집/ 산은 자하산紫霞山 봄눈 녹으면/ 느릅나무 속잎 피어가는 열두 굽이를/ 청노루 맑은 눈에 도는 구름." 눈을 감으면 초봄에 피어나는 느릅나무 잎새가 손에 잡힐 듯하다. 청운사 낡은 기와집은 그대로 있을까? 시인이 생시에 쓴 글을 보면 청운사도 자하산도 모두 상상의 절이고 산이라니 조금은 실망스럽다. 다만 느릅나무는 실제로도 동네 앞의 야트막한 야산보다 조금은 깊은 산 우거진 숲 속에서 다른 나무들과 어울려 살기를 좋아한다. 그러나 사람들은 여러 가지 쓰임새가 있는 느릅나무를 평화로운 나무 나라의 백성으로만 살아가게 내버려두지 않았다.

느릅나무 이야기는 멀리 삼국시대부터 등장한다. 《삼국사기》에 나오는 평강공주는 처녀 몸으로 혼자 보물 팔찌 수십 개를 팔꿈치에 걸고 용감하게 궁궐을 나와, 온달의 집까지 찾아가 결혼을 청했다. 눈먼 온달의 노모가 이르기를, "내 아들은 가난하고 보잘것없어 귀인이 가까이할 만한 사람이 못 됩니다. 지금 그대의 냄새를 맡으니 향기가 보통이 아니고, 그대의 손을 만져보면 부드럽기가 솜과 같으니 필시 천하의 귀인인 듯합니다. 누구의 속임

↖ 짝궁둥이와 같이
좌우비대칭인 잎

약재로 많이 쓰이고
백성들의 굶주림도 달래주던
느릅나무(사진은 미국느릅나무)

과명 느릅나무과	학명 *Ulmus davidiana* var. *japonica*	분포 전국 산지, 중국 지역 동북부, 일본, 러시아

이른 봄에 꽃잎 없이 피는 작은 꽃, 납작한 씨앗을 가운데 품은 열매, 세로로 깊게 갈라지는 나무껍질

수로 여기까지 오게 되었습니까? 내 자식은 배고픔을 참다못해 느릅나무 껍질을 벗기려 산속으로 간 지 오래인데 아직 돌아오지 않았습니다"라고 거절했다. 돌아 나오는 길에 공주는 온달과 마주쳤다. 그에게 자신의 생각을 이야기하니 온달이 불끈 화를 내며 말했다. "이곳은 어린 여자가 다니기에는 적절하지 않으니 필시 사람이 아니라 여우나 귀신일 것이다. 나에게 가까이 오지 말라!" 온달은 돌아보지도 않고 가버렸다. 공주는 그래도 포기하지 않고 온달의 초가집 사립문 밖에서 하룻밤 '천막농성'을 하고, 이튿날 아침에 다시 들어가 드디어 결혼 허락을 얻었다.

신라 중기의 신승神僧 원효대사는 요석공주를 얻기 위하여 계획된 작전을 폈다. 경주 남천에 걸쳐진 느릅나무 다리[楡橋]를 건너다 일부러 물에 빠지는 시나리오였다.《고려사》에도 느릅나무가 나오는데, 명종 25년1195 정월 "서경 감군사 북쪽에 있는 느릅나무가 무릇 10여 일이나 저절로 울었다"고 한다. 또한 조선왕조실록을 보면 성종 19년1488에 "최부가 수차水車를 만들어 바쳤는데 뼈대를 느릅나무로 만들었다"고 했다.

음력 2월에 느릅나무 뿌리의 속껍질을 벗겨 햇볕에 말린 것을 유근피楡根皮라고 한다.《동의보감》

에는 유근피의 효능을 "대소변을 잘 통하게 하고 위장의 열을 없애며, 부은 것을 가라앉히고 불면증을 낫게 한다"고 설명했다. 나무껍질은 유백피楡白皮라 해서 약재로 쓰일 뿐만 아니라 배고픔을 달래주기도 했다. 느릅나무란 이름은 '느름나무'에서 유래한 것이다. '느름'은 힘없이 늘어진다는 뜻인 '느른히'에서 온 말인데, 껍질을 벗겨서 물을 조금 붓고 짓이겨보면 끈적끈적한 풀처럼 되는 느릅나무의 모습을 보고 붙인 이름으로 짐작된다. 조선 명종 때 간행된《구황촬요救荒撮要》에도 흉년에 대비해 백성들이 평소에 비축해둘 것으로 솔잎과 함께 느릅나무 껍질을 들었다.

조선왕실에서는 개화改火라고 해서 입춘에서 동짓날까지 계절별로 묵은 불을 없애고 나무를 맞비벼 새 불을 만들었다. 그리고 이 새 불씨를 대나무 통에 담아 팔도의 감영에 보냈다. 태종 6년1406과 성종 2년1471의 기록을 보면 봄과 가을에는 느릅나무에서 불을 취한다고 했다.

느릅나무는 잎지는 넓은잎 큰키나무로 전국 어디에서나 아름드리로 자란다. 열매는 크기가 손톱만 하고 종이처럼 얇은데, 한가운데 납작한 씨앗이 들어 있어서 바람에 날리기 쉽게 되어 있다. 또 모양이 동전과 비슷하다고 해서 옛날에는 동전을 유전楡錢 혹은 유협전楡莢錢이라고도 했다. 잎의 아랫부분이 좌우 대칭이 아니고 비뚤어져 있는 것이 느릅나무 종류의 특징이다. 여러 느릅나무가 있으나 주변에서 흔히 보는 것은 느릅나무와 참느릅나무다. 한편 287쪽 사진의 나무는 정확히는 미국느릅나무다. 이외에도 창경궁 느릅나무는 대부분이 미국느릅나무로 추정된다. 앞으로 우리 느릅나무로 교체되어야 할 것이다.

느릅나무와 참느릅나무 및 미국느릅나무 구별하기

느릅나무는 이른 봄 잎이 나기 전에 작년 가지에서 꽃이 피고, 참느릅나무는 가을에 새 가지에서 꽃이 피고 바로 열매를 맺는다. 또 느릅나무는 나무껍질이 오래되면 흑갈색이 되고, 세로로 깊이 갈라지며 잎이 크고 겹톱니가 있다. 참느릅나무는 오래된 나무껍질이 회갈색이고, 두꺼운 비늘처럼 떨어져 나오기도 하며 잎이 작고 단순한 톱니가 있다. 참느릅나무는 소사나무와 함께 분재의 소재로 널리 알려져 있다. 미국느릅나무는 꽃자루가 길어 아래로 늘어지며 열매는 털이 빽빽하게 난다.

가을에 익는 참느릅나무 열매

나그네의 길라잡이, 오리마다 만나는

오리나무

East Asian alder

"산山새도 오리나무/ 위에서 운다/ 산山새는 왜 우노, 시메산山골/ 영嶺 넘어 갈라고 그래서 울지."

　서정시인 김소월의 〈산〉이란 시에 나오는 한 구절이다. 두메 산골짝에도 있고 산새가 쉬어 넘어가는 고갯마루에도 있던, 우리나라 어디에서나 흔히 자라던 나무가 바로 오리나무다.

　오리나무는 옛날 사람들이 거리를 나타내는 표시로 '오 리'마다 심어서 오리목이란 이름이 생겼다고 한다. 수천 년이 흘러도 썩지 않은 꽃가루를 분석한 결과, 경주 안압지 주위에도 오리나무를 심었음이 밝혀지기도 했다. 경기도 일산 신도시 지역을 비롯해 전국의 습한 지역에 오리나무가 널리 자라고 있었음은 지은이도 목재 분석을 통해 여러 번 확인할 수 있었다. 오늘날 습지로 남아 있는 서울 둔촌동 자연 습지, 울산 정족산의 무제치늪 등의 주변에도 오리나무가 많은 것으로 보아 이 나무가 습한 땅을 좋아하는 것은 틀림없다. 궁궐은 특별히 따로 심은 흔적은 없으나 왕릉에서는 흔히 오리나무를 만날 수 있다. 서울의 헌인릉과 선정릉에는 지금도 아름드리 오리나무가 울창하게 서 있다. 또 《승정원일기承政院日記》에는 고종 29년1892 구리 수

↖ 가장자리에 불규칙한 톱니가
나 있는 잎

창경궁 궐내각사 터 한쪽에 우뚝
솟아 있는 오리나무

과명	자작나무과	학명	*Alnus japonica*	분포 지역	제주도 이외 전국, 중국 동북부, 일본, 러시아 동부

아래로 늘어지는 수꽃 꽃차례, 아직 덜 익어 초록빛인 열매, 세로로 갈라지는 흑갈색 나무껍질

릉에 오리나무 59그루를 심었다는 기록이 있다.

오리나무는 나막신을 만드는 재료로 잘 알려져 있다. 신 만드는 재료로는 소나무도 많이 쓰였지만 목질이 균일한 오리나무가 더 좋았다. 나막신은《아주잡록鵝洲雜錄》에 "선조 33년1600 남방에서 들어와 전국에 퍼졌다"고 나온다. 우리나라의 나막신은 일본 나막신과 달리 통으로 만들어져 네덜란드 나막신과 아주 닮았다. 그래서 하멜 일행이 우리나라에 머물렀던 시기 1653~1666에 전해졌다는 이야기도 있다. 전통혼례식 때 전안례奠雁禮를 위하여 신랑이 가지고 가는 나무 기러기는 흔히 오리나무로 만든다. 창원 다호리 고분군에서 나온 칠기심漆器心의 재료도 오리나무였다. 또 각종 목기木器를 비롯하여 절에서 쓰는 바리때를 만드는 데에도 제 몫을 다한다. 그 외에 큰 쓰임새 중 하나는 물을 들이는 것이다. 껍질이나 열매를 삶아서 물을 우려내고 매염제媒染劑의 종류를 달리하면 붉은색에서 진한 갈색까지, 주로 적갈색 계열의 염색을 할 수 있다고 한다. 근세에 와서는 오리나무 숯을 화약의 원료나 그림 그리는 재료로 썼다.

한편 그동안에는 하회탈도 오리나무로 만들었다고 알려져 있었다. 그러나 최근 보존처리 과정에

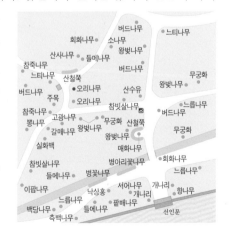

서 나온 미세 나뭇조각을 전자현미경으로 분석한 결과, 재질이 버드나무임이 밝혀졌다.

오리나무는 전국 어디에서나 자라는 잎지는 넓은잎 큰키나무로 줄기 둘레가 한 아름 정도에 이른다. 뿌리혹박테리아를 가지고 있어서 콩과 식물처럼 공기 중의 질소를 고정하여 양분으로 쓸 수 있는 나무라서 별명이 비료목이다. 척박한 땅에

전통혼례식에 쓰이는 나무 기러기

서도 잘 자라므로 1960~70년대에는 민둥산을 복구하는 데 사촌뻘인 일본 원산의 사방오리나무가 널리 쓰였다. 나무껍질은 흑갈색이며 잘게 세로로 갈라져 비늘 모양이 된다. 잎은 양면에 광택이 있는 긴 타원형으로, 뒷면 잎맥 겨드랑이에 적갈색 털이 모여나고 끝이 뾰족하며 가장자리에 잔톱니가 있다. 암수한그루로 봄에 꽃이 피어 가을에 열매가 익는다. 손가락 마디 남짓한 열매는 모양이 마치 작은 솔방울처럼 생겼고 이듬해까지도 달려 있다.

오리나무 종류 구별하기

오래전부터 쓰임새가 많았던 오리나무는 자꾸 잘라 써버렸으므로, 요즘 우리 주변에는 물오리나무가 대부분이고 진짜 오리나무는 무척 보기 어렵다. 갸름한 오리나무 잎과는 달리 물오리나무는 잎이 크고 둥글며, 가장자리가 불규칙하면서도 얕게 파여 있다. 그리고 중부 이북의

동그스름한 물오리나무 잎

사방오리나무의 열매

조금 추운 지방에는 역시 동그란 잎을 가진 두메오리나무란 재미있는 이름을 가진 나무가 살고 있다. 고향이 두메산골이 아닌 나무가 어디 있겠냐마는 굳이 이 나무에만 두메란 접두어가 붙었다. 약간 건조한 지역이나 옛날에 황폐했던 지역에는 일본에서 들여와 심어둔 사방오리나무가 자란다. 사방오리나무는 오리나무와 잎 모양이 비슷하나 잎맥의 수가 훨씬 많다. 오리나무 종류는 모두 작은 솔방울 비슷한 열매를 달고 있어서 다른 나무와 쉽게 구별할 수 있다.

5

산꼭대기에서도 아름다운

마가목

Silvery mountain ash

마가목은 삭풍이 사정없이 휘몰아치는 높은 산의 꼭대기 근처에 터를 잡고 산다. 이 나무가 메마른 땅, 찬바람을 원래부터 좋아했을 리는 만무하다. 평지에 심어도 잘 자라는 것으로 보아 경쟁자에게 밀려서 꼭대기로 쫓겨난 '비운의 나무'로 보인다. 그러나 요즘 들어 사람들이 마가목에 관심도 갖고 아껴준다. 꽃과 열매, 잎의 모양새가 산꼭대기로 쫓아내기에는 아까운 나무이기 때문이다.

마가목은 잎지는 넓은잎 중간키나무로 오래된 것이라야 지름이 한 뼘 남짓한 나무다. 어릴 때는 나무껍질이 갈라지지 않고 회갈색이며 약간 반질반질한 감이 있다. 잎은 전체적으로 새 날개를 편 모양인 깃꼴겹잎이지만 작은잎 하나하나가 뾰족뾰족하고 가장자리에는 날 세운 겹톱니가 기하학적인 무늬를 연상케 하여 예사롭지 않다. 키 작은 꽃나무인 쉬땅나무와 잎 모양이 닮았다. 꽃은 늦봄에서 초여름에 걸쳐 한창 녹음이 짙어갈 즈음 하얗게 무리지어 핀다. 녹색 잎과 흐드러지게 피는 흰 꽃이 묘한 조화를 이루어 나무의 품위를 한껏 높여준다. 꽃은 향기롭고 벌이 좋아하는 꿀샘이 풍부하다. 잎과 꽃, 열매 모두가 아름답기 때문에 세계적으로 80여 종이나 되는 마가목이

↖ 작은잎마다 겹톱니가 촘촘한
  깃꼴겹잎

경쟁에 밀려 산꼭대기로
쫓겨난 것처럼 창경궁에서도
후미진 곳에 자리 잡은 마가목

과명	장미과	학명	*Sorbus commixta*	분포 지역	중남부 고산지, 일본

무리 지어 피는 손톱만 한 흰 꽃, 알알이 붉은 열매, 점점이 숨구멍이 보이는 반질반질한 나무껍질

관상용으로 재배되고 있다. 유럽, 중국, 미국에서 수입하는 마가목 종류가 상당수 있으며, 1980년대에는 우리나라의 마가목도 씨받이로 수출되었다고 한다.

마가목의 한자 이름에 대하여 여러 가지 이야기가 있다. 우리나라 식물 분류학을 개척한 정태현 선생은 마아목馬牙木이라 했으며, 이를 두고 말의 이빨처럼 새싹이 돋을 때 힘차게 솟아오른다는 뜻으로 해석하기도 한다. 그러나 조선왕조실록이나《물명고》등 많은 문헌에는 마가목馬檟木이라 했다. 또《열하일기熱河日記》에는 마가목馬家木,《홍재전서弘齋全書》에는 마가목馬加木으로 기록하고 있다. 나무의 쓰임에 관하여《청장관전서靑莊館全書》에 "마가목은 채찍이나 지팡이를 만든다"고 했으며 김종직의《두류기행록頭流記行錄》에는 "숲에 마가목이 많아서 지팡이를 만들 만하기에 종자로 하여금 베어오게 했다"고 했다. 이를 미루어 마가목은 지팡이나 말채찍으로도 이용되었음을 알 수 있다.

마가목 열매와 껍질은 약재로도 애용되었다.《동의보감》에는 마가목을 정공등丁公藤, 남등南藤이라 하고, "풍증과 어혈을 낫게 하고 늙은이와 쇠약한 것을 보하고 성기능을 높이며 허리 힘, 다리맥을

울릉도 성인봉 등산길에서 만날 수 있는 마가목. 빨간 열매들이 달려 있다.

세게 하고 흰머리를 검게 한다"고 기록되어 있다. 민간에서는 열매를 말려두
었다가 달여서 복용하거나 술을 담그기도 한다.

　여름이 끝나가는 8월 말쯤 때늦게 울릉도에 들어간 관광객들은 가로수
길이나 성인봉의 등산길에서 굵은 콩알 크기의 붉은 열매를 나무 가득히 달
고 있는 마가목의 아름다움을 만끽할 수 있다. 육지에서도 여기저기 자라지
만 울릉도의 성인봉이 마가목 자생지로 유명하다. 콩알 크기의 빨간 열매를
한 송이에 수백 개씩 매달고 무게를 이기지 못하여 주렁주렁 늘어진 모양이,
짙푸른 후박나무 잎사귀와 어우러져 울릉도의 풍광을 한층 더 아름답게 한
다. 흔히 마가목이라고 하나 실제로는 진짜 마가목과 당마가목을 비롯하여
몇 가지 종류가 있다. 작은잎의 숫자가 9~13개이고 잎 앞·뒷면이 모두 녹색
이면 마가목, 작은잎의 숫자가 13개를 넘고 잎 뒷면에 털이 많아 흰빛이 돌
면 당마가목으로 구분한다. 둘을 구별하기가 쉽지 않은데 주변에서 만날 수
있는 것 중에는 마가목이 더 많다.

6

임금님의 관에 쓰인 품격 높은 나무

가래나무

Mandshurica walnut

예부터 우리나라에 자라온 여러 종류의 나무 이름을 열거해 부르는 전래 민요가 있다. "오자마자 가래나무, 불 밝혀라 등나무, 대낮에도 밤나무, 칼로 베어 피나무, 죽어도 살구나무, 깔고 앉아 구기자나무, 방귀 뀌어 뽕나무, 그렇다고 치자 치자나무, 거짓 없다 참나무······."

이처럼 가래나무는 먼 옛날부터 우리 민족과 함께 이 땅에서 살아온 우리 나무다. 이 나무는 예로부터 고소하고 맛있는 가래라는 열매를 맺어 사람들의 배고픔을 달래주었다. 그래서 경기도 고양의 일산 신도시 지표 조사, 가야 초기의 유적인 경남 함안의 성산산성 등 우리나라의 크고 작은 유적 발굴터에서는 흔히 가래가 출토된다.

가래나무는 열매로서의 쓰임새에 만족하지 않는다. 아름드리로 자라며 나무는 재질이 좋기로 널리 알려져 있다. 중국에서는 황제의 시신을 감싸는 목관을 가래나무로 만들었으므로 가래나무 재梓 자를 써서 재궁梓宮이라고 불렀다고 한다. 한마디로 뭇 나무 중에서 최고의 대접을 받은 셈이다. 그러나 우리나라에서는 이름만 빌려와 왕의 관을 재궁이라 했을 따름이고, 실제 가래나무로 만든 것 같지는 않다.《세종실록》'오례'를 보면 "재궁은 소나

↖ 잎자루 하나에 7~17개의
작은잎이 마주나기로 달려
있는 깃꼴겹잎

우리나라 토종 호두나무 격인
가래나무

| 과명 가래나무과 | 학명 *Juglans mandshurica* | 분포 중북부 산지, 중국
지역 동북부, 러시아 동부 |

기다랗게 늘어진 수꽃 위에 달린 암꽃, 끝이 뾰족하고 달걀 모양인 열매, 짙은 흑갈색의 나무껍질

무의 가장 좋은 부분, 즉 황장목을 추려서 만들었다"고 했다. 관을 만들 만큼 큰 가래나무가 우리나라에는 흔치 않은 탓에 질 좋은 소나무를 대신 사용한 것이다.

또한 가래나무는 다른 쓰임새도 많았다. 세종 12년1430, "전함을 만드는 재료로 느티나무가 좋으나 이것을 구하기 어려우면 가래나무를 베어다가 바다에 담가 단단하고 질긴가, 부드럽고 연한가를 시험해 사용하게 하라"고 했다. 또 세종 20년1438에는 임금께 바친 노래 중에 "저 높은 능 바라보니 소나무, 가래나무 울창도 하올세라"라는 구절이 있다. 가래나무 숲이 울창했다는 증거다. 오늘날 가래골이라는 이름이 남아 있는 곳도 많다. 강원도 홍천의 가리산이나 경남 통영의 추도楸島는 모두 가래나무와 관련 있는 지명으로 짐작된다. 가래나무의 다른 이름이 추자楸子이기 때문이다. 가래나무는 서양에서도 월넛Walnut이라 하여 최고급 가구를 만드는 재료다.

약재로도 썼는데,《동의보감》에는 "가래나무 껍질로 만든 고약은 피고름을 없애고 새살이 살아나게 하므로 여러 가지 종양을 낫게 한다"고 했다.

가래나무는 지금은 주로 중부 이북에서 많이 자라며, 잎지는 넓

은잎 큰키나무로 줄기의 둘레가 두세 아름이 되도록 자랄 수 있다. 암수한그루이며 잎은 잎자루에 작은잎이 7~17개씩 홀수로 달린다. 봄에 피는 암꽃은 빨간 사인펜 뚜껑과 비슷하게 생겼고 수꽃은 그 아래로 기다랗게 주렁주렁 달린다. 열매는 가을에 익는데, 껍질을 벗겨내면 표면에 수없이 골이 파인 씨앗이 들어 있다. 씨앗은 단단하고 잘 깨지지 않으므로 뾰족한 부분을 갈아 없애 염주를 만들기도 한다.

호두나무 알아보기

호두나무의 원산지는 이란을 비롯한 서남아시아 지역으로 중국의 한 무제 때인 기원전 126년 장건이 서역 순례를 마치고 귀국하면서 석류 등과 함께 가져왔다. 씨앗의 모양이 복숭아를 닮았고 오랑캐 나라에서 들어왔다 해서 중국 사람들이 호도胡桃라 불렀는데, 우리나라에도 그 이름이 그대로 들어왔다. 《고려사》에 실린 〈한림별곡〉을 보면 "당당당 당추자唐楸子"란 구절

호두나무의 연녹색 암꽃과 열매인 호두

이 있다. 태종 15년1415 기록에도 '당추자'란 말이 나온다. 중국을 통해 들어온 추자와 비슷한 과실이라고 호두를 당추자라고도 한 것이다. 호두가 처음 우리나라 기록에 나타난 것은 고려 충렬왕 16년1290이다. 천안 출신 유청신이 원나라에 사신으로 갔다가 돌아올 때 묘목과 열매를 가지고 와 지금의 천안 광덕사에 심었는데, 그 뒤로 우리나라에 퍼졌다고 한다. 천안 호두과자가 명물이 된 데에는 이런 깊은 역사가 숨어 있었던 것이다.

옛 기록에 호두나무는 호도, 우리나라 재래종인 가래나무는 추자로 기록되어 있으나 엄밀하게 구별해 사용한 것 같지는 않다. 굳이 지역으로 보자면 중부 이남에는 호두나무가, 중부 이북의 추운 지방에는 가래나무가 잘 자란다. 《고려사》에는 고려 숙종 6년1101 "평안도 평로진平虜鎭 관내의 추자 밭을 백성들이 경작하도록 나누어주었다"는 기록이 나오는데, 여기에 나오는 추자 밭은 가래나무 밭이었다. 또한 《세종실록》에 보면 "천안의 토산물은 오곡과 조, 팥, 참깨, 뽕나무, 추자다"라고 했는데, 이때의 추자는 호두나무로 봐야 할 것이다.

《동의보감》에 따르면 "호두는 신경쇠약증에 효능이 있으며 호두 7개를 태워 가루로 만들어 먹으면 고질적인 부스럼에 좋다"고 전해진다. 호두에는 50~60%의 기름과 8~15%의 단백질, 10% 내외의 당분을 비롯해 무기질, 망간, 마그네슘, 인산칼슘, 철, 비타민 등이 들어 있다.

호두나무는 잎지는 넓은잎 큰키나무로 주로 경기도 이남에 심는다. 나무껍질은 어릴 때는 연한 잿빛이고 밋밋하지만, 나이를 먹어가면서 점차 세로로 길게 갈라진다. 어린 가지는 초록빛이 도는 갈색이며 숨구멍이 흩어져서 분포한다. 잎은 잎자루 1개에 작은잎이 5~7개씩 홀수로 달린다. 작은잎은 달걀 모양이며 위로 갈수록 커지고 가장자리는 밋밋하거나 뚜렷하지 않은 톱니가 있다. 암수한그루로, 꽃은 봄에 피며 가을에 열매가 달린다. 연한 녹색의 두꺼운 과육 속에 둥글고 딱딱한 씨앗인 호두가 들어 있다. 호두나무는 하나의 잎자루에 달린 작은잎이 7개를 넘지 않고 톱니가 거의 없으며 열매가 둥글다. 반면에 가래나무는 기다란 잎자루에 달린 작은잎이 7개가 넘고 톱니가 있으며 열매의 양끝이 뾰족한 달걀 모양이다.

7

이제는 후계목이 뒤를 잇는 아름드리나무

황철나무

Mandshurian poplar

황철나무는 흔하게 보는 나무가 아니다. 족보로 따지자면 자손이 번성하여 많은 종을 거느리고 있는 버드나무과의 버드나무와 사시나무 종류 중에서 후자에 들어간다. 버드나무 종류는 대체로 대나무처럼 좁고 긴 잎이 달리거나 가지가 늘어지는 반면, 사시나무 종류는 동그스름한 잎이 달리고 가지가 넓게 퍼지면서 아름드리로 크게 자란다. 모양새로 본다면 버드나무 종류가 훨씬 예쁘기 때문에 옛날부터 주변에 흔히 심어 사람들과 친숙하다. 그러나 사시나무 종류는 숲 속에서 멋없이 크게만 자라고, 그나마 더운 것을 싫어해 중부 지방부터 북한의 양강도와 함경도를 거쳐 만주, 시베리아로 이어지는 추운 곳을 좋아하니 우리에게는 생소한 나무일 수밖에 없다.

옛날 사람들은 사시나무 종류는 양楊, 버드나무 종류를 류柳라 하고 합쳐서 흔히 양류楊柳라 했다. 양에 속하는 나무들은 하얀 나무껍질을 갖고 있는 경우가 많으므로 특별히 백양白楊이라고도 했다.《삼국사기》의 백제 무왕 35년634에 궁남지宮南池를 파면서 "대궐 남쪽에 못을 파고, 사면 언덕에 양류를 심었다"는 기록이나,《삼국사기》'거기'조에 "말다래는 양楊과 대나무를 사용한다"는 내용에서 보듯이 둘은 명확하게 구별되지 않았다.《훈몽자회》

↖ 가장자리에 둔한 톱니가
촘촘한 달걀 모양의 잎

창경궁 관천대 앞에서 자라는
황철나무

과명	버드나무과	학명	*Populus maximowiczii*	분포 지역	중북부 산지, 중국 동북부, 일본

축 늘어진 수꽃, 암꽃의 꽃차례에 달려 여름에 익는 열매(사진: 김태영), 세로로 깊게 파인 나무껍질

에 따르면 양楊은 버들 량으로 훈을 달고 모양은 양기자楊起者라고 설명했으며, 류柳는 버들 류, 하수자下垂者라 했다. 그러나 조선 현종 2년1661 효종 때의 공신인 좌의정 김상헌의 위패를 종묘에 옮겨오면서 임금이 내린 글에는 "무덤가의 백양나무는 황량한데 이제는 다시 잘 보필할 분을 찾을 수 없게 되었다……"고 했다. 여기서 말하는 백양은 껍질이 하얀 사시나무나 황철나무를 말하는 것이 분명하다. 대체로 습한 곳에 자라는 버드나무 종류가 무덤가에서 자랄 가능성은 낮기 때문이다. 근세에 오면서 버드나무와 사시나무 종류를 따로 구별해 쓰기 시작한 것으로 보인다. 《동의보감》에도 백양나무 껍질을 설명하면서 "각기로 부은 것과 중풍을 낫게 하며 다쳐서 어혈이 지고 부러져서 아픈 것도 낫게 한다. 달여서 고약을 만들어 쓰면 힘줄이나 뼈가 끊어진 것을 잇는다"는 치료법을 소개하고 있다.

양에 속하는 사시나무 종류에는 사시나무와 황철나무가 있으나 옛사람들은 이를 구별하여 쓸 필요도, 또 분류학적인 지식도 없었다. 재질이 비슷하고 둘 다 하얀 껍질을 가졌으므로 그냥 백양나무라고 한 것이다. 요즈음에는 수입해 심고 있는 은백양, 이태리포플

창경궁 · 황철나무

러, 미루나무, 양버들을 비롯하여 교배하여 만든 은사시나무까지도 따로 구별하지 않고 그냥 백양나무라고 부른다. 게다가 외국 문학작품을 번역하는 문필가나 나무를 수입하는 분들도 사시나무로 번역해야 할 애스펀Aspen을 백양나무라고 해버린다. 하지만 백양나무는 지금은 쓰지 않는 옛 이름이며 오늘날의 사시나무나 황철나무를 가리킨다.

황철나무의 한자 이름인 황철목黃鐵木은 그 유래가 명확하지 않다. 평안도나 함경도 방언에서 따왔다고도 하는데, 봄에 싹이 날 때 유난히 황록색이 강하고 가을에 단풍이 들 때도 황갈색에서 갈색으로 변하기 때문에 이런 이름이 붙었을 것이다. 창경궁 관천대 남쪽에는 아름드리 황철나무 두 그루가 있었으나 모두 생명을 다하고, 지금은 그 뒤를 잇도록 새로 심은 한 그루만 있다. 그러나 이 나무들은 조선 후기에 그려진 〈동궐도〉에도 보이지 않고 또 궁궐에 꼭 있어야 할 나무도 아니다. 아마도 일본인들이 창경궁을 창경원으로 격하하여 꾸밀 당시에 심지 않았나 싶다.

황철나무는 사시나무 종류 중에서도 크게 자라는 나무로 둘레가 두세 아름에 이르는 잎지는 넓은잎 큰키나무다. 나무껍질은 어릴 때는 녹색이다가 차츰 회색으로 변하며 상당한 기간 동안 갈라지지 않다가 나이가 30~40살이 넘어서면 회흑색으로 변하고 서서히 세로로 갈라지기 시작하여 갈수록 더 깊게 갈라진다. 잎은 긴 타원형이고 아이 손바닥만 하며 끝이 뾰족하고 잎 아래는 둥그스름하거나 살짝 들어가 있다. 잎 표면은 초록색이고 뒷면은 거의 하얗다. 암수딴그루이고 봄에 아래로 늘어지는 꽃이 핀다. 황철나무 목재는 가볍고 연하여 상자나 펄프를 만드는 데 이용한다.

황철나무와 사시나무, 황칠나무 구별하기

옛사람들은 황철나무와 사시나무를 구분해서 말하지 않았지만 자세히 보면 잎 모양이 전혀 다르다. 황철나무는 잎이 긴 타원형인 반면에 사시나무는 거의 완벽한 하트 모양이고 가장자리에 이빨 모양의 톱니도 있다. 또 사시나무는 긴 잎자루가 있어 산들바람에도 '덜덜 떨어 사시나무'지만 황철나무의 잎자루는 이보다 훨씬 짧다. 남해안 지방에서 자라는 늘푸른나무로 황금색 칠에 쓰이는 황칠黃漆나무는 여기서 말하는 황철나무와는 완전히 별개의 나무다. 이름이 비슷해 혼동하기 쉽다.

사시나무의 하트 모양 둥근 잎

8

숲 속의 봄은 나로부터

생강나무

Blunt-lobed spicebush

앙상한 겨울나무 가지가 아직 싹을 틔울 낌새도 보이지 않는 이른 봄, 숲 속에서 샛노란 꽃을 서둘러 피워 다른 나무들의 늦잠을 깨우는 녀석이 생강나무다. 복수초나 노루귀처럼 눈 속에 피는 풀꽃에 이어서 갯버들을 조금 앞세우고 봄의 초입에 피는 어여쁜 꽃이다. 회갈색의 나뭇가지에 잎도 나기 전에 자그마한 꽃들이 점점이 꽃망울을 터뜨리는 모양이 소박하기만 한데, 매화의 높은 품격에 뒤지지 않는다 해서 황매목黃梅木이란 이름도 얻었다. 생강나무라고 한 까닭은 잎을 찢거나 어린 가지를 부러뜨리면 생강 냄새가 나기 때문이다.

생강나무는 새싹이 돋아날 때쯤 이를 조심스럽게 따다 모으면 바로 차를 만들 수 있다. 그래서 차나무가 자라지 않는 추운 지방에서 차茶 대용으로 사랑받았다. 차 문화가 사치스럽다 여겨지면 향긋한 생강 내음이 일품인 산나물로 먹어도 좋다. 가을 단풍 때면 노오란 생강나무 단풍이 해맑은 가을 하늘과 어울려 기막힌 조화를 이룬다. 그러나 아름다운 꽃이 오래 가지 않듯이 생강나무의 단풍도 곧 반점이 생기고 갈색으로 변해버리는 것이 아쉽다.

잎이 떨어진 가지에는 콩알보다 조금 큰 새까만 열매가 달린다. 처음에

↖ 찢으면 생강 냄새가 나고
3갈래로 갈라진 잎

창경궁 경춘전 옆 화계에서
특유의 노란 꽃을 잔뜩 피운
생강나무

과명 녹나무과	학명 *Lindera obtusiloba*	분포 전국 산지, 중국, 지역 일본

잎보다 먼저 피는 노란색 꽃, 콩알보다 조금 큰 까만 열매, 동그란 숨구멍이 나 있는 회갈색 줄기

는 초록색이나 노란색, 붉은색으로 변하다가 가을에 검은색으로 익는다. 멋쟁이 옛 여인들의 삼단 같은 머리를 다듬던 머릿기름이 여기서 나온다. 남쪽에서만 나는 진짜 동백기름은 양반네들의 전유물이었고, 서민 아낙들은 생강나무 기름을 동백기름이라 부르며 썼다. 그래서 일부 지방에서는 개동백나무 혹은 아예 동박나무, 동백이라고도 한다.

"아우라지 뱃사공아/ 배 좀 건너주게/ 싸리골 올동박이/ 다 떠내려간다/ 떨어진 동박은 낙엽에나 싸이지/ 사시장철 님 그리워 나는 못살겠네……."〈정선아리랑〉의 일부다. 올동박이 낙엽에 싸인다 했으니 생강나무를 두고 한 말이다. 김유정의 단편소설 〈동백꽃〉에는 이런 구절이 있다. "그리고 뭣에 떠다 밀렸는지 나의 어깨를 짚은 채 그대로 픽 쓰러진다. 그 바람에 나의 몸뚱이도 겹쳐서 쓰러지며 한창 피어 퍼드러진 노랑 동백꽃 속으로 폭 파묻혀버렸다. 알싸한 그리고 향긋한 그 냄새에 나는 땅이 꺼지는 듯 온 정신이 고만 아찔했다." 점순이와의 풋풋한 사랑에 빠진 주인공이 그 향기에 취해버렸던 노랑 동백꽃도 역시 생강나무다. 생강나무는 봄의 전령사 가운데 하나인 산수유와 자주 헷

생강나무의 노란 단풍, 단풍으로 유명한 다른 나무에 뒤지지 않고 아름답다.

갈리는데, 구별하는 방법은 산수유 설명63쪽을 참고하기 바란다.

창경궁 경춘전景春殿 옆 화계에는 생강나무로서는 거목이랄 수 있는 제법 커다란 나무가 자라고 있다. 지금은 고목이 되어 많이 망가져버린 모양새가 안타깝다. 비妃나 빈嬪의 품계에 오르지 못한 이름 없는 궁녀들이 동백기름을 얻어다 멋 부릴 차례는 오지 않았을 것이니, 생강나무 기름으로 머리단장하고 꿈처럼 찾아줄 임금님을 기다렸을지도 모를 일이다.

전국 어디에서나 자라는 생강나무는 잎지는 넓은잎 작은키나무로 기껏 자라야 높이 5~6m에 지름도 팔뚝 굵기가 고작이다. 그러나 봄에는 꽃과 새잎으로, 여름에는 독특하게 생긴 잎이 이루는 녹음으로, 가을에는 열매와 단풍으로 우리의 눈길을 끈다. 나무껍질은 회갈색이고 갈라지지 않으며 흰 반점이 있다. 잎은 어긋나기로 달리고 작은 손바닥만 하다. 가장자리가 밋밋하며 타원형인 잎과, 윗부분이 3~5갈래로 갈라진 잎이 섞여 있다.

9

봄에는 하얀 꽃, 가을에는 빨간 열매가 보기 좋은

산사나무

Mountain hawthorn

산사나무의 잎은 잎맥을 가운데 두고 가장자리가 깊게, 때로는 얕게 비대칭적이고 율동적으로 파여 있다. 대개의 나뭇잎이 갸름한 달걀 모양이거나 아까시나무 잎처럼 작은잎 여러 개가 서로 마주나기로 가지런히 달려 있는 것에 비하면 정돈되지 않은 그 느낌이 파격적이다. 그래서 산사나무는 잎을 한 번만 보아도 다음에 쉽게 알아볼 수 있다.

산사나무는 한자 이름인 산사목山査木에서 따온 것으로, 북한 이름은 찔광나무다. 북한에서는 아마 어느 지방 사투리를 그대로 쓰는 모양이다. 흔히 아가위나무라고도 부른다. 《물명고》에는 산사山樝라고 쓰고 '아가외'라고 했는데, 이는 같은 책에 당이棠梨를 '아가위'라고 한 것과 혼동된다.

계절의 여왕이라는 5월에 막 들어설 즈음, 산사나무에는 동전만 한 새하얀 꽃이 10여 개씩 마치 부챗살을 편 것 같은 꽃대에 몽글몽글 달린다. 여름을 지나 가을 초입에 들어갈 즈음이면 앙증맞은 아기 사과처럼 생긴 열매가 새빨갛게 익기 시작한다. 흰 얼룩점이 있는 열매는 어린이들이 가지고 노는 구슬만 하며 띄엄띄엄 몇 개씩 감질나게 달리는 것이 아니라 수백 개, 나무가 크면 수천 개씩 달려 마치 새빨간 구슬 모자를 뒤집어쓴 것 같다. 초가

↖ 가장자리가 깊게, 때로는 얕게
　파여 있는 잎

봄에는 하얀 꽃이, 가을에는 붉은
열매가 수없이 달리는 산사나무

| 과명 | 장미과 | 학명 | *Crataegus pinnatifida* | 분포
지역 | 전국 산지, 중국,
러시아 동부 |

모여 달리는 하얀 꽃, 다양한 용도로 쓰이는 새빨간 열매, 세로로 갈라지는 회갈색 나무껍질

을에는 열매가 초록빛 잎 사이에서 얼굴을 내밀다가 가을이 점점 깊어져 잎이 떨어지고 나면 붉은 열매 사이로 가을 하늘이 멋스럽게 눈에 들어온다.

산사자山査子라 부르는 이 열매로는 약술로 쓰는 산사주를 담글 수도 있다. 먼저 잘 익은 산사자를 깨끗이 씻어 응달에서 잠시 말린 다음 주둥이가 큰 병에 담는다. 그리고 세 배 정도의 소주를 부어 뚜껑을 꼭 닫은 뒤 서늘한 곳에 반 년 넘게 두었다가 체에 걸러 건더기를 건져내면 술이 된다. 이 술은 약간 신맛이 나고, 떫은맛도 있지만 조금씩 마시면 위장에 좋다고 한다.

《동의보감》에 보면 산사자는 "소화가 잘 안 되고 체한 것을 낫게 하며, 기가 몰린 것을 풀어주고 가슴을 시원하게 하며 이질을 치료한다"고 했다. 소화기 계통의 약재로 썼던 것이다. 또 가을에 잘 익은 산사자를 골라 씨를 발라내고 햇볕에 말린 후 종이 봉투에 넣어 잘 봉한 뒤 습기 없고 통풍이 잘 되는 장소에 매달아두었다가 차를 만들어 마시기도 했다. 조선 순조 1년1801에 임금의 몸에 발진이 생기자 의관에게 "인동 두 돈쭝과 산사자 한 돈쭝으로 차를 만들어 들이라" 했고, 또 순조 2년1802에는 "산사자를 가미한 가미승갈탕加味升葛湯을 올리고 중궁전

산사나무 열매는 잎이 다 떨어지는 한겨울에도 가지에 매달려서 배고픈 새들의 먹이가 된다.

에는 산사차와 함께 가미강활산加味羌活散 한 첩을 올렸다"고 한다. 임금과 왕
비 모두 홍역의 증후가 있었기 때문이었다. 《산림경제》에도 "산속 곳곳에서
나는데 반쯤 익어 맛이 시고 떫은 것을 채취해 약에 쓴다. 오래 묵은 것이 좋
으며 물에 씻어 연하게 쪄서 씨를 제거하고 볕에 말린다"라고 나와 있다.

　산사나무는 우리에게는 약재로 알려져 있지만 유럽 사람들에게는 여러
의미가 있는 나무다. 산사나무 꽃은 5월의 꽃으로 영어 이름은 메이플라워
May flower다. 산사나무 꽃은 행복의 상징이었으며, 아테네의 여인들은 결혼
식 날 머리를 장식하는 데 이용했다. 로마에서는 산사나무 가지가 마귀를 쫓
아낸다고 생각해 아기 요람에 얹어두기도 했다고 한다.

　거의 전국에 걸쳐 분포하는 산사나무는 잎지는 넓은잎 중간키나무다.
높이 4~5m에 줄기 지름은 한 뼘 정도가 보통이다. 나무껍질은 어릴 때는
매끄러우나 나이를 먹어가면서 세로로 갈라지고 회갈색이 된다. 어린 가지
에는 가시가 있다.

10

적송이라 부르지 마세요

소나무

Korean red pine

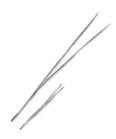

소나무가 한반도에 자리 잡은 것은 적어도 1만 년은 넘었다. 하지만 소나무는 태곳적부터 다른 나무들과의 생존 경쟁에서 고전을 면치 못했다. 어릴 때부터 햇빛을 좋아하기 때문에 우거진 숲 속에 씨앗이 떨어져봤자 살아남기가 힘들기 때문이다. 그래서 처음에는 바위투성이 땅 혹은 산사태가 나 휑하니 빈터가 생긴 곳에 들어가 다른 나무들과 힘겨운 경쟁을 하면서 차츰 영토를 넓혀나갔다. 소나무만의 독특하고도 강인한 생명력이다. 넓은잎을 가진 우악스런 이웃들 사이에서 간신히 삶을 영위해오던 소나무는 인간들 덕분에 일대 전기를 맞았다.

지금으로부터 약 3~4천 년 전 한반도에 들어온 북방 민족들이 청동기 문화를 철기 문화로 변모시키면서 농경 기술이 급속하게 발전했다. 이들은 불어난 인구를 먹여 살리기 위해 참나무, 서어나무 종류 등으로 이루어진 넓은잎나무숲[闊葉樹林]에 불을 질러 농경지를 넓혔다. 이렇게 생겨난 농경지의 주변 또는 버려진 화전火田을 중심으로 소나무는 무리 지어 영토를 확보해 갔다. 삼한과 삼국시대를 거친 후, 고려 때 몽골 군대가 쳐들어오자 소나무의 르네상스가 펼쳐졌다. 몽골과의 전쟁은 물론 실패로 끝난 왜국 정벌, 삼

↖ 다소 뒤틀린 모양으로 2개씩
모여나는 바늘잎

운치 있게 자란
창경궁 환경전 뒤 소나무

| 과명 소나무과 | 학명 *Pinus densiflora* | 분포 북부 고산지 이외의 전국
지역 산지, 중국 동북부, 일본 |

진한 자주색을 띤 암꽃, 갈색으로 익기 전 아직 푸른빛이 도는 솔방울, 거북 등처럼 갈라진 나무껍질

별초의 대몽항쟁 등으로 인해 산림이 급격히 파괴되어 소나무가 자랄 수 있는 환경이 조성된 것이다. 그렇게 참나무 종류의 넓은잎나무가 소나무 위주의 바늘잎나무로 차츰 바뀌는 시점에서 조선이 건국된다.

우리의 나무 문화를 '소나무 문화'라고까지 이야기한다. 하지만 정확하게 말하자면 조선시대부터 그렇게 되었다고 봐야 할 것이다. 공주 석장리 선사유적부터 조선시대 사찰에 이르기까지 수많은 나무 유물의 재질을 분석해왔지만, 소나무를 사용한 사례가 조선시대 이전엔 그다지 많지 않다. 예를 들어 임금이 묻힐 때 쓰는 목관의 경우, 조선시대에는 황장목黃腸木이라 하여 질 좋은 소나무로 만들었으나 삼국시대 이전의 왕릉에서 소나무 목관을 쓴 예는 아직 알려지지 않았다.《삼국사기》나《삼국유사》,《고려사》등의 사서에도 소나무에 대한 기록은 그렇게 많지 않다.

조선 개국과 함께 새 도읍지에 궁궐을 신축할 때 좋은 재질의 소나무가 많이 쓰였고, 또한 왜구의 침략에 대처하기 위해 배를 만드는 데도 많은 소나무가 필요했다. 때문에 조선은 건국 초기부터 소나

금강송 목재의 가로 단면

경북 울진 소광리 입구 바위에 새겨진 황장봉표

무 보호 정책을 강력하게 펼쳤다. 《경국대전》에는 '송목금벌松木禁伐'이라는 조항으로 소나무의 벌채를 규제하고 있는데, "어기면 장 100대를 때린다"고 했다. 세종 때는 우량 소나무가 분포하는 지역을 보호하기 위해 땔나무, 화전 등을 금지하는 금산禁山 지역을 전국에 200여 곳이나 정하고 장부에 기록해 엄하게 규제했다. 경북 울진 소광리의 금강송 군락지 앞 바위에 새겨져 있는 황장봉표에는 나무를 함부로 베어서는 안 된다는 글귀가 있어 그런 노력의 흔적을 엿볼 수 있다. 또한 세조 때에는 싸움배[軍船]을 만드는 데 나무가 부족할 것을 우려해 관가나 양반의 집을 지을 때 좋은 소나무를 쓰지 못하게 했다. 서민의 집은 아예 잡목만을 사용하도록 했다. 그러나 조선왕조의 소나무 보호 정책은 성공적이지 못했다. 싸움배를 만드는 기술이 낙후되어 배의 수명이 너무 짧아 나무를 수없이 베어내야 했고, 화전에 효과적으로 대처하지 못했다. 이런 비효율적인 소나무 정책 탓에 조선 말기에 이르러 우리나라의 질 좋은 소나무는 거의 고갈되었다.

소나무는 적송, 육송, 강송, 춘양목 등 여러 이름이 있다. 줄기가 붉다고 해서 적송赤松, 주로 내륙에서 자란다고 해서 육송陸松이라고 한다. 그러나 우리 선조들이 소나무를 적송이나 육송이라고 부르지는 않았다. 옛 문헌에 나오는 소나무는 송松 아니면 송목松木으로 적었고 큰 판자는 송판, 소나무 중에서 특히 재질이 좋은 나무는 황장목이라 했을 따름이다. 소나무를 적송이라 적은 우리의 옛 문헌은 아직 찾지 못했다.

그렇다면 적송이라는 이름은 어디에서 온 것인가? 한마디로 우리 이름

경북 울진 소광리의 금강송 숲. 곧게 자란 소나무가 울창한 숲을 이루고 있다.

이 아니다. 적송은 소나무의 일본 이름으로, 그들은 소나무를 한자로 적송赤松이라 쓰고 '아카마츠'라고 읽는다. 일제 강점기 때 우리말을 없애고 강제 동화정책을 쓰면서 나무 이름도 일본식으로 부르도록 강요했다. 이렇게 우리말이 되어버린 적송이란 이름은 붉은 줄기를 가진 소나무의 특징을 잘 나타낸다고 해서 오히려 갈수록 더 널리 쓰이고 있다.

백두대간 줄기를 타고 달리며 금강산에서 경북 울진, 봉화, 영덕, 청송 일부에 걸쳐 자라는 소나무는 우리 주위에서 흔히 보는 것과 달리, 줄기가 곧으면서 마디가 길고 껍질이 유별나게 붉다. 그래서 이 소나무를 금강산의 이름을 따서 금강송金剛松, 금강소나무 또는 강송剛松이라고 한다. 금강송은 결이 곱고 단단하며 켠 뒤에도 크게 굽거나 갈라지지 않는다. 또 잘 썩지도 않아 조선시대부터 여러 소나무 종류 중에서 단연 최고급 목재로 이용돼 왔다. 춘양목春陽木은 금강송을 일컫는 말인데, 그런 이름이 붙은 데는 다음과 같은 이유가 있다. 위에서도 설명했듯이 조선왕조 때는 궁궐과 고급 관리의 집을 짓기 위해 주변의 소나무를 베었다. 그러다가 그것이 차츰 없어지자 한강을 타고 올라가 멀리 태백산 줄기의 소나무까지 가져왔다. 운반하기 불편

경주 헌덕왕릉의 소나무 숲. 휘고 구부러진 보통 소나무의 전형적인 모습이 잘 나타난다.

했던 울진, 봉화의 소나무는 최근까지 남아 있을 수 있었다. 그러나 영주-봉화-태백으로 이어지는 철도가 놓이면서 무분별한 벌채가 다시 행해졌다. 조선시대에는 권세가 있는 양반이 아니면 지을 수도 없었던 소나무 집을 너도나도 짓기 시작한 것이다. 이렇게 잘려 나온 소나무를 춘양역에 모아두기만 하면 철마라는 괴물이 하룻밤 사이에 서울까지 옮겨다 주었다. 사람들은 '춘양역에서 온 소나무'란 뜻으로 춘양목이라 부르기 시작했고 금강송의 다른이름으로 오늘에 이르고 있는 것이다. 모진 수탈에도 그나마 경북 울진 소광리 일대와 봉화 춘양면, 소천면 일대에는 금강송이 남아 있다.

한마디로 소나무, 적송, 육송은 모두 같은 나무를 말하며 옛사람들은 한자로 송 또는 송목이라 했다. 그리고 강송, 금강송, 춘양목은 곧게 자라는 소나무를 일컫는 말이다. 일본 고류지[廣隆寺]의 목조미륵반가사유상은 우리나라의 국보 제83호 금동미륵반가사유상과 모양이 매우 비슷하다. 그런데 일본의 목불木佛은 대부분이 녹나무나 편백으로 만들어졌지만, 이 불상만은 재질이 소나무다. 이를 두고 일본에는 소나무가 없어서 우리나라의 소나무, 그것도 금강소나무를 가져가서 만들었다는 이야기도 있다. 그러나 우리만큼 풍부한 것은 아니지만 조각품 하나 만들 정도의 소나무는 일본에도 충분히 있었다. 또 나무의 재질만을 분석하여 미륵반가사유상을 만든 소나무가 일본에서 자란 것인지, 아니면 한반도에서 자란 것인지를 알아낼 방법은 아직 없다.

전설, 속담, 시조, 민화 등에 나오는 소나무에 얽힌 수많은 이야기 중에《삼국사기》에 실린 고구려 고국천왕의 비 우씨에 관한 기록을 소개한다. 고구려 제9대 임금인 고국천왕이 죽고 후사가 없자, 왕비 우씨는 시동생인 연우를 제10대 산상왕으로 추대한 후 그와 결혼하여 또 왕비가 되었다. 우리 역사상 유일무이하게 왕비를 두 번 한 셈이다. 세월이 흘러 제11대 동천왕 8년[234]에 우씨가 죽었다. 우씨가 죽을 때 다음과 같

일본 고류지의 목조미륵보살반가사유상

이 유언했다. "내가 행실이 좋지 않았으니, 무슨 면목으로 지하에서 고국천왕을 보겠는가? 만약 여러 신하들이 계곡이나 구덩이에 나의 시신을 차마 버리지 못하겠거든, 나를 산상왕릉 옆에 묻어달라." 우씨의 유언대로 장사 지내고 얼마간의 세월이 흐른 후, 무당이 동천왕에게 말했다. "고국천왕의 혼백이 나에게 내려와서 '어제 우씨가 산상왕에게 가는 것을 보고는 분함을 참을 수 없어서 마침내 우씨와 다투었다. 돌아와 생각하니 내가 낯이 아무리 두껍다 해도 차마 백성들을 대할 수 없구나. 네가 동천왕에게 알려서 나의 무덤을 가리도록 하라'고 말씀하셨습니다." 이 때문에 고국천왕의 능 앞에 일곱 겹으로 소나무를 심었다고 한다. 도래솔의 시원이다.

왕비 우씨는 죽은 후에도 자신을 시동생이자 두 번째 남편이었던 산상왕릉 옆에 묻어달라고 유언하고, 그것도 모자라 혼백이 된 후에도 계속 만나고 있었던 것이다. 그런데 첫 번째 남편인 고국천왕은 저승에서도 산상왕을

속리산 법주사의 천연기념물 제103호 정이품송. 태풍에 가지가 부러져 이전의 자태는 잃고 말았다.

잊지 못한 우씨를 아예 무덤 밖으로 나오지 못하도록 꽁꽁 묶어놓으라고 부탁하는 대신, 오히려 자신의 무덤을 소나무로 둘러싸달라고 했다. 어느 쪽이 현명한 선택일지는 각자의 생각에 따라 다를 것이다. 오늘도 사람들은 무덤 둘레에 소나무를 심는다. 한번 눈감아버렸으니 풍진 세상 험한 일을 더는 겪지 마시라는 후손들의 깊은 뜻이 있어서일까?

소나무는 백두산, 개마고원을 제외한 우리나라 어디에나 자라는 늘푸른 바늘잎 큰키나무로 아름드리로 굵어진다. 나무껍질은 오래되면 아랫부분은 거북등처럼 갈라지고, 윗부분은 붉은색이다. 잎은 2개씩 나고 바늘처럼 뾰족하다. 소나무 꽃이 피는 5월이면 꽃가루인 송화松花가 시골집의 툇마루까지 노랗게 덮어버리던 광경이 사람들의 기억에 아련히 남아 있다. 송화는 아직 꽃이 제대로 피기 전에 따서 모아 떡으로도 만들어 먹기도 했다.

반송盤松은 일반 소나무가 하나의 줄기만 올라와서 크게 자라는 데 비해, 거의 땅의 표면부터 줄기가 여러 개로 갈라져 올라와 전체적인 모양이 부채를 편 형상이 되는 것이 특징이다. 또한 소나무의 운치를 만끽하면서도 부드럽고 아기자기한 맛을 느낄 수 있어서 멋스런 정원에 빠지지 않는다. 전

경북 구미 독동리의 천연기념물 제357호 반송. 가지가 시원하게 뻗어 가장 멋진 반송으로 꼽힌다.

북 무주 삼공리의 천연기념물 제291호와 고창 선운사禪雲寺의 천연기념물 제354호 장사송, 경북 구미 독동리의 제357호 반송은 그 아름다운 모양이 널리 알려져 있다. 처진소나무는 능수버들처럼 가지가 아래로 처지는 소나무로 청도 운문사의 천연기념물 제180호, 같은 청도군 동산리의 천연기념물 제295호가 대표적이다.

소나무와 굉장히 닮은 나무로 곰솔이 있다. 나무껍질이 검다고 '검솔'이라고 한 것이 변해 곰솔이 되었는데, 한자 이름도 그대로 흑송黑松이라 한다. 또한 이 나무는 바닷바람과 염분에 강하기 때문에 주로 바닷가에 많이 심어 키우므로 해송海松이라고도 부른다. 잣나무도 해송이라 하는 경우가 있으므로 주의를 요한다. 곰솔은 사실 깊은 산골을 제외하면 내륙 지방에서도 잘 자란다. 소나무는 껍질과 겨울눈, 새싹이 거의 붉은색이며 솔잎이 부드럽다. 반면 곰솔은 껍질이 검고 겨울눈과 새싹은 거의 흰색이며 솔잎이 억세고 빳빳하다. 대표적인 나무로는 한라산의 신에게 제사를 올리던 제단인 산천단 주변에 자라는 곰솔들이 있다. 여덟 그루 곰솔이 함께 천연기념물 제160호

경북 청도 동산리의 천연기념물 제295호 처진소나무(왼쪽), 제주도 산천단에 자라는 천연기념물 제160호 곰솔

로 지정되어 있는데, 평균 높이 29m에 이르고 나이는 500~600살로 추정되는 크고 오래된 나무들이다.

수입해 심은 소나무 종류에는 야산이나 척박한 산에서 흔히 자라는 리기다소나무가 있다. 북미의 대서양 연안이 고향인 이 소나무는 황폐한 산지를 복구할 목적으로 1907년 무렵에 들여와서 전국에 많이 심었다. 리기다소나무는 나무의 재질도 나쁘고 송진이 너무 많아 펄프 재료로도 꺼린다. 특징은 잎이 3개씩 모여나기 하는 것이고, 굵은 줄기에서도 새싹이 여기저기 다발로 돋아나서 다른 소나무 종류와 쉽게 구별된다.

11

굶는 날이 많아지면 국수로 보이던

국수나무

Laceshrub

〈동물의 왕국〉이라는 TV 프로그램을 보면 사자는 사자대로, 작은 곤충은 곤충대로 고되고 힘들게 삶을 이어간다. 사람도 마찬가지다. 우리의 선조들도 귀족들은 풍류를 즐기며 시도 짓고 글도 쓰는 삶의 여유를 가질 수 있었으나, 가난한 민초들이야 허구한 날 굶지 않을 궁리에 여념이 없었다. 옛날 옛적 국수는 고급 음식이었다. 고려에 사신으로 다녀간 송나라의 서긍이 고려의 풍속을 적은《고려도경高麗圖經》제22권 '잡속雜俗'에는 국수가 귀해 큰 잔치나 있어야 먹을 수 있는 고급 음식이라 했다.《목민심서牧民心書》에는 향례饗禮가 있을 때나 겨우 쓸 수 있다고 했고,《대전회통大典會通》에도 국수는 궁중의 음식을 관장하는 내자시內資寺에서 공급했다고 한다. 평범한 사람들에게는 국수 한 그릇 먹기가 '꿈에 용 보기'였다. '언제 국수 먹여주느냐?'는 말이 결혼 언제 하느냐는 의미로 쓰이는 이유도 그 때문이다.

국수나무는 먹을 것을 찾아 산야를 헤매던 굶주린 백성들이 신기루처럼 나타나는 '헛것'을 보고 붙인 이름일 것이다. 가느다란 줄기의 뻗침이 국수 면발을 연상하게 하고 색깔도 영락없이 국수를 닮았다. 가지를 잘라 세로로 찢어보면 나타나는 황갈색의 굵은 나뭇고갱이 역시 국수를 연상시킨다.

↖ 초여름에 지천으로 피는 꽃

궁궐의 관람로 주변에서
흔히 볼 수 있는 국수나무

과명	장미과	학명	*Stephanandra incisa*	분포 지역	전국 산지, 중국, 일본

붉은 밤색 가지에 달리는 움푹 파인 잎, 겉에 잔털이 있는 동그란 열매, 붉고 희뿌연 색이 도는 줄기

국수나무란 이름이 붙은 나무는 진짜 국수나무 말고도 여럿 있다. 식물학적으로는 족보가 조금씩 다르지만 나도국수나무, 산국수나무, 섬국수나무, 중산국수나무를 비롯하여 금강산에서 발견되어 북한의 천연기념물로 지정된 금강국수나무까지 있다. 삶의 질은 고사하고 먹는 날보다 굶는 날이 더 많았을 우리 선조들이 국수나무 옆에서 진짜 국수 한 그릇을 그리며 허리를 졸라맸을 생각을 하면 오늘의 풍요가 죄스럽기까지 하다. 국수나무는 동네 뒷산 약수터로 올라가는 오솔길은 물론, 굳게 마음먹고 올라야 할 꽤 높은 등산길의 기슭과 골짜기 어디에서나 쉽게 만날 수 있다.

국수나무는 잎지는 넓은잎 작은키나무로 다 자라야 사람 키 남짓하다. 아담한 크기에 수많은 줄기가 올라와 곧장 하늘로 치솟지 못하고 아래로 처져 여러 갈래로 얽혀 있다. 어린 가지는 붉은 밤색이며 오래되면 껍질이 희뿌연 색으로 변한다. 잎은 어긋나기로 달리고 넓은 삼각형이며, 전체적으로는 달걀 모양이다. 끝은 뾰족하고 가장자리 몇 군데가 움푹 파여 있고 비교적 깊은

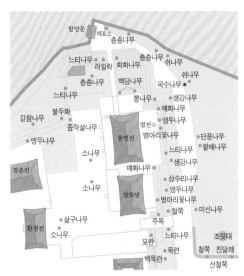

북한의 천연기념물 제232호 금강국수나무. 바위벼랑 틈에 뿌리를 내리고 자란다.

겹톱니가 있다. 6월이면 새로 난 가지 끝에 달린 원뿔 모양의 꽃차례에 새끼 손톱만 한 꽃이 핀다. 연한 노란빛이 섞인 흰 꽃이 무리 지어 피는 것이다. 열매는 여러 개의 씨방으로 이루어져 있고 가을에 익는다.

　　최근 조사에 따르면 국수나무는 공해가 심한 지역에서는 잘 자라지 못 한다고 한다. 국수나무를 심어놓고 왕성하게 자라면 공해가 없는 것으로, 반 대로 생육이 시원치 않으면 공해가 심한 지역으로 판정한다. 이렇게 기준이 되는 식물을 지표식물指標植物이라 부른다.

12

내 피부는 봄바람에 가장 민감해요

목련

Kobus magnolia

연꽃처럼 생긴 꽃이 나무에 달린다고 하여 목련木蓮이다. 찬바람이 채 가시지도 않은 이른 봄, 잎이 돋아나는 것을 기다릴 새 없이 목련은 어른 주먹만 한 흰 꽃을 피운다. 성급하게 핀 꽃 치고는 그 자태가 우아하고 향기 또한 그윽하다. 여느 봄꽃처럼 작고 자질구레한 꽃을 잔뜩 피우지 않고, 가지 꼭대기에 커다랗게 하나씩 올려 피우는 것이 범상치 않게 보인다. 고고한 학의 품격에 비유되는 것은 그 때문일 것이다.

겨울을 나는 모습도 독특하다. 가지 끝마다 손마디만 한 꽃눈이 혹독한 추위를 이겨내기 위해 밍크코트라도 장만한 듯 진한 갈색의 두껍고 부드러운 털에 덮여 있는데 꼭 붓처럼 생겼다. 그래서 다른 이름은 목필화木筆花다. 두툼한 외투를 입고 있긴 해도 춘감대春感帶, 즉 봄을 느끼는 감각은 매우 예민하다. 그래서 봄기운이 막 찾아오려 할 때쯤이면 벌써 봉오리가 활짝 터지는 것이다.

이수광의《지봉유설》'훼목부卉木部' '목木'을 보면, "순천 선암사에는 북향화北向花란 나무가 있는데, 보랏빛 꽃이 필 때 반드시 북쪽을 향하는 까닭에 이렇게 이름 붙였다"고 했다. 자목련을 말한 것이지만 다른 목련 종류도

↖ 가장자리가 매끈한 타원형의
　큰 잎

초봄 창경궁 집복헌 뒤편
화계에서 활짝 꽃을 피운 목련

과명 목련과	학명 *Magnolia kobus*	분포 지역 제주도, 일본 중남부

백목련보다 더 꽃잎이 활짝 벌어지는 꽃, 주걱처럼 휘어진 열매, 늙어도 잘 갈라지지 않는 나무껍질

꽃이 필 즈음 꽃봉오리가 북쪽을 향한다고 알려져 있다. 눈썰미 있는 사람에게나 들킬 만한 목련의 비밀인데, 자세히 관찰하면 겨울 꽃눈의 끝이 북쪽을 향하고 있다는 느낌이 든다. 꽃봉오리의 아랫부분에 남쪽의 따뜻한 햇볕이 먼저 닿으면서 반대편보다 세포 분열이 더 빨리 이루어져 자연스럽게 끝이 북쪽을 향하게 된다는 식물학자 이유미 박사의 견해에 지은이도 공감한다.

《동의보감》에는 목련을 "신이辛夷라 하며, 꽃 피기 전의 꽃봉오리를 따서 약재로 사용한다"고 했다. 또 "주근깨를 없애고 코가 막히거나 콧물이 흐르는 것을 낫게 한다. 얼굴의 부기를 내리게 하고 치통을 멎게 하며 눈을 밝게 한다"고도 했다.

잎지는 넓은잎 큰키나무인 목련은 아름드리로 자란다. 한라산이 고향이며 오늘날 자생지는 거의 파괴되었으나, 이창복 교수가 쓴 1970년대 논문에는 성판악에서 백록담 쪽으로 30분쯤 올라가면 자연산 목련이 군데군데 보인다고 했다.

목련의 새로 나는 가지는 연한 초록빛을 띠지만 차츰 연한 잿빛으로 변하며 거의 갈라지지 않는다. 잎은 넓은 달걀 모양이

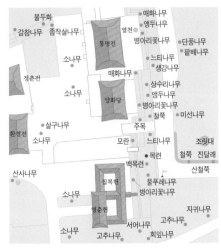

고 손바닥만큼 크다. 언뜻 보면 감나무 잎처럼 생겼으며 두껍고 가장자리에 톱니가 없다. 열매는 손가락 길이만 하고 흔히 주걱 모양으로 휘어져 있는데 가을에 익을 때 벌어지면서 매달리는 새빨간 씨가 독특하다. 자목련은 목련 과 거의 비슷하나 꽃이 피는 시기가 약간 늦고 꽃이 연한 보랏빛이다.

목련과 백목련 구별하기

주위에 흔히 보이는 목련은 대개가 중국에서 들여온 백목련이다. 진짜 우리나라 제주도 원산의 목 련은 꽃잎이 좁고 얇으며 꽃잎이 뒤로 젖혀질 만큼 활짝 핀다. 또 목련은 꽃잎 안쪽에 붉은 선이 있 고 꽃받침이 뚜렷하게 나뉜 반면, 백목련은 꽃받침이 꽃잎처럼 변해 뚜렷이 나뉘지 않으며 다 피 어도 반쯤밖에 벌어지지 않는다는 점이 다르다. 간단하게 구별하자면 꽃이 활짝 피면 목련, 반쯤 피면 백목련으로 알고 있어도 된다. 자목련은 백목련과 다른 특징들은 같으나 꽃의 색이 붉은 보 라색이다. 또 백목련과 자목련을 교배하여 만든 자주목련은 꽃잎의 안쪽이 하얗고 바깥쪽은 보라 색이다. 드물긴 하지만 중국에서 들여온 별목련도 있다. 목련과 별목련은 꽃잎 수로 구별할 수 있 는데, 별목련의 꽃잎은 12~18장이고 목련은 6~9장이다. 별목련은 창경궁에 한 그루가 자란다. 이 외에도 일본에서 들여온 일본목련이 있다. 목련과는 달리 잎이 핀 다음에 꽃이 피고 잎과 꽃의 크기가 훨씬 크기 때문에 이 둘을 구별하는 데 어려움은 없다. 하지만 엉뚱하게도 일본목련을 우 리나라 남부 지방에서 자라는 늘푸른나무인 후박나무로 잘못 알고 있는 경우가 많다. 일본인들은 일본목련을 그들 말로 '호오노키'라 부르면서 한자로 후박厚朴이라 적고 진짜 후박나무는 남楠이 라고 적는다. 그런데 일본목련을 수입해올 때 일본식 한자 이름만 보고 그대로 '후박나무'로 번역 해버린 탓에 이 같은 혼란이 생긴 것이다.

백목련 꽃

별목련 꽃

일본목련 꽃

13

숲 속의 무법자, 그 이름 '폭목'

층층나무

Giant dogwood

뙤약볕이 내리쬐는 한여름에 산을 오르자면, 숲이 우거진 계곡을 타고 올라
가 산마루를 넘어 다시 계곡으로 내려오는 길을 잡게 마련이다. 산마루에 앉
아 시원한 솔바람으로 땀방울을 식히면서 지나온 계곡을 내려다보면 나뭇
가지가 층층 계단을 이룬 나무들이 우뚝우뚝 솟아 있는 것이 보인다. 마디마
다 규칙적으로 가지가 돌아가면서 가지런한 층을 이루어 옆으로 뻗기 때문
에 이름하여 층층나무다. 그냥 층층이라고도 하고, 아예 계단나무라고 부르
기도 한다. 모양새가 아주 독특하여 한번 보면 잘 잊을 수 없다.

　층층나무는 전국에 걸쳐 흔히 자라는 잎지는 넓은잎 큰키나무로 줄기
둘레가 한 아름에 이르기도 한다. 주위의 다른 나무보다 훨씬 빠르게 쑥쑥
자라면서 가지를 넓게 펼친다. 이처럼 햇빛을 독차지하겠다는 놀부 심보를
가졌으니 나무를 공부하는 사람들은 아예 '숲 속의 무법자'란 뜻으로 폭목
暴木이라 부르기도 한다. 층층나무는 소나무나 전나무처럼 저희들끼리 모여
떼거리로 자라는 법이 없다. 제 살 뜯어먹기 식의 동족 간 경쟁을 피하면서
다른 나무를 제압하려고 한 그루씩 외톨이로 자란다. 조상으로부터 물려받
은 생존의 지혜지만 그 영특함이 얄밉다.

↖ 가장자리가 밋밋한 넓은
  타원형 잎

초여름에 새하얀 꽃을
잔뜩 피운 층층나무

| 과명 층층나무과 | 학명 *Cornus controversa* | 분포 전국 산지, 중국, 지역 일본 |

초여름에 피는 흰빛의 꽃, 가을에 차츰 흑자색으로 익어가는 열매, 세로로 얕게 갈라지는 나무껍질

숲 속의 나무들이 살아가는 방식도 인간 세상과 별다르지 않다. 대부분의 나무들은 적당히 경쟁하며 필요한 수분과 햇빛을 나누며 살아간다. 그중에는 일찌감치 경쟁을 포기하고 큰 나무에 가려진 채 음지의 환경에 나름대로 적응하는 것도 있다. 예를 들어 그늘에 살기를 운명처럼 받아들이는 박쥐나무는 작은 몸매에 어울리지 않게 손바닥만 한 커다란 잎을 달고 있다. 어쩌다 잠깐 들어오는 햇빛을 조금이라도 더 받아보겠다는 몸부림이 애처롭기까지 하다. 그러니 층층나무의 생존 방식을 두고 무법자라고 표현하는 건 어쩌면 당연하다.

층층나무의 어린 가지는 겨울에는 붉은빛을 띠고 있어서 쉽게 찾아낼 수 있다. 나무껍질은 줄기의 굵기가 거의 한 뼘이 될 때까지는 갈라지지 않고 매끄러운 회갈색을 띤다. 그러나 나이를 더 먹어가면서 진한 회색의 얕은 세로 홈이 생기면서 갈라지고 때로는 흰 얼룩이 생기기도 한다. 잎은 사촌뻘인 말채나무나 산딸나무의 잎이 마주나기로 달리는 것과는 달리 어긋나기로 달린다. 달걀 모양의 잎은 표면이 초록빛이고 뒷면은 흰빛인데

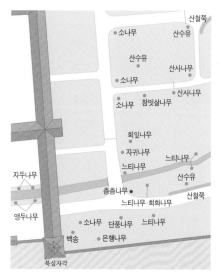

가지가 층을 이루어 자라는 전형적인 층층나무

가장자리는 밋밋하다. 잎자루는 붉은빛이 돈다. 늦봄에서 초여름에 걸쳐 새 가지 끝에 흰빛이 도는 작은 꽃이 쟁반 모양으로 흐드러지게 핀다. 안에 씨앗을 품은 콩알 굵기의 둥근 열매는 가을이면 흑자색으로 익고 열매자루는 붉다. 계단 모양으로 뻗는 가지가 독특해 공원이나 정원 등에 조경수로 심는 경우가 많다.

층층나무는 빨리 잘 자라 곧고 굵은 목재를 생산하므로 예부터 여러 용도로 쓰였다. 팔만대장경판을 만든 나무의 수종을 조사한 결과 산벚나무, 돌배나무, 거제수나무에 이어 네 번째로 많이 쓰인 나무가 층층나무였다. 나무를 켜서 판자를 만들면 연한 회백색에 나이테가 두드러지지 않아 깔끔하고 깨끗하며 너무 무르지도 단단하지도 않다. 부처님의 귀한 말씀을 정성스럽게 새기기에 알맞은 나무다. 이 외에 칠기 심재, 조각재, 장난감 목재 등에도 쓰인다.

14

숲 속의 은둔자 그러나 조각재의 왕

다릅나무

Amur maackia

다릅나무는 은둔자처럼 깊은 산 우거진 숲 속에서 자란다. 이름 있는 나무 반열에 오르지 못한 것은 그 때문일 것이다. 이름이 잘 알려져 있다고 반드시 좋은 나무도 아니고, 이름이 없다 해서 쓸모가 없는 것은 더욱 아니다. 다릅나무는 소나무와 같이 어릴 때부터 햇빛 받는 것을 좋아하지만 어지간한 공간만 있으면 불평 한마디 없이 잘 자라는 편이다.

다릅나무는 뿌리혹박테리아를 가지고 있는 콩과 식물이라 조금 척박한 곳에서도 잘 버티며 자람도 빠르다. 우리나라 어디에서나 자라는 잎지는 넓은잎 큰키나무로 줄기의 둘레가 한두 아름에 이르기도 한다. 세로로 조금씩 말려 있으면서 갈라지지 않는 회갈색의 나무껍질은 매끄럽기까지 해서 마치 작은 종이 마름을 만들어 붙여둔 것 같다. 숲 속에서 나무껍질만 보고도 다른 나무와 구별할 수 있다. 잎은 아까시나무와 많이 닮아 언뜻 보아서는 구별이 어렵다. 7~11개의 작은잎은 끝으로 갈수록 서서히 좁아지나 끝은 둥글어서 잎의 끝 부분이 약간 오목해지는 아까시나무 잎과 구별할 수 있다. 회화나무와도 매우 닮아 조선괴朝鮮槐라고도 하며 가지가 질기고 단단해 물푸레나무와 비슷하다고 하여 개물푸레나무라고도 부른다. 꽃은 무더위가 한

↖ 7~11개의 작은잎이 잎자루에
　달리는 깃꼴겹잎

개물푸레나무라고도 불리던
다릅나무

과명 콩과	학명 *Maackia amurensis*	분포 전국 산지, 중국, 지역 일본

꽃차례에 모여 달리는 황백색 꽃, 씨앗이 들어 있는 꼬투리, 종이가 말려 있는 듯 보이는 나무껍질

창인 7월에 피며 자그마한 황백색 꽃이 수십 개 모여 원뿔 모양의 꽃대를 만든다. 가지 끝마다 달리는 꽃대는 손가락 한두 개 길이로 대부분 위로 향하여 꼿꼿하게 서 있다. 콩꼬투리 모양의 열매는 가을에 익는다.

다릅나무의 속살은 굉장히 특이하다. 통나무를 가로로 잘라서 봤을 때, 가장자리의 색깔이 좀 연한 겉부분을 변재邊材라고 하며 반대로 가운데 색깔이 진한 속부분을 심재心材라고 한다. 그런데 다릅나무는 변재는 연한 황백색에 너비가 매우 좁고 심재는 짙은 갈색으로 그 차이가 매우 뚜렷하다. 변재를 돌출부로 하고 심재를 밑바탕으로 조각을 하면 색깔과 명암의 차이가 명확한 작품을 만들 수 있다. 그래서 호랑이, 곰, 새 등의 동물 형상이나 장식용 나무 그릇을 만드는 재료로 많이 쓰인다. 또한 느티나무나 물푸레나무처럼 지름이 큰 물관이 나이테의 한쪽에 몰려 있어서 판자로 켜면 큰 물관을 따라 아름다운 무늬를 만든다. 그 외에도 가구재나 장식용 목재 등으로도 쓰인다.

이런 다릅나무를 옛사람들이 몰라봤을 리 없다. 경기도 고양 일산의 3천 년 전 토탄

층土炭層에서도 보이고, 선사시대의 유적인 광주 문흥동 유적과 신라시대의 유적인 대구 동천동 유적에서도 다릅나무가 출토되고 있다. 옛사람들이 여기저기 두루 사용한 나무였음을 짐작할 수 있다.

겉부분과 속부분의 색깔
차이가 뚜렷한 다릅나무 판재

다릅나무와 친형제 격인 나무로 솔비나무가 있다. 둘이 모여 콩과의 다릅나무속이라는 단출한 가계를 만든다. 솔비나무는 다른 곳에는 없고 오직 제주도에만 자라는 특산 식물로 특별한 관심과 사랑을 받는다. 다릅나무와 쓰임이나 생김새가 거의 비슷하지만 작은잎의 개수가 11~17개로 7~11개인 다릅나무보다 더 많다. 또 겨울눈에 털이 없으며 열매의 선에 달린 날개가 다릅나무보다 더 넓은 것이 차이점이다.

15

아홉 마리 용에서 구름나무까지

귀룽나무

Bird cherry

궁궐은 계절마다 아름다움이 다르다. 싹틔우고 꽃 피우고 열매 맺어 한 해를 끝내는 시기가 나무마다 다르기 때문이다. 이른 봄 궁궐에서 산수유가 노란 꽃을 피우면, 뒤질세라 곧 이어서 연초록 새싹을 가장 먼저 내미는 나무가 있다. 바로 귀룽나무다. 귀룽나무가 싹을 내밀면 비로소 겨울 궁궐의 쓸쓸함이 가시고 풍요로운 초록 세상이 시작된다.

귀룽나무라는 이름은 구룡목九龍木이라는 한자 이름에서 나왔다. '구룡 나무'라고 부르다가 귀룽나무가 된 것이다. 구룡에 얽힌 이야기로 석가모니와 관련된 것이 있다. 석가모니가 태어날 때 아홉 마리의 용이 하늘에서 내려와 향수로 석가모니의 몸을 씻겨주고, 지하에서 연꽃이 솟아올라 그 발을 떠받쳤다고 한다. 그래서 부처님 오신 날에는 아기부처님을 씻겨드리는 관불灌佛 의식을 올린다. 구룡이라는 이름은 여러 곳에 등장한다. 금강산 구룡 폭포도 그렇고, 《세종실록》에도 "의주의 압록강변에 구룡연九龍淵이 있으며 여기에는 구룡 봉화대가 설치되었다"고 한다. 어쨌든 귀룽나무란 이름은 구룡이라는 지명과 관련이 있는 것으로 보이며, 자라는 곳도 북쪽 지방이다. 지금 궁궐 여기저기에 이 나무가 많은 것은 육진六鎭을 개척하는 등 유난히

↖ 끝이 뾰족하고 가장자리에는
톱니가 촘촘히 난 잎

다른 나무보다 먼저 싹을 내밀어
봄을 알리는 귀룽나무

과명 장미과	학명 *Prunus padus*	분포 중북부 산지, 중국, 지역 일본

늦봄에 하얗게 피는 꽃, 버찌와 비슷한 검은 열매, 나이 들면서 세로로 갈라지는 흑갈색 나무껍질

북방 민족의 침입을 막는 일에 골몰했던 조선 초기의 정책적 배려와도 상관이 있지 않았나 하고 나름대로 추정해본다. 또 무리 지어 달리는 하얀 꽃이 마치 뭉게구름 같아 '구름나무'를 거쳐 귀룽나무가 되었다고도 한다. 북한 이름은 '구름나무'다.

귀룽나무는 잎지는 넓은잎 큰키나무로 높이는 10m가 넘고 줄기 둘레도 거의 한 아름에 가까운 큰 나무다. 우리나라 어디에서나 자라지만 특히 중부 이북에 많다. 특이하게도 어린 가지를 꺾거나 껍질을 벗기면 거의 악취에 가까운 냄새가 난다. 파리가 이 냄새를 싫어하기 때문에 파리를 쫓는 데 이용했다고 한다. 작은 가지를 말린 것은 구룡목九龍木이라 하고 민간에서는 이것을 끓여 체한 것을 치료하는 데 쓴다. 또 즙을 내어 상처가 나서 헌 데를 치료하기도 한다. 잎은 어긋나기로 달리고 달걀 모양이며 끝이 뾰족하고 가장자리에 톱니가 있다. 이른 봄 어린잎을 나물로 먹기도 하는데 쓴맛이 상당히 강하다.

꽃은 잎이 나온 다음에 어린 가지 끝에서 흰빛으로 피는데 원뿔 모양의 꽃차례가 밑으

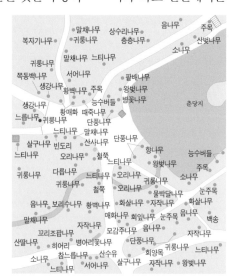

창경궁 · 귀룽나무

늦봄에 연초록 잎 사이사이로 하얗게 피어나는 귀룽나무 꽃무리

로 처지면서 핀다. 연초록의 새잎 위로 무리 지어 하얗게 피는 모습이 마치 피어오르는 뭉게구름 같다. 열매는 둥글고 여름에 검게 익으며 벚나무에 달리는 버찌와 구별이 안 될 정도로 비슷하다. 그냥 날것으로 먹기도 하나 맛이 떫은데 서양에선 이 열매로 술을 담그기도 한다. 꽃 색깔이나 피는 시기는 달라도 벚나무와 형제간이다. 나무껍질이 흑갈색이며 거의 세로로 갈라져서 나무껍질이 가로로 갈라지는 벚나무와 구별할 수 있다. 꽃 모양새도 벚나무와 닮았으나, 색깔이 흰색이고 잎이 난 다음에 꽃이 피며 꽃차례가 원뿔 모양이다.

16

샛노란 속껍질은 약이 되고 항균·방충 효과까지

황벽나무

Amur cork tree

황벽黃蘗나무는 황백黃柏나무, 황경나무, 황경피나무라고도 불린다. 줄기의 두꺼운 껍질을 벗겨내면 개나리의 꽃잎을 보는 것처럼 선명한 노란색 속껍질이 나타난다. 나무 이름은 이 속껍질의 색깔에서 따온 것이다.

황벽나무의 이 노란 속껍질은 약재로 쓰인다. 《동의보감》에는 "구리칼로 겉껍질을 긁어버리고 꿀물에 한나절 담갔다가 꺼낸 다음 구워 말려 쓴다"고 했으며, "오장과 장위腸胃 속에 몰린 열과 황달, 치질 등을 주로 없앤다. 설사와 이질, 적백赤白 대하, 음식 창을 낫게 하고 감충을 죽이며 옴과 버짐, 눈에 열이 있어 충혈되고 아픈 것, 입 안이 헌 것 등을 낫게 한다" 하여 귀중한 약재로 다루었다. 속껍질에 0.6~2.5%가량 함유된 베르베린이란 성분은 현대 의학에서도 쓰고 있다. 생약은 폐렴균, 결핵균, 포도상구균을 상대로 발육 저지 작용과 살균 작용을 할 뿐 아니라 식욕을 촉진하는 효과까지 있다고 한다. 황벽나무의 속껍질이 항균·방충 효과가 있다는 사실을 경험적으로 잘 알고 있었던 옛사람들은 귀중한 책이 좀먹는 것을 막기 위해 종이를 만들 때 황벽나무 속껍질에서 추출한 황물로 물을 들였다. 이런 책을 특별히 황권黃卷이라 불렀다.

↖ 잎자루 하나에 7~13개의
작은잎이 달리는 깃꼴겹잎

온갖 용도로 두루 유용하게
쓰였던 황벽나무

과명	운향과	학명	*Phellodendron amurense*	분포 지역	제주도 이외 전국 산지, 중국, 일본, 러시아 동부

원뿔 모양 꽃차례에 피는 황록색 꽃, 구슬들이 모인 것 같은 열매, 노란 속살이 숨어 있는 나무껍질

황벽나무의 쓰임은 속껍질에만 있지 않다. 목재도 재질이 좋아 예부터 아끼던 나무다. 《동국이상국집》에 황벽나무를 노래한 시 한 수가 들어 있고, 조선 정조 18년1794 강원도 관찰사 심진현이 울릉도를 조사한 결과를 보고하는 장계에도 황벽나무가 나온다. 황벽나무의 목재는 연한 황갈색으로 색깔이 곱고 무늬가 아름다워 가구재, 기구재 등으로 쓰인다. 《목민심서》 5권의 '장작匠作'에 황벽나무로 농을 만들었다는 기록이 있어서 오래전부터 가구를 만드는 데에도 쓰였음을 알 수 있다.

열매도 황백자黃柏子라 하여 속껍질과 함께 흔히 살충제로 사용되었다. 현존하는 가장 오래된 목판 인쇄물인 무구정광대다라니경이 거의 1,200년이나 온전하게 보존된 비결 중 하나도 황벽나무 열매에 있다고 한다. 일단 다라니경이 인쇄된 종이의 재료는 좋은 닥나무 껍질이었다. 종이를 제조하는 과정에서는 나무망치 등으로 원료를 두들겨 밀도를 높이고, 묵주 등을 굴려 두께를 고르게 했다. 섬유소가 나선형으로 치밀하게 엉겨 붙게 하여 수명을 늘린 것이다. 그러나 이것만으

황벽나무 열매에서 채취한 황색 색소로 물들인 무구정광대다라니경

로는 천 년이란 긴긴 세월을 무사히 넘길 수 없다. 마지막 단계로 황벽나무 열매 즙을 짜내어 종이를 적셨다. 이렇게 함으로써 즙의 알카로이드 성분이 세균의 침입을 막고 먹의 번짐을 차단하는 한편, 향내를 풍기게 하여 종이의 품질을 높인 것이다.

황벽나무의 겉껍질은 코르크로 쓰인다. 황벽나무는 나이가 10살 정도 되면 줄기에 두꺼운 코르크가 조금씩 발달하기 시작한다. 우리나라에서 코르크를 채취할 수 있는 나무로는 굴참나무, 개살구나무, 황벽나무가 있는데 그중 황벽나무 코르크의 품질이 가장 좋다고 한다. 뿌리도 단환檀桓이라 하여 "명치 밑에 생긴 모든 병을 낫게 하며 오래 먹으면 몸이 가벼워지고 오래 살 수 있다"고 알려진 약재다.

황벽나무는 우리나라 어디에나 분포하나, 깊은 산 비옥한 땅에서 잘 자란다. 잎지는 넓은잎 큰키나무로 둘레가 한 아름에 이르기도 한다. 잎은 작은잎이 7~13개 달리는 깃꼴겹잎으로 마주나기로 달린다. 작은잎은 긴 타원형으로 끝이 뾰족하며 가장자리에는 얕은 톱니가 있다. 암수딴그루이고 여름에 원뿔 꽃차례에 작은 황록색 꽃이 여러 개 달린다. 열매는 작은 구슬만한데 검은빛으로 익고 속에는 씨앗이 5개씩 들어 있다. 코르크가 두껍게 발달하므로 나무껍질의 탄력이 좋고 나무의 모양이 우아하여 가로수로도 적합하다.

17

느리게 자라도 쓰임새는 귀하다

회양목

Korean boxwood

회양목은 경북 북부, 충북, 강원도, 황해도의 석회암 지대에서 주로 자란다. 지금은 북한 땅인 강원도 회양淮陽에서 많이 나오므로 회양목이란 이름이 붙은 듯하다. 이렇게 나무가 자라는 지역명을 이름에 붙인 나무로는 풍산가문비, 설령오리나무 등이 있다. 옛 이름은 황양목黃楊木이었으나 언제부터인가 회양목으로 불리고 있다. 오늘날 정원의 가장자리나 통로의 양옆에 동그랗게 다듬어놓은 나무는 대개가 회양목이다.

회양목은 비록 자그마한 나무지만 예부터 고급 목재로 아껴온 나무다. 《삼국사기》 '거기'조에 보면 품계에 따라 사용할 수 있는 용품을 제한하는 규정에 6두품과 5두품은 말안장에 자단, 침향, 회양목, 느티나무, 산뽕나무 등의 나무를 사용할 수 없다고 하여 회양목도 귀한 나무 자리를 당당히 차지하고 있었다.

조선시대에 들어서는 회양목의 쓰임새가 더욱 다양해진다. 태종 10년1410에 점을 치는 도구로 소나 양의 뿔을 사용하는 것은 불결하니 회양목을 사용하자는 의견을 받아들였다는 내용을 비롯하여, 태종 13년1413에는 의정부에서 호패법을 의논해 4품 이상 관리들이 전에 사용하던 녹각 대신에 회

↖ 마주나기로 달리는 손톱
크기의 윤기 나는 타원형 잎

보기 드물게 크게 자란 창경궁
소춘당지 옆 회양목

| 과명 회양목과 | 학명 *Buxus microphylla* | 분포 전국 석회암 지대,
지역 중국, 일본 |

이른 봄 노랗게 피는 꽃, 작은 뿔이 3개씩 붙은 열매, 회흑색을 띠는 줄기

양목을 쓰도록 했다. 그리고 세종 25년1443에는 동궁을 출입하는 표찰을 회양목으로 만들게 했다. 또 호리병을 만드는 재료로 회양목이 널리 쓰여《세종실록》'지리지'에 황해도 지방의 특산물로 기록되어 있고,《성종실록》에서는 중국에 바치는 물품 중에 회양목 호리병이 반드시 들어가는 것을 확인할 수 있다.

선조 36년1603에 춘추관에서 실록 판각에 쓸 주자가 부식되어 흠이 많으므로 새겨서 보충하려는데, 회양목이 매우 부족하므로 황해도, 평안도, 강원도 등에서 각각 큰 나무로 40그루씩 형편에 따라 벌채하여 올려보내도록 하자고 건의하자 왕은 양이 많으니 평안도는 제외하라고 한 바 있다. 영조 36년 1760 호조판서 홍봉한이 말하기를, "황양목은 본래부터 나라에 바치는 물건인데도 공인貢人들은 전부 별도로 사서 바쳐야 한다고 원망합니다. 억지로 바치게 한 수량과 값을 참고하여 한 나무의 값을 1석 10두로 정하는 것이 좋겠습니다" 하니 임금이 허락했다. 정조 20년1796에는 정리주자整理鑄字를 완성하고 임금에게 보고하는 내용 중에, "임자

창경궁 대온실 앞의 회양목 정원. 옛날에는 쓰임새가 많았던 나무이나 요즘은 주로 정원수로 심는다.

년에 황양목을 사용하여 크고 작은 글자 32만여 자를 새기어 생생자生生字라고 이름했다"고 했다.

회양목은 이처럼 목활자를 비롯하여 호패, 표찰로 쓰인 것 외에도 도장, 머리빗, 장기알 등의 용도로 쓰이면서 귀중하게 여겨왔다. 서울과 경기 지방의 잡가인 〈장기타령將棋打令〉에는 이런 구절이 있다. "만첩청산 쑥 들어가서 회양목 한 가지 찍었구나. 서른두 짝 장기 만들어 장기 한 판 두어보자……."

오늘날에는 정원수로 사람들의 관심을 끄는 정도의 작은 나무가《삼국사기》나 조선왕조실록에 여러 번 오를 수 있었던 데는 다 이유가 있다. 회양목은 다른 어떤 나무도 갖고 있지 않은 독특한 세포 구조 덕분에 목질이 균일하다. 대부분의 나무들은 물을 운반하는 물관세포가 크고, 나무를 지탱해주는 섬유세포는 작다. 이 둘을 구성하는 세포의 크기 차이와 배열 상태에 따라 재질이 달라지고 쓰임새에서도 차이가 생긴다. 예를 들어 섬유세포와 직경 차이가 큰 일부 대형 물관세포가 나이테를 따라 분포하는 느티나무나 참나무 종류는 여러 가지 무늬가 아름답게 나타난다. 하지만 목질이 균일하지 않아 작은 글자를 새기는 나무로는 쓸 수 없다.

조선 제17대 임금인 효종의 능침인 여주 영릉의 회양목은 천연기념물 제459호로 지정되어 있다.

회양목은 물관세포와 섬유세포의 지름이 거의 같은 유일한 나무다. 물관의 지름이 0.02mm 정도로 0.1~0.3mm나 되는 다른 나무보다 훨씬 작다. 게다가 물관이 나이테 전체에 걸쳐 고루 분포하므로 목질이 곱고 균일하며 치밀하고 단단하기까지 하다. 글자를 새기면 마치 상아나 옥에 새긴 것과 다름없는 뛰어난 재료다. 또 황양목이란 옛 이름에서 짐작할 수 있듯이 나무색이 노르스름하여 고급 재료로서 마땅히 지녀야 할 품격도 있다.

그러나 회양목은 크게 자라지도 않고, 또 자라는 속도가 너무 느려 많은 양이 필요한 경우 모두 회양목을 쓸 수는 없다. 이럴 때는 벚나무나 배나무를 회양목 대신 사용한다. 이들은 회양목만큼은 아니지만 다른 나무에 비해 물관세포와 섬유세포의 크기 차이가 비교적 작아서 재질이 균일하므로 글자를 새기기에 적합하다. 회양목은 자라는 속도가 느리기로 유명해서 옛사람들은 일이 잘 진척되지 않아 생각보다 늦어지면 황양액윤년黃楊厄閏年이라고 했다. 이는 "정원의 초목은 봄이 오면 무성하게 자라건만 황양목은 오히려 윤년에 액운을 맞는다[園中草木春無數 只有黃楊厄閏年]"라고 읊은 소동파의 시에서 나온 말이다. 그는 자신의 시에 '속설에는 황양목이 일 년에 한 치씩 더

디게 자라다가 윤년을 만나면 오히려 세 치가 줄어든다'라고 풀이를 적었다. 물론 약간 과장이 섞였으나 느리게 자라는 것은 사실이다.

　회양목은 늘푸른 넓은잎 작은키나무로 자생지에 자라는 나무는 대부분 사람 키 남짓하다. 그러나 천연기념물 제459호로 지정된 여주 영릉의 회양목은 나이 약 300살, 높이 4.7m, 줄기 둘레 63cm로 우리나라에서 가장 크고 오래된 회양목이다. 회양목의 어린 가지는 초록빛을 띠고 오래된 줄기는 회흑색이다. 잎은 마주나기로 달리고 두껍고 광택이 있으며, 손톱 크기 정도의 타원형으로 표면은 초록빛이고 뒷면은 황록색이다. 그러나 겨울이 되면 초록빛은 바래고 붉은빛이 돈다. 꽃은 암꽃과 수꽃이 따로 있고 이른 봄에 엷은 노란색 꽃이 가지의 꼭대기 또는 잎겨드랑이에 핀다. 그리고 초여름에 작은 뿔이 3개씩 붙은 열매가 달린다.

회양목과 꽝꽝나무 구별하기

회양목과 잎의 크기나 생김새가 거의 같고 조경수로의 쓰임도 마찬가지인 꽝꽝나무가 있다. 꽝꽝나무란 이름은 불에 태우면 '꽝꽝' 소리를 내며 탄다고 하여 붙었다. 전국 어디에나 자라는 회양목과는 달리 꽝꽝나무는 추위에 약해 주로 남부 지방에 심고 있다. 꽝꽝나무는 잎 가장자리에 얕은 톱니가 있으며 어긋나기로 달리고 열매는 콩알 굵기에 까맣게 익어서, 잎 가장자리가 밋밋하고 마주나기로 달리며 열매는 뿔 모양의 돌기를 갖고 있는 회양목과 구별할 수 있다.

꽝꽝나무의 잎과 열매

18

죄인을 탱자나무 울타리 안에 가두어라

탱자나무

Trifoliate orange

중남부 지방 과수원의 생울타리나무로 너무나 친숙한 탱자나무다. 자연 상태 그대로 두면 키가 5~6m를 넘기기도 하나, 우리 주변에 있는 것들은 대개 사람 키 한두 배 정도 높이다. 탱자나무의 가장 큰 특징은 독특한 가시다. 약간 모가 난 초록색 줄기도 길고 튼튼하며, 험상궂게 생긴 가시 탓에 가까이 다가가기가 어렵다. 그래서 중요한 쓰임의 하나는 적의 침입을 막는 것이었다. 임진왜란이 끝난 뒤 조정은 뒤늦게 강화도 방어에 관심을 가져 목책을 설치하고 성을 다시 쌓았다. 《일성록》에 보면 정조 13년1789 비변사에서 아뢰기를, "강화는 본래 천연의 요새지로 조정에서 돈대墩臺를 설치하고 성을 쌓아서 방어했고 해마다 탱자나무를 심었습니다"라고 했다. 강화도의 천연기념물 제78호와 제79호 탱자나무는 외적의 침입을 저지할 목적으로 강화성 아래 심은 것 중의 일부가 지금까지 남아 있는 것이다. 옛날 외적을 막기 위해 성을 쌓을 때 탱자나무는 성을 튼튼히 해주는 보강 재료로 널리 쓰였다. 사방을 둘러 높은 성벽을 쌓고, 깊은 도랑을 파고 물을 채워도 안심이 되지 않아 성 아래에 탱자나무를 촘촘히 심어 가시울타리를 만들었다. 손가락 길이만 한 험상궂은 가시를 사방으로 빈틈없이 내밀고 있는 탱자나무가

↖ 날개가 달린 잎자루에 작은잎
3개가 붙어 있는 잎

험상궂은 인상의 가시가 잔뜩
달린 창경궁 대온실 옆의
탱자나무

과명	운향과	학명	*Poncirus trifoliata*	분포 지역	중남부 식재, 중국 원산

꽃잎 사이가 떨어져 있는 하얀 꽃, 노랗게 익는 탱자, 날카로운 가시로 둘러싸인 줄기

울타리를 이루고 있으면 특별한 장비를 갖추지 않는 이상 이를 뚫고 성벽을 기어오르는 일이 녹록하지 않았을 터다. 이런 성을 '탱자성'이란 뜻으로 지성枳城이라 했다. 우리나라의 대표적인 지성은 충남 서산의 해미읍성이다.

조선시대의 형벌 중에 안치安置가 있었다. 출입을 막는 것인데 죄의 경중에 따라 고향에 두는 본향안치本鄕安置, 먼 변방에 두는 극변안치極邊安置, 먼 섬에 두는 절도안치絶島安置 그리고 위리안치圍籬安置로 나뉘었다. 위리안치는 위극안치圍棘安置라고도 하며 가장 엄한 안치로서 멀리 귀양을 보내고 그것도 모자라 탱자나무를 집 주위에 촘촘히 둘러 심고 가두는 형벌이다. 거의 완벽히 가두는 셈이니 안에 갇힌 사람은 죽음보다 더 큰 고통을 겪었다.

늦봄에 가시 사이로 피는 3~5cm 크기의 새하얀 꽃은 소박하면서 깔끔하고 강한 향기까지 갖고 있다. 그래서 경북 문경 대하리 장수 황씨 종택이나 전북 익산 원수리 이병기 생가의 탱자나무처럼 옛 선비들은 탱자나무를 정원수로 심어 시를 읊기도 했다. 가을에 매달리는 동그랗고 노란 탱자는 꼭 귤처럼 생겼으나 신맛이 너무 강하여 먹기는 어렵다.

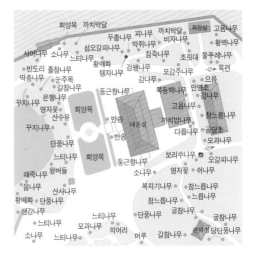

창경궁 · 탱자나무

《동의보감》과《본초강목》 등의 의서에 보면 탱자는 피부병, 열매껍질은 기침, 뿌리껍질은 치질, 나무껍질은 종기와 풍증을 낫게 한다 하여 모두 귀중한 약재로 쓰였다.

중국의 고전인《춘추좌씨전春秋左氏傳》에 이런 이야기가 있다. 제나라 재상 안영이 초나라의 왕을 만나러 갔을 때 안영의 기를 꺾기 위해 제나라 출신 도둑을 잡아놓고 "당신 나라 사람들은 도둑질하는 버릇이 있는 모양이다"라고 비아냥거렸다. 이에 안영은 "귤나무가 회수淮水, 황하의 지류의 남쪽에서 자라면 귤이 열리지만 회수 북쪽에서 자라면 탱자가 열린다고 합니다. 저 사람도 초나라에 살았기 때문에 도둑이 됐을 것입니다"라고 응수했다. 환경에 따라 사람이나 사물의 성질이 변함을 빗대어 이르는 말인 귤화위지橘化爲枳의 유래다.

원산지는 중국 중남부로 알려져 있지만 우리나라 자생이라는 주장도 있다. 중남부 지방의 따뜻한 지역에 자라는 잎지는 넓은잎 작은키나무이나 가지가 초록색이라 겨울에 보면 늘푸른나무로 착각하기 쉽다. 바닷가를 따라 서해안에선 강화도는 물론 개성에도 자라며 동해안에선 고성까지도 올라간다.《세종실록》'지리지'에는 황해도 특산물로 탱자 껍질이 들어 있어서 추위에도 어느 정도 버틸 힘이 있는 것으로 보인다. 잎 모양이 독특하여 하나의 잎자루에 3개씩 작은잎이 붙어 있고, 또 잎과 잎 사이의 잎자루에는 좁다란 날개가 달려 있다. 잎이 작고 숫자도 적으나 초록색 가지까지 광합성에 힘을 보태어 열심히 살아가는 나무다. 제주도 등지에서는 귤나무를 접붙이는 밑나무로 쓰인다.

19

넓은 쓰임새가 도리어 화가 되었구나

비자나무

Nut-bearing torreya

비자나무는 친숙한 나무가 아니다. 온대 지방에서 한대 지방에 걸쳐 자라는 다른 대부분의 바늘잎나무와는 달리 따뜻한 난대 지방을 좋아하는 비자나무는 흔한 나무가 아닌 탓에 만나기가 어렵다. 제주도와 남해안 섬 지방에서 주로 자라고 육지에서는 전남과 전북의 경계에 있는 백양산과 내장산이 비자나무가 살 수 있는 북쪽 한계선이다. 그러나 지구 온난화의 영향인지 창경궁 대온실 옆의 비자나무는 지은이가 눈여겨보고 있는 지도 20년을 훌쩍 넘겼지만 지금도 잘 자라고 있다. 이제 궁궐의 한 식구로 넣어도 누구도 탓할 수 없게 되었다.

비자나무 잎은 가지를 가운데 두고 뾰족한 잎이 좌우로 뻗어서 非비 자 모양이 된다. 여기다 비자나무는 상자를 비롯한 여러 기구를 만들기에 좋은 나무이므로 상자를 뜻하는 匚방 자로 집을 만들고, 木목 자를 붙이면 바로 비자나무를 나타내는 글자 榧비가 된다. 늘푸른 바늘잎 큰키나무인 비자나무는 좋은 조건에서 잘 자라면 높이 20m, 줄기 지름 2m 이상에 이를 수 있는 큰 나무다. 햇빛을 많이 받을 수 없는 숲 속에서도 잘 자라 다른 나무들과의 경쟁에 강하다. 대신에 생장이 지극히 늦어 둘레가 한 아름 정도면 나이

↖ 캬자 모양으로 마주나기로
　달리는 잎

원래는 남부 지방에서만 자라는
나무지만, 창경궁 대온실 옆에서
꿋꿋이 자라고 있는 비자나무

| 과명 주목과 | 학명 *Torreya nucifera* | 분포 남해안 및 제주도, |
| | | 지역 일본 |

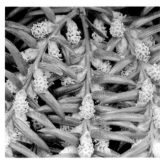

5월 무렵에 피는 꽃, 갈색 씨앗을 품지만 겉은 초록색으로 익는 비자, 길게 갈라지는 회갈색 나무껍질

가 적어도 수백 살에 이른다. 보통 늘푸른나무는 대체로 2~3년마다 한 번씩 잎갈이를 한다. 반면에 비자나무는 잎의 수명이 6~7년, 때로는 10년이 넘어 잎이 가장 오래 사는 나무 중의 하나다. 나무껍질은 나이를 먹어가면서 짙은 회갈색을 띠고 세로로 길게 갈라진다.

비자나무 종류는 우리나라 남부와 일본 중남부 일대에 자라는 비자나무를 비롯해 중국 남부와 미국에도 몇 종이 자라고 있지만 우리의 비자나무가 왕 중 왕이다. 나무의 크기와 자람, 재질이 다른 비자나무와 비교할 수 없을 만큼 뛰어나기 때문이다.

비자나무 목재는 치밀하고 비중은 0.53 전후로 소나무와 거의 같아 바늘잎나무 중에는 비교적 단단한 편이고 탄력도 좋다. 나무의 속부분인 심재는 황갈색이며 겉부분인 변재는 황백색이라 전체적으로 연한 노란빛을 띤다. 그러나 나무에 수지樹脂 성분이 비교적 많아 독특한 냄새가 나고 잘 썩지 않는다. 특히 습기에 강해 땅속에 묻혀 있어도 잘 버티므로 고급 관재나 배를 만드는 재료로도 이용된다. 백제 사비시대의 유

적인 부여 능산리 능안골 고분에서 나온 목관도 비자나무로 만들어졌다. 또 청해진 유적지인 완도 장좌리 목책木柵의 일부 나무가 굴피나무와 비자나무 였다. 그 외 1984년 전남 완도 어두리 앞바다에서 인양된 화물 운반선의 외 판外板은 소나무 판자와 두꺼운 비자나무 판자가 섞여 있었다. 이처럼 고려 초까지만 해도 오늘날 희귀 식물에 가까운 비자나무가 여러 용도로 쓰일 만 큼 흔한 나무였음을 짐작할 수 있다.

오늘날 비자나무의 중요한 쓰임은 바둑판이다. 나무에 향기가 있고 연 한 황색이라서 바둑돌의 흑백과 잘 어울리며 돌을 놓을 때 은은한 소리까지 나 고급 바둑판 재료로는 비자나무를 따라갈 나무가 없다. 보존 상태가 좋고 잘 다듬어진 비자나무 바둑판은 소위 명반名盤이라고 알려지면 부르는 게 값이라고 한다. 은행나무나 피나무 바둑판도 품질이 좋다고 하지만 최고급 품은 역시 비자나무로 만들어야 한다. 지금은 우리나라에서는 바둑판을 만 들 수 있는 비자나무는 나오지 않는다. 적어도 지름이 1m 이상은 되어야 통 바둑판을 만들 수 있으니 나이가 줄잡아도 몇백 살은 되어야 하고, 이 정도 굵기와 나이라면 우리나라에서는 거의 천연기념물감이기 때문이다. 1994년 일본의 한 소장자가 개화기의 풍운아 김옥균이 피살되기 직전까지 가지고 있던 바둑판을 한국기원에 기증했다. 이 바둑판도 비자나무로 만들어진 것 으로 알려져 있는데, 최고급은 아니지만 역사성 때문에 명반의 반열에 들어 있다.

비자나무는 암수딴그루인데 암나무에는 늦여름에 초록색으로 익는 손 가락 마디만 한 열매인 비자가 달린다. 안에는 아몬드나 땅콩만 한 크기에 빛깔도 비슷한 딱딱한 씨앗이 들어 있다. 이것은 옛사람들이 뱃속의 기생충 을 없애려고 먹던 구충제다. 《동의보감》에는 "비자를 하루에 7개씩 7일 동 안 먹으면 촌충은 녹아서 물이 된다"고 했다. 우리나라 남부 지방의 장성 백 양사, 고흥 금탑사金塔寺, 장흥 보림사寶林寺, 화순 개천사開天寺 등의 비자나무 숲은 모두 스님들이 이웃 주민들에게 '비자 보시'를 하기 위해 일부러 심은 나무들이다. 그 외에도 비자로 기름을 짜서 식용유나 머릿기름으로도 썼다.

한편 《고려사》에 보면, 문종 7년1053 "탐라국 왕자 수운라가 자기 아들 배웅교위, 고물 등을 보내 비자 등 특산품을 바쳤다"는 내용이 있다. 원종 12

제주도 구좌읍 평대리의 천연기념물 제374호 비자나무 숲. 500살 넘은 비자나무 2,800여 그루가 하늘을 가린다.

년1271에는 몽골에서 궁실을 지을 재목을 내라고 요구해 비자나무 목재를 보냈다는 기록이 있다. 조선시대에 들어서는 세종 3년1421과 7년1425의 기록에 비자가 나오며 예종 1년1469 제주도의 폐단을 아뢴 상소문에서 "한라산의 소산물은 비자나무 등과 같은 나무와 선재船材들인데, 이 모두가 국용에 절실한 것들입니다. 그런데 근년 다투어 먼저 나무를 베고 개간을 하여 밭을 만들어버렸습니다. 원컨대 이제부터 나무를 베고 새로 개간하는 자를 엄히 벌하소서"라 했다.

성종 3년1472과 24년1493에는 제주 비자나무는 나라 산림에 중요한 물품이니 벌채를 금지하라는 명을 내리기도 했다. 비자나무 판을 조세처럼 의무적으로 나라에 바치게도 했다. 영조 39년1763 "제주에서 해마다 비자나무 판 10부部를 바쳤는데, 재해가 들었으니 5년 동안 바치는 것을 중지하라"고 했다는 기록도 있다. 그러나 조선 중후기를 지나면서 관리들이 부패하고 세제가 문란해져 제주도 사람들은 큰 피해를 입게 된다. 수탈의 현장에는 항상 감귤과 비자나무가 있었다. 참다못한 백성들이 나무를 잘라버린 탓에 제주의 비자나무는 거의 사라져버렸고 오늘날 제주시 구좌읍 평대리에 천연기념물 제374호로 지정된 비자나무 숲만 남았다.

비자나무와 비슷한 개비자나무가 있다. 비자나무와는 달리 중부 지방의 숲 속에서도 잘 자랄 만큼 추위에도 강하다. 개비자나무는 높이 3~4m가 고작인 늘푸른 바늘잎 작은키나무이나 잎 모양이 비자나무와 닮았다. 간단한 구별 방법은 손바닥을 펴서 잎의 끝 부분을 눌러보았을 때 딱딱하여 찌르는 감이 있으면 비자나무, 부드러우면 개비자나무다. 사도세자의 무덤인 화성 융릉의 재실 앞에는 천연기념물 제504호로 지정된 개비자나무가 자란다.

20

때로는 화살대로, 때로는 복조리로

조릿대

Sasa

조릿대는 전국 어디에서나 숲의 나무 밑을 덮고 자라는 자그마한 대나무다. 뿌리줄기를 뻗어 거의 흙이 보이지 않을 정도로 빽빽하게 땅 표면을 뒤덮는다. 우리나라와 같이 화강암 토양이 많아 흙이 흘러내리기 쉬운 지형의 급경사지에서는 땅을 보호하고 건조를 막아주는 유익한 역할도 한다. 그러나 한번 터를 잡으면 다른 나무들은 들어갈 수 없는 자기네들만의 세상을 만들어 문제다. 한라산의 제주조릿대는 방목이 줄어들면서 너무 많이 번식하여, 수천 년을 같은 공간에서 살아오던 시로미나 구상나무 등 희귀 식물의 자람터를 나날이 침범하고 있어 퇴치를 고민해야 할 지경이다.

조릿대는 키가 1~2m 남짓하고 굵기는 지름 3~6mm 정도인 '미니 대나무'다. 줄기는 가늘고 유연성이 좋아 쉽게 휘고 비틀 수 있으므로 조리의 재료로 안성맞춤이다. 조릿대란 이름도 '조리를 만드는 대나무'란 뜻이다. 조리는 곡식에 들어 있는 이물질을 걸러내는 기구다. 옛날에는 가을에 벼를 베어 수확하면 흙으로 된 마당에서 바로 이삭을 털어내어 방아로 찧었으므로 쌀에는 돌이 섞이기 마련이다. 밥 짓기에 앞서 조리로 돌을 골라내야 했기에, 조리로 쌀을 이는 기술은 주부의 능력을 평가하는 항목 중 하나였다. 귀

↖ 끝이 뾰족하고
앞면은 윤기가 나는 잎

창경궁 대온실 인근에 무리 지어
자라는 조릿대

과명	화본과	학명	*Sasa borealis*	분포 지역	중부 이남 산지, 일본

눈 내리는 겨울에도 변치 않고 푸른색을 띠고 있는 잎, 아주 드물게 피는 꽃, 가늘고 잘 휘어지는 줄기

한 손님이 식사 중에 돌이라도 씹으면 안주인은 고개를 들지 못했다. 또 정월 초하루에는 1년 동안 쓸 조리를 한꺼번에 사서 실이나 엿 등을 담아 벽에 걸어두는 풍습이 있었다. 조리로 쌀을 떠서 이듯이 복도 그렇게 뜨라는 의미로 이를 복조리라 불렀다고 한다. 한 해의 복을 조리에 담아둔다는 주술적인 의미도 있었다. 1990년대까지만 해도 음력 정월 초하루 첫새벽에는 복조리 장수가 '복조리 사려!'를 외치면서 골목을 누볐다. 먼저 사야 복을 더 많이 가져온다고 여겨 새벽 일찍 구입했으며, 복조리 값은 깎지 않았다. 조릿대는 조리 외에도 작은 상자나 키, 바구니 등 옛사람들의 각종 생활기구를 만드는 데 폭넓게 쓰였다.

조릿대와 비슷한 종류로는 이대, 제주조릿대, 섬조릿대 등이 있다. 이들 중 화살대로 쓰인 이대에 주목해 볼 필요가 있다. 화살은 화살촉과 화살대로 이루어지는데, 화살대는 명중률을 높이고 사거리에 영향을 미치는 중요한 기능을 했다. 화살대의 재료는 대부분 대나무였다. 화살대라는 이름 자체가 '화살대나무'의 준말이다. 한편 대나무가 나지 않는

북쪽 지방에선 싸리와 광대싸리 등으로 만든 목시木矢를 썼다.

옛 문헌에는 화살대 공급에 관련된 여러 기록들을 찾을 수 있다. 세종 15년1433에 병조에서 아뢰기를 "평안도와 함경도의 군인들이 전술 연습에 쓸 화살대가 없으니 함경도는 강원도에서 1만 개와 경상도에서 2만 개를, 평안도는 충청도에서 1만 개와 전라도에서 2만 개를 해마다 실어 보내게 하소서"라고 했다. 세조 7년1461에 병조에서 "함경도는 전죽箭竹이 나지 아니하니 강원도 관찰사로 하여금 전죽 뿌리를 많이 캐서 여러 고을에 심게 하여야 할 것입니다. 평안도와 황해도에도 역시 전죽이 생산되지 아니하니, 함경도의 예에 따라 전죽 가꾸기에 적당한 고을을 찾아 심게 하소서" 하니 이를 그대로 따랐다. 세조 3년1457에는 "이미 자라고 있는 전죽을 벌채하지 말도록 엄금했다"고 한다.

위 기록들에서 확인할 수 있다시피 화살대를 만드는 데 쓰이던 대나무, 즉 전죽의 생산지는 남부 지방이었다. 전죽은 실제로 어떤 나무였을까? 우리나라 대나무 종류 중 화살대를 만들기에 적합한 나무는 이대다. 북방 민족과의 충돌이 끊이지 않아 화살대 공급이 절실한 함경도, 평안도, 황해도에서는 조릿대로 화살대를 만들기도 했으나 대량으로 화살대를 만들 수 있는 이대는 나지 않았다. 일반 대나무는 너무 굵고, 북방에서도 자라는 조릿대는 토양이 좋은 곳에서는 거의 지름이 1cm 가깝게 곧게 자랄 수도 있으나, 그래도 품질 좋은 화살대를 대량으로 만들기는 어렵다.

이대는 높이 2~5m, 지름 5~15mm 정도로 굵기가 적당하고 곧게 자라며 줄기의 마디가 적고 마디 사이가 길어서 화살대로 안성맞춤이다. 우리나라 남부 지방의 해안 쪽에서 많이 자라는데 여러 기록으로 볼 때 전죽은 이대로 보아도 무리가 없을 것 같다. 이대는 일본과 중국에서도 역시 화살대로 썼다. 이대는 산기슭에서 무리를 지어 자라는 것을 베거나 일부러 심어 같은 규격의 화살대를 대량으로 만들 수 있는 유일한 나무다. 군수 물자로서 이대의 확보는 고대 국가의 흥망성쇠와도 관련이 있었다. 북방국가인 고구려가 꾸준히 남진 정책을 편 데에는 여러 가지 이유가 있겠으나 안정적으로 이대를 직접 확보하겠다는 의지도 포함되어 있지 않았을까 생각해본다.

21

솜사탕처럼 살살 녹는 신토불이 바나나

으름

Five-leaf Chocolate vine

으름은 머루, 다래와 함께 우리의 산에서 흔히 얻을 수 있는 대표적인 야생 과일의 하나이다. 배고픔이 일상화되어 있던 시절, 산에서 으름을 만나면 횡재를 한 셈이었다. 요즘은 흔히 볼 수 없지만 옛날에는 산속에서 비교적 흔하게 볼 수 있는 열매였다. 꽤 큰 열매 속에 든 솜사탕처럼 부드러운 내용물을 입에 넣으면 살살 녹는 감칠맛이 일품이다. 굳이 오늘날의 과일과 비교한다면 바나나 맛에 가깝다.

으름은 주로 차가운 물이 흐르는 계곡 주변에서 만날 수 있다. 열매의 새하얀 과육은 맛이 달콤하고, 씨앗이 씹히면서 혀끝에 전해오는 차가운 느낌과 색깔이 얼음을 닮았다. 이를 따 먹던 아이들이 '얼음' 과일이라고 부르던 것이 '으름'이 되었다고도 한다. 열매는 짧은 소시지처럼 생겼는데 처음 달릴 때는 어린아이의 고추 모양이고 한참 굵어질 때는 영락없이 남성의 심벌 모양이 된다. 색깔은 처음 달릴 때는 초록색이지만 차츰 갈색으로 짙어진다. 완전히 익으면 두꺼운 껍질이 세로로 길게 벌어지면서 동그스름하고 말랑말랑한 육질이 드러난다. 이때 모습이 여성의 치부를 쏙 빼닮았다며 점잖은 옛 어른들도 체통에 어울리지 않게 임하부인林下夫人이라는 엉큼한 이름

↖ 잎자루 하나에 작은잎이 5개씩
모여 달리는 겹잎

이제는 깊은 산에서나 만날 수
있는 귀한 나무가 되어버린 으름

과명	으름덩굴과	학명	*Akebia quinata*	분포 지역	중남부 산지, 중국, 일본

보랏빛 꽃받침에 싸인 꽃, 완전히 익어 말랑말랑한 육질을 드러낸 열매, 다른 나무를 감는 어린 줄기

을 붙여두었다.

으름 열매는 약재로도 쓰였다. 열매가 아직 벌어지기 전에 따다 말린 것을 임산부의 부종에 이뇨제로 썼다. 뿌리껍질을 벗긴 것은 목통木通이라 하여 소변이 잦거나 배뇨 장애로 통증이 있는 증상에 효과가 있다고 알려져 있다. 《세종실록》 '지리지'에 보면 경기도의 특산 약재를 소개하는 내용 중에 목통이 등장한다.

으름은 중부 이남 지방에서 주로 볼 수 있고 다른 나무를 타고 오르면서 자란다. 잎지는 넓은잎 덩굴나무로 햇빛이 조금씩 들어오는 숲 가장자리에 자리를 잡는다. 줄기는 길이 5m 정도로 뻗으며 나무껍질은 갈색을 띤다. 잎은 새로 나온 가지에는 어긋나기로 달리고 오래된 가지에서는 잎자루 하나에 손바닥 모양으로 모여나기로 달린다. 5개의 작은 잎은 긴 타원형이고 가장자리가 밋밋하다. 암수한그루로 꽃은 봄이 무르익어가는 4~5월에 짙은 보랏빛으로 피며, 짧은 가지의 잎 사이에서 나오는 원뿔 모양의 꽃차례에 달린다. 꽃잎이 없으나 3개의 꽃받침 조각이 마치

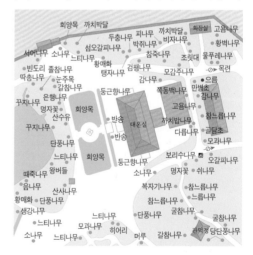

작은잎 5~7개로 이뤄진 멀꿀 잎, 우윳빛으로 피는 멀꿀 꽃, 가을이면 붉은 자색으로 익는 멀꿀 열매

꽃잎처럼 보인다.

봄에 나오는 어린잎은 나물로 먹으며, 덩굴은 질기고 강하여 나뭇단을 묶는 데 쓰거나 껍질을 벗겨 간단한 생활용품을 만들었다. 덩굴을 적당한 길이로 잘라 솥에 넣고 삶으면 갈색 물이 우러나는데 이것을 천연 염료로 이용한다. 여기에 식초를 약간 넣고 무명이나 명주를 물들이면 고운 황색 천이 되고, 우린 물을 끓여 더욱 진하게 하거나 여러 번 계속하여 물을 들이면 황갈색을 얻을 수 있다.

으름과 비슷하게 생긴 덩굴나무로 멀꿀이 있다. 잎지는나무인 으름과 달리 멀꿀은 늘푸른나무다. 잎자루 하나에 달린 작은잎의 수가 5~7개로 으름보다 많고 열매는 훨씬 크다. 꽃은 나리꽃처럼 깊이 갈라지며 우윳빛이다. 으름은 익으면 가운데가 세로로 벌어지는 반면, 멀꿀은 벌어지지 않고 붉은 보라색으로 익는다. 얇은 껍질을 벗기면 안에 약간 투명한 백색의 과육이 들어 있고 까만 씨앗이 사이사이에 수없이 박혀 있다. 달큼한 맛이 있어서 옛사람들은 당도가 높은 과일로 귀하게 여겼다. 《성호사설》에 보면 "멀꿀 열매는 크기가 모과와 같고 맛은 아주 향기롭다"고 했다. 연복자燕覆子라고 하여 약으로도 썼다. 추위에 약하여 남해안이나 섬 지방의 난대림에만 자란다. 집안에 심고 덩굴을 담장에 올려 과일로 가꾸기도 한다.

22

오해 마세요, 부처님의 보리수는 아니랍니다

보리수나무

Autumn oleaster

보리수나무는 우리나라의 산 어디에서든 쉽게 만날 수 있는 잎지는 넓은잎 작은키나무다. 이 나무의 잎 뒷면은 마치 은박지처럼 보인다. 아주 짧은 은빛 털이 촘촘하게 나 있기 때문이다. 잎은 어긋나기로 달리는 긴 타원형으로 밑은 좁고 끝은 뾰족하며 가장자리에 톱니가 없다. 암수한그루로 흰 꽃이 피고 가을에 땅콩 알 크기의 열매가 붉은빛으로 익는다. 주근깨투성이 소녀의 볼처럼 열매의 표면에는 하얀 점이 무수히 찍혀 있고, 맛이 떫으면서도 새콤달콤하여 옛사람들의 간식거리가 되었다.

연산군 6년1500 임금이 전라도 관찰사에게 이르기를 "동백나무 대여섯 그루를 각기 화분에 담고 흙을 덮어 모두 조운선에 실어 보내고, 익은 보리수 열매를 봉하여 올려보내라"라고 명한 기록이 있다. 여기에 나오는 보리수 열매는 남부 지방에 자라는 늘푸른나무인 보리밥나무나 보리장나무의 열매를 일컫는 것이다. 이 열매는 보리수나무의 열매보다 약간 크기는 하나 거의 비슷해 옛사람들은 따로 구별할 필요가 없었다.

지금의 전남 보길도로 추정되는 '보리'란 지역에 많이 자란다고 보리수나무란 이름을 얻은 이 나무는 한자로 표기하면 보리수甫里樹다. 공교롭게

↖ 새로 난 가지의 잎 겨드랑이에
모여 달리며 피는 꽃

창경궁의 대온실과 관덕정
사이의 숲 바깥쪽에 자라는
보리수나무

과명	보리수나무과	학명	*Elaeagnus umbellata*	분포 지역	중부 이남, 중국, 일본

가장자리가 밋밋하고 뒷면에 은빛 털이 촘촘히 난 잎, 흰 점이 무수히 찍혀 있는 열매, 모여나는 줄기

도 부처님이 도를 깨우친 보리수菩提樹와 음이 같아서 혼동을 일으키나 실은 아무런 관련이 없다. 후자는 인도보리수라고 한다. 석가모니가 오랜 고행 끝에 이 나무 아래에서 깨달음을 얻었다는 바로 그 나무다. 뽕나무 무리의 무화과 종류에 포함되는데, 높이 30m에 줄기 둘레가 2m 정도나 되는 늘푸른 넓은잎 큰키나무다. 인도가 원산이며 가지를 넓게 펼치고 수많은 가지에서 아래로 공기뿌리를 내려 한 포기가 작은 숲을 형성할 정도로 무성하게 자란다. 이 나무를 불교에서는 범어로 '마음을 깨쳐준다'는 뜻의 부디드라마 Bodhidruama라고 하며, 핍팔라Pippala 혹은 보Bo라고도 했다. 이를 불교가 중국에 들어오면서 불경을 한자로 번역할 때 그대로 음역해 보리수라는 이름이 된 것이다.

그러나 아열대에 자라는 나무이므로 중국을 거쳐 우리나라에 불교가 전파될 때 같이 따라 들어올 수는 없었다. 따라서 오늘날 절마다 자라고 있는 보리수는 부처님의 '그때 그 나무'는 아니다. 2014년 인도 정부가 우호의 상징으로 인도보리수를 우리나라 산림청에 기증했고, 현

끝이 뾰족한 인도보리수 잎, 은백색 잔털이 나 있는 보리밥나무 어린잎, 뜰보리수 열매

재 국립수목원 열대온실에 심겨 있다. 석가모니가 깨달음을 얻을 당시 사원 안에 있었다는 인도보리수의 자손이다.

보리수라 불리는 피나무 종류도 있다. 중국이나 우리나라의 불교 신자들이 부처님이 깨달음을 얻은 진짜 보리수를 대신하기 위해 택한 피나무 무리다. 추운 지방에서도 잘 자랄 뿐 아니라 단단한 열매는 염주로 쓸 수 있고 잎이 하트 모양이라 인도보리수와 비슷하기 때문이다. 피나무 종류가 여럿 있으나 주로 보리자나무를 심어두고 스님들은 보리수라고 부른다. 우리나라 절에 피나무 보리수를 심기 시작한 시기는 명확하지 않으나 《고려사》에 보면 "명종 11년1182 2월 묘통사妙通寺 남쪽에 있는 보리수가 표범의 울음소리와 같은 소리로 울었다"는 기록이 있으므로 적어도 고려 초 이전부터, 아마 불교가 우리나라에 전파되었을 무렵부터 심기 시작한 것으로 추정된다.

슈베르트의 가곡집 〈겨울나그네〉의 제5곡 제목인 린덴바움Lindenbaum은 원어에 충실하자면 피나무를 가리키지만, 누군가 보리수라고 번역해버렸다. 그래서 보리수란 이름의 나무는 우리 산의 보리수나무, 부처님의 인도보리수, 스님들이 말하는 절의 피나무 보리수, 슈베르트의 보리수가 있다. 그러나 이것으로 끝나지 않는다. 모감주나무, 무환자나무 등 염주를 만들 수 있는 열매가 달리는 나무도 보리수라고 부르는 경우가 있어서 더욱 혼란스럽다. 이 외에도 일본에서 수입해 정원에 흔히 심고 있는 뜰보리수는 보리수나무와 비슷하나 열매가 더 굵고 단맛이 강하며 초여름에 붉게 익는 것이 차이점이다.

23

제 이름은 순수한 우리말이랍니다

히어리

Korean winter hazel

학명에 코레아나*coreana*란 종명이 당당히 들어간 히어리는 우리나라에서만 자라는 작은 꽃나무다. 나무를 본 적이 없어도 곱고 상큼한 나무란 인상을 주는, 이름이 아름다운 우리 나무다. 어감 탓인지 히어리란 이름을 영어나 불어로 아는 경우도 많지만 순수한 우리말이다.

히어리란 이름은 어디서 유래한 것일까? 1924년 식물학자 우에키 호미키 박사는 조계산 송광사松廣寺 부근에서 처음 채집한 히어리에 송광납판화松廣蠟瓣花란 이름을 붙였다. 처음 발견한 곳 인근에 자리한 송광사에서 딴 '송광'에 '납판화'란 한자를 더한 것이다. 납판화는 얇은 종이처럼 반투명한 히어리의 꽃받침과 턱잎이 마치 밀랍을 먹인 것 같다 하여 붙은 이름이다.

한참 세월이 흐른 1960년대 초, 이창복 당시 서울대 교수를 비롯한 전남 지방 식물 조사단은 순천 일대를 훑고 있었다. 어느 날 조사단은 마을 주민들이 흥얼거리는 "뒷동산 히어리에 단풍 들면 우리네 한 해 살림도 끝이로구나"라는 노랫가락에 귀가 번쩍 뜨였다. 주민에게 히어리가 무엇인지 물어보니 송광납판화를 가리켰다. 그렇잖아도 송광납판화란 딱딱한 한자 이름이 못마땅했던 이 교수는 송광납판화에 히어리란 새로운 이름을 붙여주고

↖ 넓은 타원형에 뚜렷하고
가지런한 잎맥이 독특한 잎

우리나라에서만 자라는
작은키나무인 히어리

과명	조록나무과	학명	*Corylopsis coreana*	분포 지역	중부 이남, 한국 특산

잎이 나기 전에 피는 노란 꽃, 익어가고 있는 열매, 여러 갈래로 갈라져 포기를 이루어 자라는 줄기

학회에 보고했다. 송광사 인근 마을의 사투리인 '히어리'의 어원이 무엇인지는 아직까지 명확히 밝혀지지 않았다. 시오리, 각설대 등의 다른 이름도 있다. 이후 히어리는 전남 해안 지방, 지리산 일대, 경남 산청 및 남해 금산, 경기도 수원 광교산과 포천 백운산, 강원도 강릉 등에서 발견되었다.

잎지는 넓은잎 작은키나무인 히어리는 키가 3~5미터 정도이며 줄기가 여럿으로 갈라져 포기처럼 된다. 산기슭의 수분이 적당하고 햇빛이 잘 드는 곳을 좋아하지만 조금 건조해도 크게 투정하지 않고 잘 자란다. 빠르면 2월, 대체로 3월 초순~중순이면 꽃망울을 터뜨리기 시작하는 봄의 전령사다. 잎이 나오기 전 작은 초롱 모양의 노란 꽃이 8~12개씩 핀다. 원뿔 모양의 꽃차례를 만드나 꽃 하나하나의 꽃대 길이가 짧아 이삭처럼 밑으로 늘어지는 것이 특징이다. 꽃이 다 피어도 꽃잎은 반쯤 벌어진 상태로 있으며, 안에서 보라색 꽃밥이 몸을 다소곳이 내민다. 꽃이 한창 필 때는 이삭처럼 총총히 매달린 노란 꽃이 나무 전체를 뒤덮어 장관을 이룬다. 잎은 원형 혹은 넓은 타원형이

이른 봄에 잎도 나지 않은 가지에 노란 꽃을 잔뜩 피운 히어리

며 하트 모양도 자주 볼 수 있다. 잎맥이 뚜렷하여 주름이 잡힌 것처럼 보이고 안으로 휜 톱니도 특별하다. 가을에 만나는 황색 단풍도 더할 수 없이 아름답다. 콩알 크기의 동그란 마른열매는 초가을에 갈색으로 익으며 암술대의 흔적이 긴 꼬리처럼 남기도 한다. 열매는 여러 개의 씨방으로 나뉘고 각 씨방마다 새까만 씨앗이 2~4개씩 들어 있다.

　아무도 알아주는 사람 없이 일부 지방의 숲 속에 숨어 있던 이 아름다운 우리 나무는 최근 들어 정원수로 각광을 받고 있다. 이제는 궁궐을 비롯하여 공원 등에서 심심찮게 히어리를 만날 수 있다.

24

이름 없이 수천 년을 자라던

고추나무

Bumald's bladdernut

오늘날 우리가 먹는 음식에서 빠질 수 없는 양념인 고추가 우리나라에 들어온 것은 그리 오래되지 않았다. 기껏해야 조선 중기 정도다. 임진왜란 때 왜군들이 조선 사람들을 독살하기 위해 고추를 들여왔으나, 오히려 입맛에 맞아 우리 것이 되어버렸다는 이야기가 있다. 반대로 일본의 문헌에는 중국에서 우리나라를 거쳐 고추를 들여왔다는 내용이 있는데, 어느 것도 명확하지는 않다. 어쨌든 처음 고추를 맛본 우리의 선조들은 하도 먹기가 고생스러워 고초苦草라고 불렀는데 이것이 나중에 고추가 되었다고 한다.

고추는 서민들에게까지 차츰 널리 퍼져 친숙해졌는데, 고추를 닮은 나무가 바로 고추나무다. 3갈래로 벌어지면서 달리는 잎, 작고 갸름한 꽃봉오리, 하얗게 핀 꽃의 모양이 고춧잎과 꽃을 금세 연상시켜 붙은 이름이다. 수천 년 전부터 우리의 산에 자랐을 이 나무의 예전 이름은 무엇이었을까? 그러나 특별히 내세울 만한 자랑거리가 없던 고추나무 이야기를 옛 선비들이 아는 척하여 기록에 남겨둘 리가 없으니, 대답은 고추나무에게 물어보는 수밖에 없다. 고추나무는 이름 하나 없는 천덕꾸러기였지만 오늘날 우리가 보기에는 새하얀 꽃과 예쁜 방패 모양의 열매가 매력적이다.

↖ 손톱만 한 크기의 작고
하얀 꽃과 꽃봉오리

잎과 흰 꽃이 영락없이
고추를 닮은 고추나무

| 과명 | 고추나무과 | 학명 | *Staphylea bumalda* | 분포
지역 | 전국 산지, 중국,
일본 |

잎자루 하나에 3개씩 달리는 잎, 납작하고 약간 부푼 열매, 조금 나이를 먹어 회흑색을 띤 줄기

　　고추나무는 늦봄에서 초여름으로 들어설 즈음 한 뼘쯤 되는 원뿔 모양의 기다란 꽃대를 쑥 내밀고 작은 꽃봉오리를 매단다. 이어서 하얀 꽃이 매달리는 모양은 멀리서도 사람들의 눈길을 끈다. 연초록 고춧잎 모양의 잎사귀를 바탕으로 무리 지어 피는 순백색 꽃의 자태는 깨끗함과 순결함 그 자체다. 꽃이 지고 나면 납작하고 약간 부푼 반원형의 열매가 달린다. 열매는 처음엔 손톱 크기만 하다가 차츰 익어가면서 동전 크기만 해지고 색은 연한 황갈색으로 변한다. 갸름한 열매의 아랫부분은 살짝 갈라져 있는데, 전체 모습은 마치 옛 무사들이 들고 다니던 방패를 작게 만들어놓은 것처럼 보인다.

　　이 나무의 유일한 쓰임새는 부드럽고 향기 나는 어린잎을 살짝 데쳐서 나물로 무쳐 먹는 것이다. 그러나 고추나무의 깨끗한 꽃과 독특한 모양의 열매는 메마른 우리 정서에 활력을 불어넣어줄 힘을 갖고 있다. 분별없이 수입하여 아무 곳에나 심어대는 외래 나무 대신에 심어볼 만한 깔끔한 우리 나무다.

　　고추나무는 우리나라의 계곡이나 산자락 어디에서도

청초한 흰 꽃을 잔뜩 매달고 있는 초여름의 고추나무

흔히 볼 수 있는 잎지는 넓은잎 작은키나무다. 다 자라도 높이가 기껏 4~5m
이고 줄기 굵기는 팔뚝 정도다. 어린 가지는 잿빛이 들어간 녹색이다. 나무
껍질은 어릴 때는 갈색이지만 조금 나이를 먹으면 회흑색으로 변하며 세로
로 길게 띄엄띄엄 갈라지기도 한다. 잎은 가지에서 정확히 마주나고 잎자루
하나에 작은잎이 3개씩 달리는 삼출엽이다. 긴 타원형의 잎은 끝이 꼬리처럼
길다. 잎가장자리에는 톱니가 촘촘한데 때로는 물결 모양으로 둔하게 나기
도 한다.

25

수레에 가득한 금보다도 귀하다

오갈피나무

Stalkless-flower eleuthero

다섯[五] 개의 잎이 붙어[加] 있고 껍질[皮]을 약에 쓰는 나무란 뜻으로 한자 이름은 오가피五加皮이고 우리 이름은 오갈피나무다. 잎지는 넓은잎 작은키 나무로 다 자라도 사람 키를 넘기는 정도이며 우리나라 어디에서나 숲 속에서 드물게 만날 수 있다. 예부터 집 근처에 심어두고 약에 쓰는 약나무로 유명하다. 오갈피나무는 우리나라에 나는 특산 약용식물로《세종실록》'지리지'에도 실려 있다.

조선왕조실록에서 보면 선조 31년1598 약방 관원이 임금의 병에 대한 처방을 아뢰면서, "오가피주酒는 맛이 맵고 독하기는 하지만 꽃이나 열매를 끓인 물을 조금 타서 바람 불고 비 오는 추운 날에 드시는 것이 좋습니다"라고 했다. 임금님에게 약으로 쓸 만큼 중요한 나무였음을 알 수 있다. 정조 15년1791 사직司直 벼슬을 하던 채홍리가 올린 상소문에도 "오가피주는 신선의 처방에 가깝다"고 한 부분이 있다.

《산림경제》'복식服食'조에 "오가피주는 4~5월에 벗긴 껍질 1근, 마른 껍질이라면 10냥, 겨울에는 껍질째로 두 배를 넣는다. 물 10병을 붓고 5병이 되도록 달인다. 그 다음 백미白米 1말을 여러 번 씻어 가루를 만들고 오가피

↖ 작은잎 3개 혹은 5개로
이루어진 겹잎

예로부터 귀한 약재로 써온
오갈피나무

과명	두릅나무과	학명	*Eleutherococcus sessiliflorus*	분포 지역	중남부 식재, 중국 동북부. 일본

꽃대 끝에서 둥근 공 모양으로 피는 꽃, 콩알 굵기의 새까만 열매, 타원형 숨구멍이 있는 줄기

달인 물에다 누룩을 넣어 담는다"고 했다. 채취 방법에 대하여도 "여름에는 줄기 껍질을 채취하고 겨울에는 뿌리를 채취한다"고 적고 있다. 아울러서 오갈피나무에 대한 종합 평가는 이렇게 내렸다. "'차라리 한 줌의 오가피를 얻고자 하지, 수레에 가득한 금옥金玉은 쓰지 않겠다' 했고 '술을 만들면 황금도 이보다 귀중하다고 말할 수 없다' 했다. 이수광의 《지봉유설》을 인용하면 '오가피는 최고급 영약靈藥이며 술을 만들면 크게 몸을 보補하고 차처럼 끓여 먹어도 좋은 효과가 있다'고 한다. 《동의보감》에는 '힘줄과 뼈를 든든히 하고 의지를 굳게 하며 허리와 등골뼈가 아픈 것, 두 다리가 아프고 저린 것, 뼈마디가 조여드는 것, 다리에 힘이 없어져 늘어진 것 등을 낫게 한다'고 나와 있다."

이렇게 우리의 옛 기록에 영약의 하나로 오갈피나무를 들고 있으며 특히 오가피주를 애용했다. 오갈피나무의 약리작용에 관하여 수많은 연구가 지금도 진행되고 있으며 실제 응용 사례도 있다. 오갈피나무의 잎은 인삼 잎과 생김새가 거의 같고 식물학적으로는 둘 다 두릅

창경궁 · 오갈피나무

나무과이며 유연관계도 가깝
다. 이에 착안한 소련의 과학
아카데미에서는 오갈피나무
의 약리작용을 연구하여 강장
제로 인정하고 1964년부터 엑
기스를 생산했다. 이를 1980
년 모스크바올림픽 때 자국
선수들에게 공급하여 화제가
되기도 했다.

가시가 빽빽한 가시오갈피나무 줄기와 새까만 열매

　　오갈피나무는 우리나라뿐만 아니라 일본과 중국, 시베리아까지 동북아
시아에 널리 자란다. 아래부터 줄기가 여럿으로 갈라져 포기처럼 자라는 경
우가 많고 굵은 가시가 드물게 나 있다. 잎은 주로 5개가 긴 잎자루에 달리
나 3개인 경우도 있으며 긴 타원형 잎의 길이는 손가락 정도다. 꽃은 늦여름
에 여러 개의 작은 꽃이 모여 작은 공 모양으로 가지 끝에서 긴 꽃대를 내밀
고 연한 자줏빛으로 핀다. 꽃 모양 그대로 10월 무렵에 콩알 굵기의 작은 열
매가 모여 까맣게 익는다. 꽃과 열매의 모양이 독특하고 보기 좋아 정원수로
도 손색이 없다.

　　오갈피나무는 이 외에 가시오갈피나무, 섬오갈피나무, 털오갈피나무와
중국 원산의 오가나무 등 몇 종이 있다. 이 중 가시오갈피나무는 이름처럼
가지에 바늘 같은 가시가 촘촘히 나 있어서 다른 오갈피나무와 쉽게 구별할
수 있는데, 약효가 가장 좋다고 알려져 있다.

26

다래는 다래, 키위는 키위다

다래

Hardy kiwi

"살어리 살어리랏다. 청산에 살어리랏다/ 멀위랑 다래랑 먹고 청산에 살어리랏다……"라고 노래한 고려시대 가사 〈청산별곡〉처럼 머루와 다래는 푸른 숲이 우거진 깊은 산속에서나 먹을 수 있는 야생 과일이다.

다래 열매는 옛사람들의 풍습을 묘사한 글에서 머루와 함께 간식거리로 자주 등장한다. 늦여름에 타원형의 손바닥만 한 잎 사이에 매화를 닮은 우윳빛 꽃을 피우고, 이어서 과일을 맺는다. 암수딴그루라 숲 속에서는 실망스럽게도 열매 없는 다래를 흔히 만나게 된다. 손가락 마디만 한 초록 과일은 맛이 부드럽고 달콤해 사람뿐만 아니라 원숭이, 곰까지 동물 모두가 좋아한다. 다 익어도 여전히 초록색이며 갈색빛이 약간 도는 정도다. 새에게 먹혀서 씨앗을 퍼뜨리는 나무들이 대부분 빨갛거나 검은 열매를 가지고 있는 것과 달리, 포유류에게 먹히는 다래는 색깔이 아닌 맛에 승부를 걸었다. 다래 열매는 수분이 많고 달콤하며 약간의 새콤한 맛이 나고, 작은 씨앗들이 혀끝에 걸리는 감칠맛으로 동물들을 유혹한다. 그래서 중국 이름은 원숭이 복숭아란 뜻의 미후도獼猴桃이고 일본 이름은 '원숭이 배[梨]'를 뜻하는 사루나시[猿梨]다. 숲 속에 원숭이가 뛰어다니는 중국과 일본에서 다래는 우선 원

↖ 까만 꽃술이 인상적인 꽃

창경궁 대온실 옆
자생식물학습장의 출입문을
덮고 자라는 다래

과명	다래나무과	학명	*Actinidia arguta*	분포 지역	전국 산지, 중국, 일본

어긋나기로 달리는 타원형 잎, 달콤한 맛 때문에 절로 손이 가는 열매, 구불구불 덩굴로 자라는 줄기

숭이 차지였던 모양이다.

《동의보감》에는 다래가 "심한 갈증과 가슴이 답답하고 열이 나는 것을 멎게 하며 요결석을 치료한다. 또 장을 튼튼하게 하고 열기에 막힌 증상과 토하는 것을 치료한다"고 기록하고 있다. 조선 후기의 한의학자 이제마는 사람의 체질을 네 가지 유형으로 분류하는 사상의학四象醫學을 발전시켰는데, 이 가운데 태양인은 병이 들면 다래가 주로 들어가는 약인 미후등식장탕彌猴藤植腸湯을 써서 치료했다. 옛사람들은 다래가 다른 나무를 감을 때 생기는 U자나 O자 부분을 잘라서 손잡이를 만들거나 눈길을 걸어 다닐 때 신는 설피雪皮를 만들기도 했다.

곡우를 지나 나무의 생리 활동이 왕성한 시기가 되면 사람들은 고로쇠나무나 자작나무 그리고 다래에서 수액을 뽑아 먹는다. 귀찮은 것을 싫어하는 요즘 사람들은 굵어야 팔뚝 남짓한 다래 줄기에서 물을 뽑아내자고 손쉽게 덩굴의 가운데를 싹둑 잘라버린다. 이렇게 하면 나무가 깊은 상처를 입어 피

창덕궁 후원의 천연기념물 제251호 다래. 다래 줄기가 다른 나무들을 온통 뒤덮고 있다.

가 용솟음치듯이 수액이 넘쳐흐른다. 사람들이 다래의 아픔을 알 리 만무하지마는 마음 약한 사람은 줄기를 자르면 뚝뚝 떨어지는 수액이 섬뜩하여 이를 마실 엄두조차 내지 못한다.

천만 인구로 북적대는 서울 한복판의 창덕궁 후원에 다래가 자란다. 그냥 자라는 것도 아니고, 우리나라에서 가장 나이가 많고 가장 굵다는 명성과 함께 당당히 천연기념물 제251호로 지정되어 있다. 창덕궁 후원 깊숙한 곳에 있는 대보단大報壇 터 옆 작은 개울가에서 큰 다래를 만날 수 있다. 나무는 2~3m의 간격을 두고 대체로 세 군데서 뿌리를 내렸다. 줄기는 승천하려는 용이 일어나 솟구치는 듯 구불구불하게 얼기설기 얽혀 있다. 가장 긴 덩굴 길이는 20m가 넘는다. 줄기의 굵은 부분은 둘레가 72cm나 되니 다래로서는 어마어마한 굵기다. 안타깝게도 지금은 줄기의 대부분이 죽어버렸다. 나이는 600살쯤 되었다. 창덕궁 창건 당시부터 있었다고 보고 계산한 나이다. 연산군 9년1503 9월 27일 "서리 맞은 머루와 다래를 따서 들이도록 하라"는 기록이 나온다. 전후 사정으로 보아서는 멀리 갈 필요 없이 가까운 후원에서 따오라고 한 느낌을 받는다. 이 부근에 일찍부터 다래가 많이 자랐을

왕머루 잎, 포도보다 작고 성긴 왕머루 열매, 나무껍질이 세로로 얇게 갈라져 너덜거리는 왕머루 줄기

것 같다. 다만 창덕궁의 다래는 열매가 달리지 않는 수나무다. 암수 나무가
어울려 자랐을 것이나 공교롭게도 암나무는 없어져버리고 수나무만 지금까
지 살아남았다.

다래는 우리나라의 숲 속 어디에서나 자라는 잎지는 넓은잎 덩굴나무
로 길이는 약 10m까지 자라고 보통은 팔뚝 굵기 정도로 굵어진다. 어린 가
지에 잔털이 있으며 숨구멍이 뚜렷하고 갈색이다. 잎은 어긋나기로 달리고
타원형이며 작은 손바닥만 하다. 잎 표면은 약간 광택이 있으며 뒷면은 연한
초록빛이고 가장자리에는 바늘 모양 톱니가 촘촘하다. 꽃은 여름에 흰빛으
로 피고 작은 매화꽃처럼 생겼다.

다래와 떼어놓을 수 없는 나무로 머루가 있다. 옛 시나 글에서 언제나
다래와 함께 언급되었던 머루는 다래와 마찬가지로 깊은 숲 속에서 주로 자
라는 잎지는 넓은잎 덩굴나무이다. 오래된 나무는 줄기가 어른 팔뚝 굵기에
이르기도 하며, 10여m 가까이 뻗기도 한다. 나무껍질은 적갈색으로 얇은 껍
질이 크게 비늘처럼 떨어져 나오기도 한다. 잎은 어긋나기로 달리고 어른 손
바닥을 편 크기이며 아랫부분이 오목하게 들어가 있어서 전체적으로 커다
란 하트 모양이다. 잎끝은 5갈래로 얕게 갈라지고 가장자리에 작은 이빨 모
양의 톱니가 있다. 꽃은 초여름에 황록색으로 작게 피는데, 잎과 마주 보는
위치에 기다란 꽃자루를 달고 아래쪽을 향해 있다. 꽃자루의 바로 아랫부분
에는 돼지 꼬리처럼 돌돌 말린 덩굴손이 붙어 있다. 열매는 포도보다 훨씬
작아 굵은 콩알만 하며 한 송이에 달리는 개수도 훨씬 적다. 처음에는 초록

색이지만 완전히 익으면 진한 보라색이 약간 섞인 까만 열매가 달린다.

힘들여 가꾸지 않아도 산속 어디에나 얼기설기 나무덩굴을 이루어 불쌍한 민초들의 배고픔을 달래주었던 머루를 사람들은 그냥 먹기도 했지만 머루주를 담아 약용으로 마시기도 했고, 어린잎 혹은 연한 잎은 나물로 먹기도 했다. 또한 머루의 줄기는 단단하고 탄력성이 좋아 지팡이 재료로 애용되었다. 우리가 흔히 머루라고 부르는 나무는 여러 종류가 있다. 특히 머루와 왕머루는 아주 흡사하여 구별하기 어렵다. 잎의 뒷면에 적갈색 털이 있으면 머루이고, 털이 없으면 왕머루이다. 그러나 실제로 산에서 이 둘을 구별하기란 상당히 어려운 일이다. 다만, 우리나라 산에는 왕머루가 훨씬 많으므로 우리가 보는 것은 사실 왕머루인 경우가 대부분이다.

다래 종류 구별하기

다래 종류에는 이 외에도 개다래와 쥐다래가 있다. 둘 다 다래와는 달리 잎 표면 전체 혹은 일부가 하얗게 변한 잎이 띄엄띄엄 섞여 있는 것이 특징이다. 개다래는 흰 반점이 여름 내내 그대로 있으며 손가락 마디만 한 열매는 끝이 뾰족하고 톡 쏘는 매운맛이 있다. 또 가지를 꺾었을 때 단면이 흰색을 띤다. 쥐다래는 잎이 필 때는 흰색이었던 반점이 차

흰 반점이 특징인 개다래 잎   차츰 붉게 변하는 쥐다래 잎

츰 붉게 변하며 열매는 긴 타원형으로 끝이 뾰족하지 않고 매운맛도 없다. 가지 단면은 개다래와 달리 갈색이다.

요즘 수입해 키우고 있는 키위도 다래의 한 종류인데, 언제부터인가 키위를 '참다래'라고 부르고 있다. 키위에다 참다래라는 이름을 붙이는 것은 문제가 있다. 그렇다면 우리 산에서 자라는 토종 다래의 열매는 모두 가짜 다래란 말인가? 키위는 제 이름 그대로 키위라고 부르든지 아니면 어울리게 번역한 '양다래'로 놔두고, 참다래는 우리의 다래로 남겨둬야 할 것이다.

27

가을에 그 붉은 열매를 봐야

팥배나무

Korean mountain ash

팥배나무는 한자로 감당甘棠이라 하며 당이棠梨, 두이豆梨란 이름도 갖고 있
는데, 중국 고사와 깊은 관련이 있다고 알려져왔다.《사기史記》'연세가燕世家'
에 보면, 연나라의 시조인 소공召公은 선정을 베풀어 백성들의 사랑과 존경
을 한 몸에 받았다 한다. 그는 지방을 순시할 때마다 감당나무 아래에서 송
사를 판결하거나 정사를 처리하며 앉아서 쉬기도 했다. 또 귀족에서부터 농
사에 종사하는 일반 백성에 이르기까지 적절하게 일을 맡겨서 먹고사는 데
부족함이 없도록 했다. 소공이 죽자 백성들은 그의 치적을 사모하여 감당나
무를 기리고 시를 지어서 그의 공덕을 노래했다.

《시경》의 〈감당〉이라는 시에 "소공이 멈추신 곳이니 싱싱한 감당나무를
자르지도 꺾지도 휘지도 말라"는 구절이 있다. 고려 중기에 나온《동국이상
국집》'접과기接果記'에도 "옛사람들도 소공이나 한선자韓宣子를 잊지 못하여
감당나무를 베지 못하게 하고 잘 가꾸라고 했다"는 내용이 나온다. 숙종 1년
1675 신하들에게 "남쪽 나라의 사람들은 감당나무 자르기를 아까워했다"라
는 제목으로 신하들에게 시를 짓도록 한 것도 이런 옛 고사를 본뜬 것이다.

그렇다면 실제 감당은 무슨 나무일까?《물명고》에도 한글 훈을 붙여

↖ 가장자리에 불규칙한
겹톱니가 나 있는 잎

봄에는 흰 꽃, 가을에는 붉은
열매가 가득 달리는 팥배나무

| 과명 | 장미과 | 학명 | *Sorbus alnifolia* | 분포 지역 | 전국 산지, 중국, 일본 |

늦봄에 무리 지어 피는 새하얀 꽃, 팥알보다 약간 큰 붉은 열매, 세로로 숨구멍이 나 있는 나무껍질

'파배'라고 했다. 이를 근거로 감당나무를 지은이를 비롯한 대부분의 사람들이 팥배나무라고 번역해왔다. 그러나 최근 중국과 일본 문헌 등을 참고하여 다시 분석해보니, 감당나무를 팥배나무라고 하기에는 무리가 있는 것 같다. 또 우리나라 이외에 중국이나 일본에서는 감당나무를 팥배나무로 번역하지 않는다. 우선 팥배나무의 중국 이름은 화추花楸로 감당과 관련이 없다. 팥배나무는 숲 속의 평범한 나무일 뿐 민가 근처에 일부러 심고 아낀 귀중한 나무는 아니다. 《중국수목지》를 살펴보아도 감당이란 나무는 없으며, 감당의 다른 이름인 당이나 두이 등도 돌배나무나 콩배나무 등 배나무 종류를 지칭하는 경우가 많다. 이렇게 열매를 식용하는 나무들이 이름으로 보나 쓰임으로 보나 소공의 감당나무일 가능성이 훨씬 높다. 일부에서는 감당이 능금나무라는 의견도 제시하는 등 감당나무를 과일나무로 보는 견해에 무게가 실리고 있다. 나무의 이런저런 특징 등을 고려해본다면 감당나무는 돌배나무 등 배나무 종류로 번역하는 것이 더 타당할 것 같다.

팥배나무는 전국에 걸쳐 자라는 잎지는 넓은잎 큰키나무로 줄기의 둘레가 한 아름에 이를 정도로 자랄 수 있다. 잎은 어긋나기로 달리며 달걀 모양인데, 잎맥이 뚜

빨갛게 익은 팥배나무의 열매는 궁궐에 사는 새들의 중요한 식량이다.

렷하고 가장자리에는 불규칙한 겹톱니가 있다. 팥배나무는 늦봄에 작은 꽃들이 무리 지어 핀다. 새하얀 꽃도 보기 좋지만, 팥배나무는 역시 가을 열매를 봐야 그 참모습을 알게 된다. 팥알보다 약간 큰 붉은 열매가 제법 커다란 나무에 수천 개, 아니 수만 개씩 매달린다. 열매는 팥을 닮았고 꽃은 하얗게 피는 모습이 배나무 꽃을 닮아서 이름도 팥배나무라고 한 것이다. 경복궁, 창덕궁, 종묘, 덕수궁德壽宮 석조전石造殿 뒷길에도 여러 그루가 있으며 늦가을에 만나는 팥배나무의 붉은 열매는 가히 환상적이다. 맛이 시금털털하여 사람들은 잘 먹지 않으나, 배고픈 산새와 들새들에겐 진수성찬이다.

28

휜 얼룩무늬 소나무

백송

Lacebark pine

우리는 멀리 삼한시대 때부터 태양을 상징하는 흰빛을 신성시하고 흰옷을 즐겨 입었다. 깨끗함과 순결을 뜻하는 흰색은 신성함을 의미했다. 그런데 우리의 삶 깊숙이 들어와 있는 소나무 종류 중에 나무껍질이 희다 하여 백송이라는 이름을 가진 나무가 있다. 이 나무는 북경을 비롯한 중국 중북부 지방에 걸쳐 자란다. 우리나라에는 중국을 왕래하던 사신들이 들여와 심기 시작했다. 그러나 자라는 속도가 너무 느리고 옮겨 심기가 어려워 널리 퍼지지는 못했다. 지금은 웬만큼 큰 나무라면 모두 귀하게 보존하고 있다. 현재 남한에 있는 백송 다섯 그루, 북한의 개성에 있는 백송 한 그루가 천연기념물로 지정되어 있다. 이들 중 충남 예산에 있는 한 그루를 제외하면 모두 서울과 경기도에서 자라고 있다. 중국을 왕래할 수 있는 고위 관리가 주로 서울과 경기도에 살았던 탓이다. 창경궁 춘당지春塘池 남쪽에도 백송 세 그루가 자란다.

서울 헌법재판소 구내에 있는 천연기념물 제8호 백송은 나이 600여 살로 우리나라에서 가장 크고 오래된 백송이다. 이 백송은 구한말 흥선대원군의 집권 과정을 지켜본 나무로 알려져 있다. 그가 아직 권력의 핵심에 들어

↖ 3개씩 모여나는 바늘잎

유난히 흰 줄기 때문에 멀리서도
쉽게 알아볼 수 있는 백송

과명 소나무과	학명 *Pinus bungeana*	분포 전국 식재, 지역 중국 중북부 원산

길쭉하게 솟아오르는 수꽃, 달걀 형태의 열매, 희고 푸르스름한 얼룩이 있는 나무껍질

가기 전, 안동 김씨의 세도를 종식시키려는 왕정복고의 은밀한 계획이 바로 이 백송이 바라다보이는 신정왕후의 사가私家 사랑채에서 진행됐다. 이 무렵 흥선대원군은 불안한 나날을 오직 백송의 나무껍질 색깔을 보면서 지냈다고 한다. 그리고 백송 밑동이 별나게 희어지자 개혁이 성공할 것이라고 확신했다. 백색은 밝고 깨끗하며 범접하기 어려운 고고함을 상징하기 때문에 백송의 새하얀 껍질을 좋은 일이 일어날 조짐으로 여긴 것이다.

백송과 인연이 특별한 사람으로 추사 김정희를 빼놓을 수 없다. 추사의 증조할아버지 김한신은 영조의 둘째사위가 되면서 지금의 서울 통의동에 있던 월성위궁月城尉宮이란 대저택을 하사받았고, 추사는 여기서 유년 시절을 보냈다. 그러다 열 살 전후에 할아버지와 양아버지가 죽으면서 졸지에 대종가의 종손이 되었다. 월성위궁은 원래 영조가 임금이 되기 전에 살던 곳으로, 정원 구석에는 숙종 때 심은 백송 한 그루가 자라고 있었다. 어린 나이에 할아버지와 양아버지를 잃은 추사는 그 백송을 어루만지면서 마음을 달래지 않았을까. 이 나무가 바로 천연기념물 제4호 백송이었다.

신기하게도 이 나무는 1910년 경술국치 이후로는 거의 자라지

않다가 1945년 해방 이후 다시 서서히 자라기 시작해 자연의 신비로움을 보여주었는데 1990년 7월 17일 거창한 태풍도 아닌 한순간의 돌풍에 맥없이 넘어져버렸다. 당시 서울시는 노태우 대통령의 엄명으로 '백송회생대책위원회'까지 설치해 나무를 살리려 애썼으나 안타깝게도 긴 삶을 마감하고 말았다. 사람이나 식물이나 삼라만상의 죽고 사는 것은 대통령의 지시보다는 하늘의 뜻을 따르게 마련이다. 그때까지 그 나무를 다들 600살쯤 되었을 것이라고 추정하고 있었는데, 국민대의 김은식 교수가 죽은 나무의 몸통을 정밀분석한 결과 나이가 300살 남짓하다는 것을 알아냈다. 그 뒤 우리나라 노거수들의 나이를 다시 조사해야 한다는 이야기가 나오기도 했다.

순조 9년1809 늦가을, 24살의 추사는 아버지 김노경이 동지부사冬至副使로 연경燕京, 북경의 옛 이름을 가게 되자 수행원이 되어 따라간다. 2개월 남짓한 연경 생활 동안 어릴 때 집에 있던 백송을 시내 여기저기서 흔히 만날 수 있음을 기뻐했을 터다. 귀국길에 그는 솔방울 몇 개를 골라 짐짝 속에 넣었다. 그리고 1810년 3월 중순 어느 날 예산의 본가에 도착하자마자 바로 영의정을 지낸 고조할아버지 김흥경의 묘소를 참배하고, 가져온 백송 씨앗을 정성껏 심었다. 그 씨앗이 자란 백송은 오늘날 천연기념물 제106호가 되어 묘지를 지키고 있다.

백송의 영어 이름을 화이트파인White pine으로 알았다면 큰 착각이다. 껍질에 얼룩이 생기는 특징을 더 중요시하여 레이스바크파인Lacebark pine, 즉 '얼룩무늬소나무'라고 한다. 영어로 화이트파인은 스트로브잣나무를 가리킨다. 백송은 늘푸른 바늘잎 큰키나무로 줄기 둘레가 한 아름씩이나 되도록 자라는 큰 나무다. 원산지에서조차 다른 나무들과 어울려 자라지 못하고 자꾸만 경쟁에서 밀려나고 있다. 백송의 특징은 나무껍질의 흰 얼룩이지만, 어릴 때는 오히려 푸르스름하다. 상당한 나이를 먹어야만 제대로 된 백송의 특징이 나오는데 그렇다고 아주 새하얀 것은 아니고 흰 얼룩이 알록달록한 정도다. 잎은 소나무가 2개, 잣나무가 5개씩 모여나는 것과는 달리 3개씩 모여나기를 하며, 잎의 단면은 삼각형이다. 암수한그루이며 꽃은 봄에 피고 솔방울은 이듬해 가을에 익는다.

29

귀신은 쫓아내고 행운은 가져오는

음나무

엄나무, Prickly castor oil tree

옛사람들은 인간사의 모든 불행이 악귀惡鬼, 역귀疫鬼, 잡귀雜鬼와 같은 나쁜 귀신들이 가져온 것이라고 믿었다. 그래서 나쁜 귀신이 가까이 오지 못하게 하는 부적부터 이미 들어와버린 귀신을 쫓아내는 굿까지 다양한 대처법을 마련했다. 궁궐에서도 연종제年終祭라 하여 연말에 악귀를 쫓기 위하여 섣달 그믐날 총을 쏘며, 각종 탈을 쓰고 북을 치면서 궁궐 안을 두루 돌아다니기도 했다.

귀신을 퇴치하는 여러 방법 중에는 아예 집 안으로 한 발짝도 들어오지 못하게 원천 봉쇄하는 방법이 있다. 정초에 음나무 가지 묶음을 대문간 위에 걸쳐놓거나 큰방 문설주 위에 가로로 걸어두는 방식이다. 경기도민속문화재 제8호인 일산 밤가시초가를 비롯해 전통 가옥에서 흔히 볼 수 있다. 음나무 가지에는 날카롭고 험상궂은 가시가 촘촘히 돋아 있으므로 귀신이 싫어한다고 믿었기 때문이다. 아울러서 저승사자가 검은 도포자락을 펄럭이고 다니듯이 귀신도 도포를 입고 다닐 테고, 음나무 가시에 도포자락이 걸리지 않을까 상상한 것 같다. 음나무가 이렇게 벽사나무로 인식된 탓에 전국에 보호수로 지정되어 보호받은 고목만 40여 그루에 이르고 궁궐에서도 여기저기

↖ 5~9갈래로 깊게 갈라지는
커다란 잎

초봄에 돋은 새순은 '개두릅'이라
부르며 나물로도 먹는
음나무(엄나무)

| 과명 두릅나무과 | 학명 *Kalopanax septemlobus* | 분포 전국 산지, 중국, 일본 |

가지 끝에서 모여 피는 꽃, 검게 익은 열매, 오래되면 세로로 깊게 갈라지는 나무껍질

서 음나무를 만날 수 있다. 우리나라뿐만 아니라 중국의 소수민족들이나 시베리아의 알타이, 투바, 부랴트 민족들도 가시가 돋친 나무를 대문 위에 걸어두어 나쁜 귀신을 막고자 했다고 한다.

봄의 따사로움이 대지에 퍼질 즈음 일찍감치 돋아나는 음나무 새순은 두릅과 함께 봄나물의 왕자로 친다. 살짝 데친 새순을 빨간 초고추장에 찍어 한입 넣어보자. 풋풋하고 쌉쌀한 맛이 입 안 가득 퍼져나가는 그 기막힌 맛을 쉽게 잊을 수 없다. 정다운 임이 따라주는 술이라도 한 잔 곁들인다면 나라님도 부럽지 않을 것이다. 물론 두릅을 좋아하는 이가 많겠지만 입맛 까다로운 식도락가들은 쌉쌀한 감칠맛이 나는 음나무 새순을 두릅보다 더 고급으로 친다. 그리하여 음나무의 또 다른 이름은 개두릅나무다.

이름은 음나무 혹은 엄나무 양쪽을 모두 쓴다. 옛 문헌에는 '엄나모'이고 옥편과 국어사전에는 엄나무다. 가시가 엄嚴하게 생겨서 붙은 엄나무라는 이름이 나무 모양새를 더 잘 나타내는 것 같다. 그러나 국가표준식물목록에는 음나무가 올바른 이름으로 등록되어 있다. 음나무는 오리 발처럼 생긴 커다란 잎이 오동나무 잎사귀와 닮아서 한자 이름에 오동나무 동桐 자가 붙는다. '가시 있는 오동나무'라고 해서 자

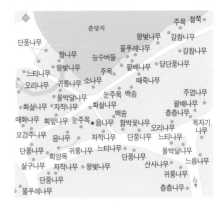

경기도 고양의 일산 밤가시초가 대문 위에 걸린 음나무 가시와 나물로 먹는 음나무 새순

동剌桐이라 하며 해동목海桐木이라고도 부른다. 음나무 껍질은 해동피海桐皮라 하여 잘 알려진 약재다. 고려 문종 33년1079 가을, 송나라에서 100가지 약재를 보내왔을 때 해동피가 포함되어 있었다.《동의보감》에는 "허리나 다리를 쓰지 못하는 것과 마비되고 아픈 것을 낫게 한다. 적백이질, 중악과 곽란, 감닉, 옴, 버짐, 치통 및 눈에 피가 진 것 등을 낫게 하며 풍증을 없앤다"고 했다. 음나무는 민간 처방에서도 널리 쓰인다.

음나무는 잎지는 넓은잎 큰키나무로 높이 20m, 줄기 둘레는 두세 아름에 이르는 큰 나무로 자랄 수 있으며 자라는 속도도 굉장히 빠르다. 잎은 손바닥을 활짝 편 만큼이나 크고 5~9갈래로 깊게 갈라진다. 여름이 무르익을 즈음 가지 끝마다 한 뼘이나 되는 커다란 꽃차례에 손톱 크기의 연노랑 꽃이 무리를 이루어 핀다. 열매는 콩알 굵기로 까맣게 익으며 말랑한 과육 안에 씨앗이 들어 있다. 새들이 먹고 위장을 통과하는 동안 두꺼운 씨앗껍질이 얇아져서 배설되는 과정을 거쳐 자손을 퍼트린다.

음나무로 연리지 만들기

선조들은 연리지連理枝가 부부의 금슬이 좋아지고 만복이 깃들게 한다고 믿었다. 연리지는 자라는 두 나무의 가지가 서로 이어지는 것을 말한다.265쪽 참고 음나무는 가지가 연하기 때문에 연리지를 만들기 쉽다. 우선 나이가 4~5살 정도 된 어린 음나무 두 그루를 구해 서로 한 걸음 정도 떨어진 자리에 심고 완전히 뿌리가 내리기를 기다린다. 다음에 가까이 있는 두 나무의 가지껍질을 약간 긁어내고 탄력이 있는 비닐 끈으로 묶어서 몇 년을 그대로 두면 연리지가 만들어진다. 부부 금슬을 상징하는 자귀나무를 심어도 효험이 없다면 더 적극적인 방법으로 사랑의 연리지를 만들어 부부 사이를 옴짝 못 하게 붙들어두는 것은 어떨까?

30

껍질이 종이처럼 벗겨지는

물박달나무

Asian black birch

이름이 '물'로 시작하는 나무들이 여럿이다. 물박달나무 외에도 물개암나무, 물들메나무, 물오리나무, 물황철나무 등이 있다. 꼭 그런 것은 아니지만 다른 나무보다 나무 안에 수분이 많거나 물을 좋아해 계곡이나 개울가 등 수분이 풍부한 곳에 자라는 경우가 많다. 물박달나무는 산비탈이나 계곡과 같이 땅이 깊고 비옥한 곳에서 잘 자라므로 나무 속에 수분이 많은 것은 당연하다. 물을 좋아하고 물기가 많은 나무란 뜻으로 물이 접두어로 붙었을 터다. 그 밖에 나무의 강도가 박달나무보다는 조금 무르다는 뜻의 '무른 박달나무'에서 물박달 나무로 변했다고 볼 수도 있다. 실제로 박달나무는 $1cm^3$의 무게가 0.92g, 물박달나무는 0.72g으로 물박달나무가 상대적으로 덜 단단하다.

　물박달나무는 껍질의 생김새가 너무 튀어 한번 보면 잊을 염려가 없다. 어릴 때는 나무껍질이 적갈색이고 매끄럽지만 나이를 먹으면 마치 얇은 갈색 종이를 갈기갈기 찢어서 아무렇게나 더덕더덕 붙여놓은 것 같다. 한참 보고 있으면 너덜너덜하고 지저분하다는 생각까지 든다. 왜 물박달나무는 이렇게 독특한 나무껍질을 만들었을까? 추운 곳에서 자라는 나무다 보니, 겨울날에 두꺼운 옷을 한 벌 입는 것보다 얇은 옷을 여러 겹 입는 것이 효과적

↖ 끝이 뾰족하고 가장자리에
　불규칙한 톱니가 난 잎

목재는 가구나 공예재로,
나무껍질과 수액은 약용으로
쓰는 물박달나무

과명	자작나무과	학명	*Betula dahurica*	분포 지역	중북부 산지, 중국, 일본

잎이 날 때 동시에 피는 꽃, 작은 씨앗이 수백 개 모여 달리는 열매, 나무껍질이 종이처럼 벗겨지는 줄기

이듯, 보온 효과를 높이기 위한 대책이었을 터이다. 우리는 나무껍질과 관련이 없는 물박달나무란 이름을 붙였지만 일본 사람들은 겹겹의 나무껍질을 가진 자작나무란 뜻으로 야에가와칸바[八重皮樺]라 했다. 중국 사람들은 짙은 껍질 자작나무란 뜻의 흑화黑樺로 쓴다. 자작나무속의 나무들은 껍질이 종이처럼 떨어져 나오는 자작나무, 거제수나무, 사스래나무 등의 자작나무 무리와 조각조각 떨어지는 개박달나무 등의 박달나무 무리가 있다. 물박달나무는 이름과는 달리 나무 껍질의 생김새로 보았을 때 자작나무 무리에 더 가깝다.

물박달나무는 높이 15m, 줄기 둘레는 최대 한 아름까지도 자라는 잎지는 넓은잎 큰키나무다. 잎은 어긋나기로 달린다. 잎 모양새는 마름모꼴의 타원형이며 끝이 약간 뾰족하고 가장자리에 불규칙한 톱니가 있다. 암수한그루이고 봄에 잎과 꽃이 같이 핀다. 수꽃은 손가락 길이로 2~3개씩 아래로 늘어져 피며 손가락 한두 마디 길이인 암꽃은 위로 곧추선다. 가을에 꽃 모양 거의 그대로 열매가 익는다.

물박달나무 이야기에 박달나무가 빠질 수 없다. 첫 만남은 단군신화에서다. 《삼국유사》와 《제왕운기帝王韻紀》에 "환웅은 곰이 사람으로 변한 웅녀와 혼인하고 신단수에 빌어 아들을 보았는데, 그가 바로 고조선을 창건한 단군왕검이다"라는 신화다. 여기에 나오는 신

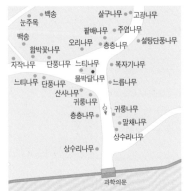

단수와 단군왕검의 '단'을《삼국유사》에서는 제단 단壇으로 썼고,《제왕운기》에서는 박달나무 단檀으로 썼다. 단군을 재조명한 조선 후기의 학자들이《제왕운기》의 표기를 받아들이면서 우리 민족은 박달나무에서 태어난 자손이 되었다. 그러나 단군신화의 '단'은 특정 나무를 지칭하는 말이 아니라고 생각한다. 설령 특정 나무라고 하더라도 박달나무보다는 당산나무로 많이 쓰인 느티나무일 가능성이 더 높다. 당산나무 혹은 당나무라는 말은《삼국유사》에 나온 단나무[檀樹]에 어원을 두고 있다.

옛날, 안방마님이 거처하는 안채 대청마루 한편에는 어김없이 다듬잇돌과 방망이가 놓여 있었다. 여자들은 홍두깨로 명주를 감아 다듬이질하면서 시집살이의 고달픔을 달랬다. 빨래를 두들겨 빨 때 쓰는 방망이나 디딜방아의 방아공이, 절굿공이, 얼레빗, 백성들에게는 두려움의 대상이었던 나졸들의 육모방망이 등은 모두 박달나무를 깎아 만들었다. 도깨비를 쫓아내는 상상 속의 방망이, 백범 김구 선생의 암살범 안두희를 무명의 시민이 응징할때 쓴 방망이도 역시 박달나무로 만들었다고 한다.

박달나무는 잎지는 넓은잎 큰키나무로 높이 20m, 줄기 둘레가 한 아름넘게 자라기도 한다. 제법 굵은 가지에도 벚나무처럼 가로 숨구멍을 가지고있으나 줄기가 굵어질수록 나무껍질이 차츰 큰 조각으로 벌어져 비늘처럼떨어진다. 잎은 손바닥 반만 하며 달걀 모양으로 밑은 둥글고 끝은 뾰족하며톱니가 있다. 잎 뒷면을 손으로 만지면 약간 끈적끈적한 것이 박달나무 잎의특징이다. 암수한그루로 수꽃은 내려 숙여, 암꽃은 위로 서서 초여름에 핀다. 물박달나무처럼 가을에 꽃 모양 거의 그대로 열매가 익는다.

박달나무 따라잡기

쓰임새가 많았던 박달나무가 부러웠는지 비슷한 이름으로 따라잡으려는 나무가 여럿 있다. 물박달나무를 비롯하여 개박달나무, 까치박달, 가침박달, 박달목서 등이다. 개박달나무는 자라는 곳이 거의 산꼭대기이고 줄기가 굵지 않으며, 족보로는 진짜 박달나무와 친형제쯤 된다. 그러나 까치박달은 서어나무에 가까워서 박달나무와는 촌수가 멀고, 가침박달과 박달목서는 아예 족보가 다르다. 이름이 헷갈린다고 투덜대지만 이름을 붙여준 사람 탓이지 나무에게는 아무런 죄가 없다.

나무껍질이 우둘투둘한 조각으로 갈라지는 박달나무 줄기

31

오매 단풍 들것네

단풍나무

Palmate maple

"오매, 단풍 들것네/ 장광에 골 붉은 감잎 날아오아/ 누이는 놀란 듯이 치어다보며/ 오매, 단풍 들것네/ 추석이 내일 모레 기둘리니/ 바람이 자지어서 걱정이리/ 누이의 마음아 나를 보아라/ 오매, 단풍 들것네." 서정시인 김영랑의 대표적인 시다. 우리 조상들도 단풍을 좋아했다. 조선왕조실록에 보면 문종 발인 때 올린 애책문哀冊文에 이런 구절이 있다.

"옛날 살던 풍금楓禁은 점점 뒤로 멀어지고 깊은 산속 묘역의 아득한 곳으로 향하니, 효자 단종은 하늘에 울부짖으면서 슬피 사모하고 서리를 밟고 슬픈 눈물을 흘려, 하루 세 번 인사드릴 수 없게 되고 상을 맞게 되었음을 통곡합니다. 봉어임금의 수레를 따라갈 수는 없지만, 그리운 용안을 모시는 듯했습니다."

여기서의 풍금은 단풍나무가 많으나 함부로 들어갈 수 없는 곳, 바로 궁궐을 나타낸다. 또 풍신楓宸이란 말도 마찬가지로 궁궐이란 뜻이다. 신宸은 하늘의 중심인 북극성이 거처하는 곳으로 임금이 머무는 땅을 뜻한다. 그 외 단풍나무 섬돌이라는 뜻의 풍폐楓陛 역시 궁궐을 말한다. 이렇게 궁궐을 나타내는 말에 단풍나무가 많이 들어가는 이유는 중국의 한나라 때 궁궐 안에

↖ 가을이면 빨갛게 물드는 잎

창경궁관리사무소 주변에서
무리 지어 자라는 단풍나무

과명 단풍나무과	학명 *Acer palmatum*	분포 지역 전국 산지, 일본

봄에 새 가지 끝에 모여 달리는 꽃, 잠자리 날개를 달고 있는 열매, 세로로 얕게 갈라지는 나무껍질

단풍나무를 많이 심었기 때문이라고 한다.

　우리나라 궁궐에서도 단풍나무를 쉽게 만날 수 있다. 창덕궁 후원에 참나무 종류, 때죽나무에 이어 세 번째로 많은 나무가 단풍나무다. 단풍나무는 습한 곳 또는 햇볕이 바로 쪼이는 곳보다는 큰 나무 밑이나 나무와 나무 사이에서 주로 자란다. 창덕궁 후원은 단풍나무가 자라기에 좋은 조건을 갖추었으므로 자연적으로 자란 단풍나무도 많다. 게다가 일부러 심기도 하여 더욱 많아졌다. 《일성록》에서 정조 때의 기록을 보면 단풍정丹楓亭에서 활쏘기 등 여러 행사가 있었음을 알 수 있다. 단풍정을 두고《신증동국여지승람新增東國輿地勝覽》에 "춘당대春塘臺 곁에 있는데, 단풍나무를 많이 심어서 가을이 되면 난만하게 붉기 때문에 이렇게 이름 지었을 뿐 정자는 없다"고 했다. 춘당대는 부용지 동쪽 영화당 앞마당인데 지금 이 일대에는 참나무 종류, 느티나무, 음나무 등이 있을 뿐 단풍나무는 거의 사라져 아쉬울 뿐이다.

　1980년대 초에 창경궁을 복원하면서 일부러 단풍나무를 심었다. 특히 월근문月覲門 안쪽 창경궁관리사무소에서 집춘문에 이르는 숲의 단풍나무들은 궁궐 단풍의 백미다. 단풍 드는 시기

가 다른 곳보다 조금 늦어 11월 중순을 넘겨야 절정을 이룬다.

폭군으로 알려진 연산군은 그의 행적에 어울리지 않게 꽃과 나무를 가장 사랑한 조선의 임금이다. 연산군은 단풍나무도 좋아하여 신하들에게 단풍을 주제로 시를 지어 올리라고 했으며 자신이 직접 시를 짓기도 했다. 연산군 10년1504 9월 7일 임금은 어제시御製詩 한 절구를 승정원에 내려보냈다. "단풍잎 서리에 취해 요란히도 곱고/ 국화는 이슬 젖어 향기가 난만하네/ 조화의 말 없는 공 일고 싶으면/ 가을 산 경치 구경하면 되리." 이어서 전교하기를, "숙직하는 승지 두 사람은 차운次韻하여 올리라"고 했다. 아마 연산군은 지금의 청와대 자리인 경복궁 후원의 단풍나무를 두고 노래했을 듯하나 지금은 흔적을 찾기 어렵거니와 경복궁에도 단풍나무가 많지 않다.

단풍의 사전적인 정의는, 기후의 변화로 식물의 잎 속에서 생리적 반응이 일어나 초록색 잎이 붉은색, 노란색, 갈색으로 변하는 현상이다. 기후에 따른 생리적 반응은 다음과 같다. 잎 속에서 봄과 여름 내내 광합성에 여념이 없던 초록색의 엽록소가 역할을 다하고 색소 물질이 생긴다. 우선 엽록소에 붙어 있던 단백질이 아미노산으로 변하면서 뿌리로 옮겨가 저장된다. 아울러 함께 생성된 당糖도 가을엔 뿌리로 옮겨간다. 가을밤 기온이 떨어지면 당 용액이 약간 끈적끈적해져 뿌리까지 못 가고 잎에 남아 붉은 색소인 안토시아닌Anthocyanin과 황색 계통의 카로틴Carotene 및 크산토필Xanthophyll로 변한다.

단풍나무, 개옻나무, 붉나무, 화살나무 등은 안토시아닌이 많아 붉은 단풍이 들고 은행나무, 튤립나무, 마로니에, 잎갈나무 등은 카로틴이나 크산토필이 많아 노란 단풍이 든다. 참나무 종류의 갈색 단풍은 더 복잡한 생화학적인 반응을 거쳐 만들어진다. 단풍이 떨어지는 것은 추운 겨울을 무사히 넘기기 위한 준비로, 줄기와 잎자루 사이에 떨켜를 만들어 애지중지 키워온 몸체의 일부를 과감하게 잘라버리는 것이다. 이를 보면 냉엄한 자연의 법칙을 다시 한번 생각하게 된다.

아름다운 단풍이 단풍나무의 전부가 아니다. 단풍나무는 목질이 좋아 목재로도 널리 쓰인다. 주로 크게 자라는 고로쇠나무, 복자기나무, 복장나무 등이 목재로 많이 쓰이는 단풍나무 종류다. 나무 세포를 현미경으로 들여다

왼쪽부터 당단풍나무 잎, 고로쇠나무 잎, 신나무 잎, 복자기나무 잎

보면 물관이 고루고루 흩어져 있고 크기도 일정하며, 섬유세포를 비롯한 세포의 종류가 단순해 치밀하고 균일한 재질을 가진 나무임을 한눈에 알 수 있다. 그래서 기구를 만드는 데 안성맞춤이다. 가마, 소반 등은 물론 최근에는 피아노의 액션 부분을 비롯해 테니스 라켓, 볼링 핀에도 쓰이며 체육관의 바닥재로도 최고급품이다. 팔만대장경판에도 단풍나무 종류가 일부 쓰였다. 또한 몇 종류의 단풍나무에서는 당분을 뽑는다. 캐나다나 미국에서는 설탕단풍나무에서 수액을 채취해 끓여 시럽을 만들어 메이플시럽Maple syrup이라고 한다. 특히 캐나다에서는 단풍나무 잎사귀를 국기에 그려 넣을 정도로 귀히 대접한다.

단풍나무는 전국의 계곡이나 산자락 중턱에서 자라는 잎지는 넓은잎 큰키나무다. 가지와 잎이 정확하게 마주나기로 달리며, 잎은 깊게 갈라져 갓난아이 손바닥을 펼친 것 같다. 열매는 잠자리 날개처럼 생긴 것이 마주나기로 붙어 있는 날개열매인데, 덕분에 씨앗이 바람을 타고 멀리 날아갈 수 있다. 헬리콥터 날개도 단풍나무 열매에서 아이디어를 얻었다고 한다. 단풍나무 종류에 따라 날개의 크기나 마주 보는 각도가 다르다.

단풍나무 종류는 외국에서 들어온 나무를 포함해 약 20여 종이 있다. 인위적으로 교배시켜 만든 원예 품종을 포함하면 그 수는 더욱 많아진다. 그러나 가을 산을 아름답게 수놓는 단풍의 주연 배우는 단풍나무와 당단풍나무다. 단풍나무는 잎이 5~7갈래로 깊게 갈라진다. 이에 비해 당단풍나무는 잎이 조금 더 크고 가장자리가 덜 깊게 갈라지지만, 갈라지는 수는 9~11갈래로 더 많다.

정원수로 흔히 심는 단풍나무 종류로 홍단풍노무라단풍이 있다. 봄부터 붉은 잎이 돋아나 가을까지 그대로 '가짜 단풍'을 달고 버틴다. 보는 사람에 따라 녹음 속의 단풍으로 느낀다면 그뿐이겠으나 너무 인위적인 것 같아 지은이는 좋아하지 않는 나무다. 창덕궁 후원의 연경당 등 우리의 문화 유적지에도 널리 심고 있으나, 일본인이 개량한 일본 단풍나무라는 것도 잊지 않았으면 좋겠다. 이 밖에도 잎이 3갈래로 갈라지는 신나무와 중국단풍, 잎이 5~7갈래로 갈라지는 고로쇠나무, 미국에서 수입한 은단풍, 네군도단풍 등도 주변에서 흔히 만나는 또 다른 단풍나무다.

복자기나무와 복장나무

이름에 단풍이란 말이 붙지 않아 사람들이 잘 모르지만, 아름다움만은 주연배우에 뒤지지 않는 단풍나무가 있다. 바로 복자기나무다. 대부분의 단풍나무 종류가 잎자루 하나에 잎이 하나씩 붙어 있는 것과 달리, 복자기나무는 엄지손가락만 한 길쭉한 잎이 잎자루 하나에 3개씩 붙어 있다.

또 보통의 단풍은 붉은색이 강하게 느껴지나, 복자기나무는 주홍색이 진하다. 복자기나무는 잎의 크기가 단풍나무보다 작고 자라는 곳도 높은 산이므로, 서리가 내린 늦가을에 물든 단풍은 그저 붉기만 한 단풍나무의 느낌과는 차원이 다르다. 가을이 한창 무르익어 가는 어느 날, 높은 산 특유의 맑고 더더욱 높아진 푸른 하늘을 배경으로 펼쳐지는 복자기나무의 단풍은 자연이 만들어내는 아름다움의 극치다. 옛사람들이 말하는 만산홍엽滿山紅葉이란 보통의 단풍보다 복자기나무의 단풍에 더 어울리는 말인 것 같다. 창경궁에도 몇 그루의 복자기나무가 자란다.

복자기나무와 비슷한 나무로 복장나무가 있다. 복자기나무는 잎의 윗부분에 굵은 톱니가 2~4개 정도인

봉화 청량사로 오르는 산길에서 만난 복자기나무 단풍

데 비해 복장나무는 톱니가 가장자리에 전부 이어져 있다. 톱니가 갑갑하게 붙어 있어서 '복장 터진다'는 뜻으로 이름을 기억하면 잘 잊히지 않는다. 주변에서는 복자기나무를 더 흔히 볼 수 있다.

32

성스러워 보일 만큼 맑은 속을 지닌

산딸나무

Korean dogwood

"청초 우거진 골에 자느냐 누웠느냐/ 홍안은 어디 가고 백골만 묻혔느냐/ 잔들어 권할 이 없어 그를 서러워하노라." 조선 중기의 문신 임제가 서북도 병마평사로 임명되어 부임하는 길에 황진이의 묘를 찾아 읊조린 시 한 수다. 이 시 때문에 임지에 도착하기도 전에 파직을 당했지만 그는 멋과 풍류를 아는 조선 최고의 멋쟁이였다.

산딸나무는 붉은 흙이 그냥 보이는 야산에서는 자라지 않는다. 지리산 달궁계곡이나 무주 구천동 등 '청초 우거진' 깊은 산골의 숲 속에서 숨어 자란다. 무덤 주위에 우거진 풀이 황진이 얼굴을 덮고 있다며 안타까워했던 임제의 심정으로 산딸나무를 찾아야 하는 것이다. 온통 초록의 바다 속에서 어디에 묻혀 있는지 흔적도 없던 산딸나무는 꽃 피고 열매 맺는 좋은 시절이 오면 갑자기 사람들의 주목을 받기 시작한다. 녹음이 짙어지기 시작하는 초여름에 커다랗고 새하얀 꽃이 마치 층을 이루듯이 무리 지어 피므로 멀리서 보아도 청초하고 깨끗한 자태가 금세 드러나기 마련이다. 복사꽃, 살구꽃 등 흔히 보는 꽃들은 대부분 꽃잎이 5장씩 달리지만 산딸나무 꽃잎은 4장이다. 엄밀히 말하면 순수한 꽃잎이 아니라 잎이 변해 꽃잎처럼 보이는 꽃싸개다.

↖ 가을이면 빨갛게
딸기 모양으로 익는 열매

깊은 산속에서는 줄기 둘레가
한 아름이 넘게 자라는 산딸나무

과명 층층나무과	학명 *Cornus kousa*	분포 지역 중남부 산지, 일본

잔물결 모양의 톱니가 있는 잎, 꽃잎처럼 변한 4개의 꽃싸개로 둘러싸인 꽃, 어릴 때의 매끄러운 줄기

위에서 내려다보면 하트 모양 꽃싸개가 2장씩 서로 마주 보고 있어서 십자가 모양을 이룬다.

예수님이 못 박힌 십자가는 무슨 나무로 만들었을까? 올리브나무일 것이라고도 하고, 우리나라의 산딸나무와 비슷한 종류일 것이라는 이야기도 있다. 산딸나무는 십자가를 연상케 하는 +자 모양의 꽃이 피므로 이 나무일 가능성에 더 무게를 두기도 한다. 영어로는 산딸나무를 포함한 층층나무 무리를 도그우드Dogwood라고 부른다. 이것을 그대로 '개나무'로 번역하면 안 된다. 도그우드란 이름은 옛날에는 산딸나무의 껍질을 쪄서 나온 즙으로 개의 피부병을 치료했다는 데서 유래한 것이기 때문이다. 또 다른 설명에 따르면 목질이 매우 단단한 산딸나무로 꼬챙이를 만들었는데, 이 나무 꼬챙이를 가리키는 영어 고어가 dag 혹은 dog였다고도 한다. 굵은 산딸나무 목재를 켜서 대패질한 나무 표면을 보면 성스러워 보일 만큼 깨끗하고 맑다. 꽃과 나뭇결 모두 잡티 하나 없이 해맑은 성모마리아의 얼굴을 연상케 하는 품격 높은 나무다.

산딸나무는 우리나라의 중부 이남 지방에서 자라는 잎지는 넓은잎 큰키나무다. 가지는 형제 사이인 층층나무를 닮아 층을 지어 옆으로 퍼진다. 나무

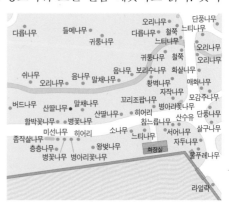

가지 끝마다 매달린 딸기 모양의 빨간 산딸나무 열매들

껍질은 회갈색으로 잘 갈라지지 않고 매끄러우며 나이를 먹으면 얇은 조각
으로 떨어진다. 잎은 마주나고 달걀 모양이다. 잎맥이 활처럼 휘어서 잎끝으
로 몰리며 가장자리는 밋밋하거나 잔물결 모양의 톱니가 있다. 꽃은 작년에
자란 가지 끝에 피며 가을이 되면 우리가 흔히 먹는 딸기를 쏙 빼닮은 열매
가 진분홍색으로 익는다. 아름다운 꽃을 감상하기 위하여 조경수로도 널리
심고 있으며, 북아메리카 동부 지역에서 수입한 미국산딸나무는 이른 봄에
잎보다 먼저 꽃이 핀다.

산딸나무와 산딸기 구별하기

산딸나무와 산딸기는 조금은 헛갈
리는 이름을 갖고 있는 나무들이다.
산딸나무는 딸기처럼 열매가 달콤
하고 육질이 많아 먹을 수 있으므로
'산에서 딸기가 달리는 나무'가 줄
어서 산딸나무가 되었다. 하지만 산
에서 진짜 딸기가 달리는 나무는 산
딸기라는 별개의 나무이다. 산딸기

산딸기 꽃

산딸기 열매

는 이웃 마을로 넘어가는 야트막한 야산의 오솔길 옆 어디에서나 흔히 만날 수 있다. 허리춤 남짓
한 키로 자라며 가시가 있고 초여름에 진짜 딸기가 열린다.

33

북한의 국화는 저예요

함박꽃나무

Siebold's magnolia

꽃 모양이 한약재로 널리 쓰이는 함박꽃작약과 비슷하나 풀이 아닌 나무라서 함박꽃나무라고 한다. 또 목련과 닮기도 해서 산에 자라는 목련이라는 뜻으로 산목련으로도 부른다. 한때 북한의 국화를 다들 진달래로 알고 있었으나 최근에 함박꽃나무라는 것이 밝혀졌다. 물론 북한도 우리처럼 국화를 법으로 정한 것은 아니다.

함박꽃나무의 북한 이름은 목란木蘭이다. 김일성이 항일 투쟁을 하던 시절에 함박꽃나무를 처음 보았는데, 특별한 이름이 없어서 1960년대 후반에 직접 목란이란 이름을 지어 붙였다고 한다. 그 후 함박꽃나무는 북한에서 귀중한 나무로 취급받았다. 《김일성 저작집》에도 "우리나라에 있는 목란이란 꽃은 아름다울 뿐 아니라 향기도 그윽하고 나뭇잎도 보기가 좋아서 세계적으로 자랑할 만한 것입니다"라고 하여 심기를 장려하고 있다. 김일성과 연관 있는 시설에는 대부분 함박꽃나무 꽃무늬가 들어 있다. 혁명 사적지들이나 평양의 금수산기념궁전을 비롯하여, 판문점 북측 지역에 세워진 김일성의 친필 비석에도 그의 사망 당시 나이와 같은 82송이의 함박꽃나무 꽃이 새겨져 있다고 한다. 또 각종 공문서의 바탕에는 우리나라가 무궁화 그림을

↖ 늦봄부터 초여름에 가지 끝에
　달리는 꽃

목련을 닮은 꽃이 깊은 산속에
핀다 하여 산목련이라고도
불리는 함박꽃나무

| 과명 목련과 | 학명 *Magnolia sieboldii* | 분포 전국 산지, 중국.
지역 일본 |

가장자리가 밋밋한 타원형의 잎, 가을에 검붉게 익는 열매, 포기를 이루어 자라는 줄기

넣는 것처럼 함박꽃나무 꽃 그림이 연하게 깔려 있고, 평양 창광거리에서 최고 시설을 자랑하는 종합연회장에도 목란관이라는 이름을 붙였다. 가극 〈금강산의 노래〉에도 "목란은 꽃 중의 꽃"이라고 나온다. 그러나 북한에서 실제로 함박꽃나무가 크게 대접을 받지는 못한다고 한다. 주체라는 그들의 국시와는 어울리지 않게 인도네시아에서 보내온 김일성화와 일본에서 가져왔다는 김정일화를 더 중요시하기 때문이다.

사실 함박꽃나무는 북한에서 목란이란 이름을 붙이기 전부터 산목련, 함백이, 개목련 또는 함박꽃나무라고 부르던 우리 나무였다. 자라는 곳이 집 근처가 아니라 깊은 산속 계곡이므로 사람들 눈에 잘 띄지 않아 널리 알려지지 않았을 뿐이다. 민간에서는 약으로도 많이 쓰는데 뿌리는 진통, 하혈, 이뇨 등에 효능이 있으며 꽃 역시 안약이나 두통약으로 쓴다.

함박꽃나무는 잎지는 넓은잎 중간키나무로 전국의 산골짜기와 숲 속에서 자란다. 높이가 7~10m, 줄기는 발목 굵기 정도로 자라는 게 고작이다. 줄기는 주로 여러 포기가 나와 비스듬하게 자라고, 나무껍질은 회색이며 갈라지지 않는다. 잎은 어린아이 손바닥만 하고 감나무 잎처럼 생겼으며 가장자리가 밋밋하다.

땅을 향해 비스듬히 기울어 피는 함박꽃나무 꽃(사진: 김진석)

겨울눈이 목련처럼 가지 끝에 1개씩 달리고, 긴 털이 빽빽이 나 있어서 겨울 찬바람에도 아랑곳하지 않고 버틸 수 있다.

　꽃은 늦봄에서 초여름에 걸쳐 새 가지 끝에 피며 6~9장의 하얀 꽃잎이 달린다. 붉은빛을 띤 보라색 수술은 자칫 커다란 초록색 잎사귀에 묻혀 심심해져버릴 하얀 꽃을 돋보이게 하며 꿀을 따는 벌을 위해 은은한 향기도 내뿜는다. 꽃은 당당하게 하늘을 향하기보다는 땅을 바라보며 다소곳이 핀다. 그 모습이 소복 입은 청상과부의 조심스런 몸가짐과도 같은 깔끔하고 정갈한 느낌을 풍긴다. 열매는 길이가 손가락 한두 마디 정도로 둥글고 가을에 익는다. 씨앗은 타원형으로 붉은빛이며, 익으면 터져 나와 실처럼 가느다란 하얀 줄에 매달린다. 목련은 꽃이 핀 다음에 잎이 나오지만, 함박꽃나무는 잎이 나온 다음에 꽃이 핀다.

Chapter 4

덕수궁의
우리 나무

덕수궁은 원래 성종의 형인 월산대군의 집이었으나 임진왜란 직후 의주로 피란 갔던 선조가 돌아와 1593년 이곳을 행궁으로 삼았다. 선조의 뒤를 이어 왕위에 오른 광해군이 이곳에서 즉위식을 올리면서 경운궁慶運宮이라는 이름의 정식 궁궐이 되었다. 그러나 광해군이 임진왜란으로 불타버린 창덕궁을 재건하고 옮겨가면서 비워두었다가 1897년 고종 때 다시 정식 궁궐이 되었다. 명성황후 시해 사건 이후 러시아공관으로 파천播遷했던 고종이 이곳을 확장 수리하면서 옮겨온 것이다. 고종은 경운궁에서 대한제국을 선포하고 황제로 등극하여 자주적으로 나라를 운영하고자 하였으나, 일제의 강압으로 1907년 순종에게 황제 자리를 물려주었다. 황위를 물려받은 순종은 창덕궁으로 옮겨가고, 경운궁은 황제에서 물러난 태황제, 곧 상황이 된 고종이 거처하는 덕수궁德壽宮이 되었다.

현재 규모는 그리 크지 않지만, 과거에는 대한제국의 황궁으로서 필요한 격식을 갖추고 있었으며 궁역도 지금보다는 훨씬 넓었다. 1919년 고종의 승하와 함께 주인 없는 궁궐이 된 후 1933년 공원으로 일반에 공개되면서 크게 훼손되었다. 정전인 중화전中和殿, 궁궐 최초의 서양식 건물인 석조전, 고종이 기거하던 함녕전咸寧殿, 휴식 공간으로 쓰던 정관헌靜觀軒 등이 남아 있다. 다른 궁궐과는 달리 전통 목조 건물과 근대 서양식 정원과 분수대, 건물들을 함께 볼 수 있다. 우리나라 근대 역사의 주요 무대이자 서울 한복판에서 고즈넉한 정취를 느낄 수 있는 소중한 공간이다.

상수리나무

팥배나무
회화나무
쥐똥나무
국수나무
쉬나무
찔레꽃
주목
느티나무
회화나무
백당나무
느티나무
회화나무
은행나무
보리수나무
측백나무
향나
회화
은행나무
주목
회화나무
느티나무
회화나무
팥배나무
단풍나무
느티나무
쉬나무
쉬나무
쉬나무
광대싸리
병꽃나무
회화나무
보리수나무
살구나무
돈덕전
느티나무
주엽나무
쉬나무
불두화
감나무
앵두화
산철쭉
철쭉
산수유
싸리
회잎나무
느티나무
고욤나무
주목
회잎나무
단풍나무
산수유
살구나무
주목
회화나무
광대싸리
회화나무
느티나무
회화나무
팥배나무
개나리
측조당
느티나무
주목
쉬나무
느티나무
준명당
복
마로니에
단풍나무
국수나무
석조전
당단풍나무
자두나무
향나무
마로니에
뚝향나무
단풍나무
⑬
모란
반송
평성문
산철쭉
모란
눈향나무
배롱나무
중화
무궁화
산철쭉
눈주목
뚝향나무
소나무
진달래
반송
배롱나무
말채나무
⑨
눈주목
⑫
소나무
진달래
눈주목
배롱나무
산철쭉
능수벚나무
분수대
진달래
주목
석조전 별관
(국립현대미술관 덕수궁관)
눈주목
⑪
자두나무
주목
⑩
등나무
주목
소나무
눈주목
주목
산철쭉
은행나무
반송
눈주목
주목
은행나무
주목
주목
화살
은행나무
은행나무
능소화
은행나무
은행나무
소
왕벚나무
은행나무

일러두기

- ● 나무
- – 나무 무리
- ▦ 시설물(경비실, 안내실 등)
- ▣ CCTV
- ⊷ 출입금지
- ● 우물 또는 음수대
- ⚲ 가로등 또는 조명

소나무
측백나무
화장실
단풍나무
유아휴게실
향나무
병아리꽃나무
황마
사철나무
산수유
느티나무
피나무
⑦
⑧
광대싸리
은행나무
병아리
측백나무
좀작살나무
꽃나무
은행나무

덕수궁

향나무
살구나무
은행나무   잣나무
측백나무
향나무   라일락   개나리   느티나무
주목   진달래
미선나무   소나무
느티나무   향나무

느티나무
단풍나무   정관헌
실
주
유   향나무
씨리
꽃   땅비싸리
<소나무 숲>
나무   ❶❻   모란

단풍나무
살구나무
❶❺

모과나무   오갈피나무
백송   산사나무   중국굴피나무
살구나무   은행나무
느티나무
자두나무   단풍나무   모과나무   은행나무   주엽나무
상수리나무   주엽나무   병아리 고광나무
꽃나무
단풍나무   단풍나무   팽나무   라일락   골담초
주엽나무   조릿대   병꽃나무   능수버들   ❷⓪
왕벚나무   싸리   라일락
고광나무   단풍나무
살구나무   개암나무   소나무   산철쭉
단풍나무   등나무   모과나무   향나무
❶❽   고광나무
명자꽃   느티나무
❶❼   모과나무   앵두나무
소나무   향나무   휴게소
❶❾   철쭉   느티나무
능수벚나무   회잎나무
측백나무   화살나무   라일락
살구나무   은행나무   주목
산수유   산수유
자목
사철나무   향나무   모란
소나무   소나무   능수벚나무   라일락
잣나무   자귀나무   향나무
고광나무   잣나무   ❷   소나무
서어나무   왕벚나무 ❹   왕벚나무   향나무   라일락
고광나무   왕벚나무   라일락   은행나무   화살나무
❸   은행나무   단풍나무
고광나무   왕벚나무   명자꽃
소나무   잣나무   왕벚나무   향나무   황매화
자귀나무   ❺   은행나무
능소화   황매화
❻   쥐똥나무   왕벚나무   산수유
중화전 행각   히어리
화살나무   황매화
충화문   황매화
소나무   은행나무   황매화   은행나무
명자꽃
황매화   측백나무
향나무   느티나무

느티나무   소나무
느티나무   소나무   진달래
느티나무   소나무
단풍나무
광명문
느티나무   단풍나무   소나무
느티나무
느티나무
주목
눈주목
향나무
덕홍전
함녕전
함녕전 행각
용안문
진달래
소나무
대한문
N

잣나무

맛있는 잣이 달리는 우리나라 특산 나무

Korean pine

김삿갓은 금강산을 둘러보고 그 아름다움에 심취하여 "소나무 잣나무 울창한 바위를 돌아가니[松松栢栢岩岩廻] / 산과 물 보는 곳마다 신기하네[山山水水處處奇]"라고 노래했다. 잣나무는 이처럼 금강산을 비롯한 북한 지방에서 주로 자라는 대표적인 우리나라 특산 나무다. 때문에 학명에 코라이엔시스 *koraiensis*라는 단어가 포함되어 있다. 중국인들은 신라송, 일본 사람들은 조선오엽송, 서구인들은 코리안파인Korean pine이라 부른다.

잣나무는 우리나라의 중북부 지방부터 만주에 걸쳐 자라며, 중국 본토에는 자라지 않는다. 그래서 당나라로 유학 가는 신라 사람들은 선물용으로 또는 학비에 보태기 위해 잣을 가지고 갔다. 중국에서는 처음 보는 우리나라 잣을 바다를 건너왔다고 해서 해송海松 혹은 신라인들이 많이 가져왔다고 해서 신라송이라 불렀다.

잣나무에는 다른 이름이 더 있다. 굵은 나무를 잘라 보면 붉은빛이 돈다 하여 홍송紅松, 맛있는 잣이 달린다 하여 과송果松, 소나무처럼 생겼으나 한 다발에 잎이 2개가 아니라 5개씩 있다 하여 오엽송五葉松이다. 잣나무의 한자 이름은 백栢이다. 이것은 흔히 측백나무를 가리키기도 한다. 특히 중국

↖ 5개씩 모여나는 바늘 모양의 잎

소나무와 함께 겨울에도
늘 푸르름을 뽐내는 잣나무

| 과명 소나무과 | 학명 *Pinus koraiensis* | 분포 중북부 산지, 중국
지역 동북부, 러시아 동부 |

가지 꼭대기에 달리는 꽃, 씨앗인 잣을 품는 잣송이, 얕게 갈라지면서 겹겹이 붙어 있는 나무껍질

문헌에 나오는 백栢은 만주 북부에 자라는 잣나무를 가리키는 것이 아니라 측백나무로 새겨야 할 것이다.《시경》'용풍'에 나오는 '백주栢舟'를 흔히 잣나무 배라고 번역하나 실제는 측백나무로 만든 배라고 해야 맞을 것 같다. 잣나무는 황하 유역에서는 자라지 않기 때문이다.

송백松栢은 소나무와 잣나무를 말하는데, 늘 푸르고 변함이 없어서 고고한 선비의 기상에 비유된다.《삼국유사》에 보면 "신라 효성왕이 아직 왕이 되기 전에 어진 선비 신충과 함께 궁궐 잣나무 밑에서 바둑을 두다가 말하기를, '뒷날에 내가 만일 그대를 잊는다면 저 잣나무가 증인이 될 것이다'하니, 신충이 일어나서 절을 했다. 그러나 몇 달 후에 왕위에 올라 공신들에게 상을 줄 때, 신충을 잊고 차례에 넣지 않았다. 이에 신충이 원망하는 시를 지어 잣나무에 붙였더니, 그 나무가 갑자기 말라 죽어갔다. 왕이 이를 보고 신충을 불러 벼슬을 주자 그제야 잣나무가 다시 살아났다"고 한다.

신라 경덕왕 14년755에 작성된 것으로 추정되는 신라민정문서에 잣나무에 대한 내용이 있는 것으로 보아, 우리나라에서는 훨씬 이전부

터 잣을 먹었다는 것을 알 수 있다. 몽골의 침략을 피해 강화도로 천도해 있던 고종 21년1234, 진양후晉陽侯 최이는 자택을 신축하면서 산에서 잣나무를 캐다가 후원에 심었다. 때는 눈이 오고 몹시 추운 겨울이라서 얼어 죽는 사람도 생겼다. 마침내 주변 고을 사람들은 집을 버리고 산으로 도피하기에 이르렀다. 어떤 사람이 강화도 궁궐의 승평문昇平門에 방을 써 붙였는데 그 글에 이르기를 "사람과 잣나무 중에 어느 것이 더 중한가!"라고 했다. 고려 때에도 사람들은 잣나무를 소나무와 더불어 즐겨 심었던 것 같다. 몽골에 잣을 진상품으로 보내기도 했다.

조선시대에 들어와서도 사람들은 계속해서 잣나무를 많이 심었다. 조선왕조실록에 따르면 태종 8년1408 태조의 무덤인 건원릉에 소나무와 잣나무를 두루 심으라고 했고, 태종 11년1411 성석린은 남산에 소나무와 잣나무를 심자고 건의했다. 세종 31년1449 효행이 뛰어난 선비를 칭찬하는 내용 중에 그 아비가 죽게 되어서 잣나무를 얻어다 관을 만들어 장사 지냈다 했으며, 선조 26년1593에는 임진왜란에 참전했다가 부상당한 명나라 장수들이 병세가 위중해지자 잣나무로 짠 관에 시신을 넣어달라고 부탁했다는 기록이 있다. 잣나무는 공공 건물의 뜰에도 많이 심었다. 성균관 명륜당 뜰에는 장원백壯元栢이라 불리는 큰 잣나무가 조선 초기부터 자라고 있었다. 모두가 아끼던 나무인데, 중종 21년1526에 벼락을 맞는 변이 있었다. 그런데 이를 예조에만 알리고 임금께 보고하지 않았다고 해당 관리가 벌을 받았으며, 삼정승에게 의견을 물어 벼락 맞은 나무에 제사를 지내기도 했다. 왕실에서도 잣나무를 귀하게 여겨 궁궐 안 곳곳에 심었고 지금도 궁궐마다 잣나무는 꼭 있다.

곧게 자라는 잣나무는 목질이 좋아 예부터 널리 쓰였으며, 팔만대장경판을 보관하고 있는 수다라장 기둥의 일부로도 이용하고 있다. 또 대장경판의 마구리에도 잣나무가 많이 보인다.

우리 조상들은 잣을 건강식품으로 쳤다. 영조 33년1757 박필기라는 사람은 벼슬을 그만둔 뒤에 집 안에만 있으면서 잣을 먹었는데, 강건하고 병이 없어서 나이 여든이 넘어서야 죽었다고 한다. 숙종 29년1703 갑산에 흉년이 심하게 들었을 때도 사람들은 천막을 쳐놓고 잣을 따 먹으면서 살았다. 또 명종 14년1559의 기록을 보면 "다른 곳에서 나는 잣보다 안동 봉정사鳳停寺

강원도 인제 서리의 밭둑에 자라는 잣나무. 둘레 두 아름이 훌쩍 넘고 나이는 300살에 이른다.

근처에서 나는 것이 좋아서 그것만을 진상받았다"고 한다. 《동의보감》에는 잣을 "해송자海松子라 하며 피부를 윤기 나게 하고 오장을 좋게 하며, 허약하고 여위어 기운이 없는 것을 보한다"고 밝혀두었다.

잣나무는 소나무와 함께 우리 문화 속에 자주 등장하는 나무지만 고목이 거의 남아 있지 않다. 강원도 인제 서리의 밭둑에 자라는 보호수 잣나무가 거의 유일하다. 키 25m, 둘레 4m, 나이 약 300살에 이르며 호환虎患을 막기 위하여 제사를 올리던 당산나무다. 주위에 경쟁하는 나무가 없어서 더욱 웅장하고 아름답다.

잣나무는 늘푸른 바늘잎 큰키나무로 나무껍질은 회갈색이고 가로세로로 얇게 갈라지면서 겹겹이 붙어 있다. 잎은 5개가 모여나며, 긴 손가락 정도로 길다. 또 잎 양면에 흰빛의 숨구멍이 5~6줄 있어서 멀리서 보아도 희끗희끗하다. 암수한그루로서 늦봄에 꽃이 피어 수정이 되면 다음 해 가을에 솔방울처럼 생긴 열매, 즉 잣방울이 익는다. 잣방울은 긴 타원형으로 크기가 어른 주먹만 하고, 하나하나의 비늘 아랫부분에 잣이 하나씩 들어 있다.

잣나무 종류 구별하기

잣나무와 비슷한 종류로는 울릉도에 자라는 섬잣나무와 설악산 대청봉 등 높은 산 꼭대기에 바람을 맞으며 옆으로 비스듬하게 누워 자라는 눈잣나무 및 1920년 무렵 미국에서 들여와 많이 심고 있는 스트로브잣나무가 있다.
섬잣나무는 잣나무보다 잣방울이 가늘어서 날렵해 보이며 씨앗에 짧은 날개가 붙어 있는 것이 차이점이다. 섬잣나무는 실제로는 2종류가 있다. 하나는 울릉도와 일본에 자라는 진짜 섬잣나무고, 나머지 하나는 우리 주변에 흔히 정원수로 심

섬잣나무(오엽송) 꽃 　　　스트로브잣나무 잣방울

는 섬잣나무, 통칭 오엽송五葉松이다. 일본인들은 오랫동안 섬잣나무를 개량하여 오엽송을 만들었다. 아직 학술적으로 둘을 다른 종으로 구분하지는 않지만 모양에 차이가 있다. 오엽송은 잎 길이가 섬잣나무보다 훨씬 짧고 잣방울도 비늘조각[實片]의 개수가 적으며 길이도 짧다. 스트로브잣나무는 잣나무나 섬잣나무에 비하여 잎이 가늘고 보드라우며 잣방울이 더 길다. 나무껍질은 오랫동안 갈라지지 않고 매끄럽다가 나이를 먹어야 차츰 갈라진다.

부부 금슬을 상징하는

자귀나무

Silk tree

초여름의 숲 속에서 짧은 분홍 실을 부챗살처럼 펼쳐놓은 듯한 자그마한 꽃을 피워 주위를 압도하는 꽃나무가 바로 자귀나무다. 너비가 손톱 반쪽 정도 되는 자그마하고 길쭉길쭉한 잎들이 서로 마주 보면서 촘촘히 달려 있는 모양이 앙증맞기까지 하다. 몇몇 지방에서는 소가 잘 먹는다 하여 소밥나무 혹은 소쌀나무라고도 한다.

옛날 초등학교 앞 노점상의 인기 품목이었던 미모사란 풀이 있다. 건드리기만 하면 벌어졌던 잎이 금세 오므라드는 신기함에 놀라던 기억이 새롭다. 자귀나무는 미모사처럼 건드릴 때마다 일일이 경망스럽게 반응하진 않지만 해가 지고 어두워지면 잎들이 서로 붙어버린다. 광합성을 할 때 외에는 날아가는 수분을 줄여보겠다는 나름대로의 속셈으로, 일부 식물에서 볼 수 있는 수면운동睡眠運動이다.

50~80개나 되는 작은잎들의 개수가 꼭 짝수이므로 서로 마주나기로 붙었을 때 모든 잎이 다 짝이 있다는 사실 또한 재미있다. 그러니 자연히 부부의 금슬을 상징하는 나무가 될 수밖에 없다. 합환수合歡樹, 야합수夜合樹란 이름으로도 불리며 정원에서 많이 볼 수 있는 것도 그 때문이다. 우스개로 잠

↖ 작은잎이 마주나고 두 번
   갈라지는 깃꼴겹잎

덕수궁 금천교를 건너면
만날 수 있는 자귀나무

과명 콩과	학명 *Albizia julibrissin*	분포 중남부 산지, 중국, 지역 일본

부챗살처럼 피어난 분홍 꽃, 콩깍지를 닮은 납작한 열매, 작은 숨구멍이 특징인 나무껍질

자는 데 귀신같다 하여 자귀나무란 이름이 생겼다고도 한다. 나무 깎는 연장의 하나인 자귀의 손잡이, 즉 자귀대를 만들던 나무란 뜻으로 자귀나무가 되었다는 설명도 있다.

중국 당나라 때 두양의 부인 조씨는 해마다 5월 단오에 자귀나무 꽃을 따서 말린 다음 베개 속에 넣어두었다. 그리고 남편이 언짢아하는 기색이 보일 때마다 이 꽃을 조금씩 꺼내어 술에 넣어서 한 잔씩 권했다고 전한다. 그 술을 마신 남편은 금세 기분이 풀어졌으므로 부부간의 사랑을 두텁게 하는 신비스런 비약이라 하여 사람들이 앞다투어 그 비방을 따라했다고 한다.

겨울이 되면 콩꼬투리처럼 생긴 긴 열매가 다닥다닥 붙어서 수없이 달리는데, 세찬 바람에 부딪쳐서 달그락거리는 소리가 옛 양반들의 귀에 꽤나 시끄럽게 들렸나 보다. 그래서 여설수女舌樹란 이름도 붙었다. 요즘 같으면 여성단체의 항의라도 들어올 법하다. 그렇지만 "무릇 여자란 나라 이름이나 알고 제 이름 석 자나 쓸 줄 알면 족하다"고 하던 시절이니, 여자들의 혀가 제대로 대접받았을 리 만무했다.

낮에는 활짝 펼쳐져 있다가(왼쪽) 어두워지면 서로 붙어버리는(오른쪽) 자귀나무 잎의 수면운동

나무껍질은 합환피合歡皮라 하는데, 《동의보감》에서는 "오장을 편안하게 하고 마음을 안정시키며 근심을 없애서 만사를 즐겁게 한다"고 한다. 또 민간에는 나무껍질을 갈아서 밥에 개어 바르면 타박상, 골절, 류머티즘에 잘 듣고, 나뭇가지를 태워 술에 타서 먹으면 어혈 등에 효과가 크다고 알려져 있기도 하다.

자귀나무는 황해도 이남에 주로 분포하는 잎지는 넓은잎 중간키나무로 아름드리로 자라지는 않으나 깊은 산속에서는 높이가 10m에 이르기도 한다. 나무껍질은 회갈색이며 나이를 먹어도 흉하게 갈라지지 않고 다만 작은 숨구멍만이 촘촘히 생긴다. 잎자루는 가지에 어긋나기로 붙어 있는데, 큰 잎자루에서 또 한 번 더 갈라지므로 두 번 갈라지는 셈이 된다. 잎자루와는 달리 잎은 서로 맞닿기 좋게 마주나기로 붙어 있는 것도 자연계의 오묘함이다. 작은 가지 끝에 피는 꽃은 꽃잎과 꽃술이 함께 있는 평범함을 거부한다. 꽃잎이 서로 합쳐져 거의 퇴화된 상태라 얼핏 봐서는 꽃잎이 없다. 가늘고 기다란 실 같은 수술만 약 25개씩 모여서 마치 화장솔을 연상케 하는 독특한 모양이다. 분홍 꽃이 보통이지만 흰 꽃도 있다. 관상수로서 정원, 공원에 심기에 적당하고 콩과 식물이므로 아무 데나 심어놓아도 자람은 걱정할 필요가 없다. 부부 금슬과 관련이 있으며 꽃까지 아름다운 자귀나무 한 그루를 집 앞마당에 심어볼 만하다.

달콤한 향기로 첫사랑을 떠올리게 하는

라일락

서양수수꽃다리, Common lilac

"4월은 잔인한 달/ 언 땅에서 라일락을 키워내고/ 추억을 욕망과 뒤섞어놓는/ 잠든 뿌리를 봄비로 깨운다……." 영국 시인 토머스 S. 엘리엇의 〈황무지〉는 이렇게 시작한다. 제1차 세계대전 후 유럽을 휘감고 있던 정신적 황폐를 상징적으로 표현한 1922년의 작품이다. 엘리엇이 노래한 것처럼 언 땅, 춥고 바람 부는 황무지에서도 라일락은 잘 자란다.

봄이 깊어갈 즈음, 연보랏빛이거나 새하얀 작은 꽃들이 구름처럼 모여 피는 꽃나무가 라일락이다. 산들바람에 실려 오는 향긋한 꽃 냄새가 강렬해 온몸이 나긋나긋해져 녹아내릴 것 같은 라일락은 젊은 연인들의 꽃이다. 영어권에서는 라일락Lilac이라 부르며 프랑스에서는 리라Lilas라고 한다. 라일락의 꽃향기는 첫사랑과의 첫 키스만큼이나 달콤하고 감미롭다. 꽃말도 '첫사랑, 젊은 날의 추억'이다. 유럽 남동부가 고향인 이 나무는 16세기 무렵에 유럽 전역으로 전파되었다. 우리나라에는 20세기 초 서양 문물이 밀려들면서 함께 들어와 공원이나 학교 등을 중심으로 널리 퍼지기 시작했다.

한편 우리나라에는 라일락과 생김새가 거의 비슷한 수수꽃다리가 북한의 석회암 지대에 자라고 있다. 원뿔 모양의 꽃차례에 달리는 꽃 모양이 잡

↖ 거의 완벽한 하트 모양인 잎

연보라색 꽃이 대부분이지만
드물게 하얀 꽃을 피우는
라일락(서양수수꽃다리)

| 과명 | 물푸레나무과 | 학명 | *Syringa vulgaris* | 분포 지역 | 전국 식재, 유럽 남동부 |

달콤한 향기를 풍기고 원뿔 모양 꽃차례에 달리는 꽃, 끝이 뾰족한 열매, 회갈색의 거친 줄기

곡의 하나인 수수꽃을 많이 닮아 '수수꽃 달리는 나무'라 하다가 수수꽃다리라는 멋스런 이름이 붙었다.

수수꽃다리는 개회나무, 꽃개회나무, 털개회나무정향나무, 버들개회나무 등 6~8종의 형제 나무를 거느리고 있다. 이 꽃나무들을 좋아한 옛 선비들은 이 나무들을 머리 아프게 따로 구별하지 않고 합쳐서 정향丁香이라 불렀다. 《속동문선續東文選》에 실린 남효온의 〈금강산 유람기〉에는 "정향꽃 꺾어 말 안장에 꽂고 그 향내를 맡으며 면암을 지나 30리를 갔다"는 구절이 나온다. 《산림경제》'양화養花'편에는 "2월이나 10월에 여러 줄기가 한데 어울려 난 포기에서 포기가름을 하여 옮겨 심으면 곧 산다. 4월에 꽃이 피면 향기가 온 집 안에 진동한다"라는 내용이 있다. 《화암수록》'화목구등품제花木九等品第'의 7품에는 "정향庭香은 유우幽友, 혹은 정향이라 한다. 홍백 두 가지가 있는데 꽃이 피면 향취가 온 뜰에 가득하다"라고 했다.

이렇게 옛 선비들이 아끼 수수꽃다리였건만, 우리 주변에서 더 흔히 만나게 되는 나무는 라일락이다. 두 나무는 멀리 떨어져 자란 다른

원뿔 꽃차례로 피는 개회나무 꽃, 연보랏빛 꽃개회나무 꽃, 털개회나무를 개량한 미스킴라일락 꽃

나무이나 모양새가 무척 닮았다. 수수꽃다리보다 라일락의 꽃이 더 크고 향기가 훨씬 강한 것이 특징이지만 두 나무의 구별은 쉽지 않다.

라일락은 잎지는 넓은잎 작은키나무로 다 자라야 높이가 3~4m 정도이다. 오래되면 허벅지 굵기 정도에 이르기도 한다. 잎은 긴 잎자루를 가지고 있으며 서로 마주나기로 달린다. 두껍고 표면이 약간 반질반질하며 거의 완벽한 하트 모양이다. 꽃은 원뿔 모양의 꽃차례에 수십 송이씩 피어나고, 긴 깔때기 모양이며 꽃부리가 4갈래로 벌어진다. 꽃 색깔은 엷은 보랏빛이 많지만 이곳 덕수궁의 라일락 꽃처럼 흰 경우도 있다.

라일락의 여러 원예 품종 중에 미스킴라일락이 있다. 해방 직후 미군정청에서 원예가로 근무하던 엘윈 M. 미더가 북한산에서 채집한 우리 토종식물인 털개회나무 씨앗을 가져가서 개량한 라일락이다. 보통 라일락에 비해 키가 작고 가지 뻗음이 일정해 모양 만들기가 쉽고, 짙은 향기가 더 멀리 퍼져나가는 뛰어난 품종이다. 우리에게 식물 자원의 중요성을 일깨워주는 본보기다.

화려하게 피었다가 한순간에 져버리는

왕벚나무

Korean flowering cherry

겨울이 가고 봄기운이 느껴지기 시작하면 사람들은 벚꽃이 언제 피나 기다리며, 그 개화 시기를 지도에 그래프로 그리기도 한다. 잎이 돋기도 전에 화사한 꽃이 아름드리 큰 나무 전체를 구름처럼 뒤덮는 모양이 장관이라 하지 않을 수 없기 때문이다. 꽃은 일주일에서 열흘 동안 거의 동시에 피었다가 한꺼번에 져버린다. 그것도 5장의 꽃잎이 하나씩 떨어져 조금만 바람이 불어도 뒤돌아보지 않고 갈 길을 떠나는 것이다. 배나무, 살구나무, 복사나무 같이 장미과에 드는 몇몇 나무의 꽃들이 이런 성질을 가졌다. '산화散花'란 말이 여기에서 나왔다. 누군가 꽃다운 나이에 전쟁에서 목숨을 잃기라도 하면 우리는 '산화했다'고 말한다.

벚나무 하면 바로 일본이 떠오른다. 벚나무는 일본인들이 가장 좋아하는 나무로 널리 알려져 있다. 일본의 가장 오래된 시가집 《만엽집萬葉集》에 45수의 벚나무 노래가 들어 있는 것을 비롯해 수많은 벚나무 관련 문헌이 있으며, 전 세계에 벚꽃은 일본을 상징하는 꽃으로 인식되어 있다. 우리나라에는 1906년 무렵 경남 진해와 마산 지방에 들어온 일본인들이 심은 것을 시작으로 경술국치 이후 일본인들이 한반도로 떼거리로 이주해오면서

↖ 가장자리에 뾰족한 톱니가
촘촘히 난 타원형 잎

초봄에 덕수궁 초입을
화사하게 장식하는 왕벚나무

| 과명 장미과 | 학명 *Prunus x yedoensis* | 분포 제주도, 전국 각지
지역 식재, 일본 |

잎보다 먼저 피는 화려한 꽃, 초여름에 익는 검은 열매, 가로로 숨구멍이 나 있는 매끄러운 나무껍질

그 길을 따라 벚꽃도 방방곡곡에 자리를 잡았다. 진해의 벚꽃은 저들이 진해를 대륙 침략의 전진기지로 개발하면서 심은 것이다. 한발 더 나아가서 조선 왕조의 궁궐인 창경궁마저 창경원으로 격하시키고 동물원을 만든 다음 공원으로 개방하면서 벚나무를 잔뜩 심었다. 창경원이 창경궁으로 되돌아오기 이전인 1980년대까지 서울 사람들은 봄이 되면 창경원에서 벚꽃놀이를 즐기곤 했다. 일본 사람들의 전략이 성공한 것이다. 자연스럽게 한국 사람들은 일본의 벚꽃놀이 문화에 정이 들었다. 창경궁, 창덕궁, 경복궁, 남산, 장충단 같은 서울 도심은 말할 것도 없고 전국에 벚나무를 심었다.

해방 이후 몇몇 의식 있는 사람들은 벚나무가 확산되는 데 저항감을 표시해 한때 벚나무를 베어내자는 바람이 일기도 했다. 하지만 1962년에 식물학자 박만규가 왕벚나무 자생지가 제주도 한라산이라고 주장한 내용이 동아일보에 크게 소개되면서 벚꽃은 일본 꽃이 아니라 우리 꽃이니 멀리해서는 안 된다는 논리가 개발되었다. 마침 들어선 군사정권은 벚나무가 일본을 대표하는 나무란 주장을 배격하고 온 나라에 벚나무 심

천연기념물 제159호 제주도 제주 봉개동 왕벚나무 자생지. 높이 15m가량 되는 왕벚나무가 서 있다.

기를 장려한다. 우리나라에 제2의 벚나무 전성기가 온 것이다. 우리나라 사람들이 꼭 한 철 짧게 피고 지는 벚꽃의 아름다움을 감상하기 위해서만 심지는 않았을 터이다. 친일파들이 득세하면서 자신도 모르게 일본 문화에 젖어든 것이다.

　꽃을 좋아하고 아끼는 마음은 그 꽃의 자생지가 자기 나라라고 하여 생기는 것이 아니다. 식물학자가 아니고서야 왕벚나무의 자생지가 제주도라는 사실은 그다지 중요하지 않다. 자생지가 우리나라가 아니라 해도 무궁화가 대한민국의 국화로 선정된 것을 아무도 탓하지 않는다. 그보다는 나무에 얽힌 문화와 역사가 중요하다. 하지만 우리 조상들은 벚나무 껍질을 벗겨 활의 재료로 사용했을 뿐, 꽃나무로 대접한 흔적은 전혀 찾을 수 없다.《삼국사기》등 역사 기록은 말할 것도 없고 매화나무, 살구나무, 복사나무, 자두나무 등 수많은 꽃나무가 등장하는 선비들의 옛 시가집에도 벚나무는 단 한 번도 나오지 않는다.

　오래전부터 화피樺皮라는 이름으로 불린 벚나무 껍질은 활을 만드는 데 꼭 필요한 군수 물자였다.《세종실록》'오례'의 내용 중에 "붉은 칠을 한 활

산벚나무 판재로 만든 팔만대장경판

은 동궁이라 하고, 검은 칠을 한 것은 노궁이라 하는데, 제작할 때 화피를 바른다"했고, 이순신의 《난중일기亂中日記》 중 갑오년1594 2월 5일자에도 "화피 89장을 받았다"는 내용이 있다. 병자호란을 겪고 중국에 볼모로 잡혀갔다 돌아와 왕위에 오른 효종은 대대적인 북벌 계획을 세웠다. 그때 서울 우이동에 벚나무를 많이 심게 했는데 두말할 것도 없이 활을 만드는 데 쓰려고 한 것이다. 구례 화엄사에 있는 천연기념물 제38호 올벚나무도 임금의 뜻을 본받아 벽암선사가 심은 여러 그루 가운데 하나가 오늘까지 살아남은 것으로 우리나라 벚나무 중 나이가 가장 많은 것으로 알려져 있다. 화樺라는 한자는 벚나무와 자작나무 모두에 사용했다. 세종 10년1428 "함경도 경성 관아의 버드나무에 무명 같은 물건이 공중에서 길게 쭉 뻗치어 내려왔습니다. 바로 불타는 화피였습니다"라고 했는데, 여기서 화피는 자작나무 껍질을 말하는 것이다. 한편 벚나무는 나무에 글자를 새기는 목판의 재료로서도 독보적인 존재다. 팔만대장경판은 60% 이상이 산벚나무로 만들어졌음이 최근 현미경을 이용한 세포 조사에서 밝혀졌다. 우리나라 산에 흔히 자라며 너무 단단하지도 또 너무 무르지도 않은 것은 물론 잘 썩지도 않아 글자 새기는 판자로는 안성맞춤이었기 때문이다.

은행나무나 느티나무가 천 년을 거뜬히 사는 데 비하여 벚나무는 백 년도 잘 넘기지 못한다. 일본인들은 60여 년이 고작이라고 조사했다. 인간의 평균 수명보다도 짧은 셈이다. 많은 꽃을 한꺼번에 피우느라 정력을 많이 소모해버리고 또 유달리 갑충류 곤충의 피해를 받기 쉬워서 그렇다고 한다.

왕벚나무는 제주도와 해남 대흥사大興寺 부근에 자라며 자생지는 천연기념물로 지정해 보호하고 있다. 그 외의 벚나무 종류는 대부분 전국에 걸쳐 자라며 줄기 둘레가 두세 아름에 이르기도 한다. 잎지는 넓은잎 큰키나무로 잎은 어긋나기로 달리고 타원형이며 가장자리에 뾰족뾰족한 톱니가 있다. 꽃은 연분홍빛을 띤다. 꽃이 지고 난 벚나무에는 오뉴월에 콩알 굵기의 버찌 라고 하는 동그란 열매가 까맣게 익는다. 다산 정약용이 1828년 농가의 여 름을 노래한 시에 "산벚나무 열매 잘 익어 검붉은 빛깔이고/ 산딸기 붉게 익 어 곱기도 하여라⋯⋯"라는 구절이 있다. 시금털털한 게 별 맛은 없으나 배 고픈 시절에는 아이들의 간식거리였음을 짐작할 수 있다. 요즈음에는 술을 담그거나 주스를 만들기도 한다. 특히 서양벚나무의 열매는 알이 굵고 붉은 빛이 아름다워 음료수나 각종 음식의 빛깔을 곱게 하는 데 쓰인다. 벚나무라 는 이름은 버찌가 달리는 나무, 즉 버찌나무에서 온 것이다.

벚나무 종류 구별하기

벚나무 종류는 우리 주위에 흔한 나무 다. 벚나무, 왕벚나무, 산벚나무, 올벚 나무, 능수벚나무 등 10여 종이 넘는 다. 하지만 서로 매우 닮아 있고 중요 한 분류 기준이 되는 잎의 모양이나 털의 변이가 너무 심해 전문가들도 구 분하기가 어렵다. 자주 만나는 몇 종 류를 비교적 간단히 구별해내는 방법 은 이렇다. 왕벚나무는 잎보다 꽃이 먼저 3~6개씩 잎겨드랑이에 모여 피 고 꽃자루에 털이 있다. 산벚나무는 꽃이 잎과 거의 동시에 2~3개가 잎겨 드랑이에 모여 피고 꽃자루에 털이 없 다. 또 꽃이 피기 시작할 때 보면 벚나 무는 꽃이 편평한 꽃차례에 모여 피 고, 산벚나무의 꽃은 우산 모양 꽃차 례에 핀다. 올벚나무는 꽃받침통이 작

벚나무 꽃

왕벚나무 꽃

산벚나무 꽃

올벚나무 꽃

은 항아리처럼 부풀어 있어서 금방 구별할 수 있다. 능수버들처럼 가지가 아래로 드리워져 있어 서 멋스러움이 돋보이는 능수벚나무는 그 모습 덕분에 한눈에 알아볼 수 있다.

5

예쁘지만 매화는 아니랍니다

황매화

Kerria

우리나라의 봄은 노란 꽃으로 시작하여 노란 꽃으로 끝난다. 그 빛은 무한한 가능성을 품고 있다. 산수유와 생강나무에 노란 꽃이 피는 것을 시작으로 개나리가 봄을 화사하게 장식하고, 봄이 한창 무르익어가는 4월 말부터 5월 초에는 황매화가 핀다. 이처럼 봄꽃의 대표 주자들은 대부분 생생하면서도 따뜻하고 친근한 느낌을 주는 노란색이다. 궁궐에는 최근 황매화가 부쩍 늘었다. 관람로 주변의 양지바른 곳에서 초록빛이 짙은 잎사귀 사이로 샛노란 꽃을 잔뜩 피우는 자그마한 나무가 바로 황매화다. 이름에서 짐작할 수 있듯이 매화를 닮은 꽃이고 색깔이 노랗다고 하여 황매화黃梅花라고 부른다. 옛 선비들은 매화를 너무 좋아하여 비슷한 꽃에 매梅 자를 넣어 이름 붙였다.

　자기의 처지를 잘 아는지 황매화는 매화처럼 극진한 대접을 받지 않아도 군말 없이 잘 살아간다. 습기가 조금 많은 땅이기만 하면 자리를 거의 가리지 않는다. 황매화 꽃잎은 보기에 좋고 독성도 없어서 진달래처럼 흔히 꽃전에 이용했다고 한다. 사실 황매화를 자세히 보면 꽃잎이 5장인 것을 빼면 매화를 닮았다고 하기도 어렵다. 매화 관련 문헌에 등장하는 황매黃梅는 여기서 말하는 황매화가 아니라 완전히 익어서 노랗게 된 매실을 말한다. 매실

↖ 가지를 따라 어긋나는 모양이
독특한 잎

늦은 봄에 노란 꽃을
피우는 황매화

과명	장미과	학명	*Kerria japonica*	분포 지역	중남부 식재. 중국. 일본

5장의 노란 꽃잎이 달린 꽃, 꽃받침이 그대로 남은 채 익어가는 열매, 여러 그루가 모여나는 줄기

이 익을 무렵 오는 비를 황매우黃梅雨라고도 하며 이때의 자연을 노래한 시詩들을 옛 문집에서 쉽게 찾을 수 있다.

황매화는 남부 지방에서 방언으로 부르던 이름이 20세기 초에 정식 이름이 된 것이다. 따라서 우리의 옛 문헌에는 황매화가 아니라 다른 이름으로 등장한다. 《동국이상국집》에 지당화地棠花란 나무가 나오는데, "꽃은 짙은 황색이고 여름철에 핀다"고 하여 꽃 피는 시기에 약간 차이가 있으나 황매화임을 알 수 있다. 또 옛날에는 임금이 꽃을 보고 좋다고 심으라고 하면 어류화御留花라 했는데, 황매화는 임금이 선택하지 않고 내보냈기 때문에 출단화黜壇花, 출장화黜墻花라 했다는 것이다. 《물명고》에 체당棣棠이란 꽃의 설명을 보면 "음력 3월에 꽃이 피며 국화를 닮았고 진한 황색 꽃이 핀다"라고 했는데, 이 역시 황매화다. 체당은 황매화의 중국 이름이기도 하다. 이처럼 황매화의 옛 이름은 지당화, 출단화, 출장화, 체당 등 여럿이다.

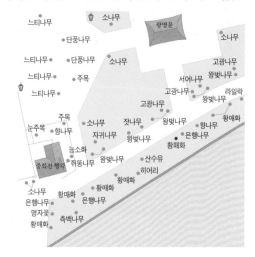

황매화는 중국과 일본에 분포하며 우리나라에는 중국에서 들어온 것으로 짐작된다. 19세기 초에는 중국에서 유럽으로 처음 보내져 오늘

경복궁 경회루 연못 인근에서 자라는 죽단화(겹황매화)

날 정원수로 흔히 심게 되었다고 한다. 사람 키 남짓한 잎지는 넓은잎 작은 키나무이며 많은 곁줄기를 뻗어 무리를 이루어 자란다. 가지나 줄기는 사철 내내 초록빛이며 가늘고 긴 가지들은 아래로 늘어지는 경우가 많다. 긴 타원형 잎은 때로는 깊게 파이고 겹톱니가 있다. 초가을에 꽃받침이 남아 있는 채로 열매 안에 흑갈색의 씨앗이 익는다.

황매화는 홑꽃이지만 꽃잎이 여러 겹인 겹꽃 황매화도 있다. 죽단화 혹은 죽도화라고 하는 품종이다. 우리 주변에는 겹꽃이라 탐스러워 보이는 죽단화를 황매화보다 더 많이 심고 있다. 황매화와 죽단화를 엄밀히 구별해 부르지 않는 경우도 많아 이름에 혼란이 있으므로 죽단화를 겹황매화로 고쳐 부르자는 의견도 많다.

6

생울타리로 쓰이기 위해 태어났다

쥐똥나무

Border privet

쥐똥나무란 이름은 열매의 색깔이나 크기, 모양까지 '쥐똥'을 그대로 닮아서
붙여졌다. 우리나라 식물 이름에는 물푸레나무, 수수꽃다리, 까마귀베개 같
은 아름다운 이름도 많다. 그런데 왜 쥐똥나무는 사람이 싫어하는 동물, 그
것도 배설물에 빗대어 이름을 지었는지 선배 학자들이 원망스러울 때도 있
다. 그래도 한번 들어두면 좀처럼 잊히지 않고 언제라도 이름이 잘 떠오른
다. 북한에서는 이 나무를 검정알나무라고 부른다.

　우리나라 어디에서나 잘 자라는 쥐똥나무는 잎지는 넓은잎 작은키나무
로 사람 키 정도까지 자란다. 긴 타원형의 잎은 가지를 가운데 두고 서로 마
주나기로 달려 있다. 쥐똥나무는 덩치는 작아도 환경 적응력이 매우 높다.
원래 겨울에 잎이 떨어지는 나무지만 그렇게 춥지 않으면 푸른 잎사귀를 몇
개씩 단 채로 겨울을 보낸 뒤 봄을 맞는다. 형제뻘인 광나무처럼 남쪽이 고
향이라 늘푸른나무의 성질이 조금 남아 있는 탓이라고 알려져 있다. 생명력
이 강한 쥐똥나무 가지는 변덕스런 사람들의 취향을 잘도 맞춰준다. 그 숱한
가위질에도 끊임없이 새싹을 내미는 것이다. 뛰어난 적응력 덕분에 자동차
매연에 찌들어버린 대도시의 도로와 소금 바람이 몰아치는 바닷가에서도

↖ 가지를 사이에 두고 마주나는
긴 타원형 잎

덕수궁 중화전 행각 옆의
커다란 쥐똥나무

| 과명 물푸레나무과 | 학명 *Ligustrum obtusifolium* | 분포 전국 산지, 중국, 지역 일본 |

아래로 늘어지면서 피는 하얀 꽃, 쥐똥을 닮은 작고 검은 열매, 숨구멍이 올록볼록 나 있는 줄기

거뜬히 버틴다. 이런저런 특성 덕에 생울타리로 심기에 가장 적합한 나무다. 아예 생울타리로 쓰이기 위해 태어난 나무라고 해도 과언이 아니다. 우리 주위에서 자주 만나는 쥐똥나무의 모습은 깔끔하게 정돈된 생울타리다.

쥐똥나무의 나뭇가지는 꽃이 피고 난 다음에 자르는 것이 좋다. 그해에 새로 돋는 가지 끝에서 꽃이 피기 때문이다. 늦은 봄 어느 날 새끼손톱 남짓한 새하얀 작은 꽃들이 10~20개씩 모여 원뿔 모양 꽃대를 만들어 녹색 잎사귀를 뒤덮는다. 화려한 맛보다는 편안함과 안정감을 주는 작은 종 모양의 꽃은 여름의 시작을 예고한다. 꽃이 진 후 맺히는 초록색 열매는 검은 보랏빛이 되었다가 가을이 깊어지면 새까맣게 익어버린다.

쥐똥나무나 광나무에는 백랍벌레라 하여 언뜻 보아 초파리 비슷한 벌레가 기생한다. 이들의 애벌레가 가지의 겉을 하얗게 뒤덮은 가루물질을 백랍白蠟이라 부른다. 이것으로 초를 만들면 다른 밀랍으로 만든 것보다 훨씬 밝을 뿐 아니라 촛농이 흘러내리지도 않는다. 또 백랍은 한약재로 쓰인다. 조선 고종 때의 의서醫書인 《방약합편方藥合編》에는 타박

쥐똥나무를 심어 만든 생울타리. 공원이나 길가에서 흔히 만날 수 있다.

상에 쓴다 했고《향약집성방鄕藥集成方》에는 불에 덴 곳이나 설사 등에 처방한다고 적혀 있다. 그래서 옛날에는 아예 백랍나무라고도 했다. 또 쥐똥나무의 열매는 수랍과水蠟果라 하여 햇빛에 말려 약재로 쓴다. 강장, 지혈 효과가 있고 신체가 허약한 데도 쓴다고 한다.

쥐똥나무와 광나무, 동백나무 구별하기

남부 지방에 가면 열매가 쥐똥나무와 똑같이 생긴 광나무가 있다. 쥐똥나무는 잎 모양이 긴 타원형이고 얇으며 꽃이 늦봄에 피는 반면, 광나무는 잎이 타원형에 가깝고 더 두꺼우며 여름에 꽃이 핀다. 그러나 좀 더 확실한 차이점은 쥐똥나무는 잎지는나무이고 광나무는 늘푸른나무라는 점이다. 광나무의 한자 이름은 여정목女貞木이며, 열매를 여정실女貞實이라 한다. 열매는 말려서 강장제와 항암제로 쓴다고 하는데, 쥐똥

광나무의 꽃과 열매. 열매는 쥐똥나무 열매와 영락없이 닮았다.

나무 열매와 엄밀하게 구별해 쓰는 것 같지는 않다. 처음 광나무를 본 사람들은 동백나무와 잠깐 헷갈릴 수 있다. 그러나 동백나무는 잎이 어긋나기로 달리고 가장자리에 톱니가 있는 반면 광나무는 잎이 마주나기로 달리고 톱니도 없는 것이 차이점이다.

7

"그랬으면 좋겠다, 살다가 지친 사람들…"

사철나무

Evergreen spindletree

"그랬으면 좋겠다 살다가 지친 사람들/ 가끔씩 사철나무 그늘 아래 쉴 때는/ 계절이 달아나지 않고 시간이 흐르지 않아/ 오랫동안 늙지 않고 배고픔과 실직 잠시라도 잊거나/ 그늘 아래 휴식한 만큼 아픈 일생이 아물어진다면/ 좋겠다. 정말 그랬으면 좋겠다……."

어려운 환경을 극복하고 시인이 된 장정일의 시 〈사철나무 그늘 아래 쉴 때는〉의 일부다. 이렇게 사철나무는 아주 추운 곳이 아니면 늘 우리 곁에 흔하게 보이는 나무다. 마른 땅, 진 땅 가리지 않고 조그마한 틈만 있으면 군소리 없이 자란다. 사시사철 푸른 잎을 달고 있어서 사철나무란 이름이 붙었다. 우리나라 중남부 지방에서 자라며 겨울에도 푸르러 동청목冬靑木이란 이름을 얻었다. 사실 사철나무란 어느 정해진 한 나무가 아닌 늘푸른나무 종류를 뭉뚱그려 부르는 우리말이기도 하다. 그러나 여기서는 동청冬靑이라고 부르는 사철나무를 이야기하는 것이다.

사철 푸른 잎을 달고 있다 해도 한번 돋은 잎을 그대로 달고 있는 것은 아니다. 조금씩 잎을 갈며 살아간다. 한꺼번에 모두 떨어지는 것이 아니기 때문에 눈치채기는 어렵다. 사철나무는 이른 봄, 아직 추위가 채 가시기도

↖ 4장의 황백색 꽃잎을 가진
새끼손톱 크기보다 작은 꽃

늘푸른나무를 대표하는 사철나무

| 과명 | 노박덩굴과 | 학명 | *Euonymus japonicus* | 분포
지역 | 중남부 식재, 일본 |

반질반질 윤기 나는 타원형 잎, 붉은 가종피에 싸인 씨앗, 촘촘히 모여 자라는 줄기

전에 연초록의 새잎을 일제히 내민다. 그 후에 묵은 잎이 서서히 떨어지므로 항상 푸르게 보인다.

사철나무는 '변함없다'는 꽃말처럼 늘 그 모습 그대로다. 철철이 유행 옷을 날쌔게 갈아입는 멋쟁이가 아니라 매일 같은 옷을 입고 있는 것이다. 자고 나면 업그레이드할 생각에 바쁘기만 한 시대를 살아가는 우리들에게 사철나무의 한결같은 모습은 마음의 고향이요, 안식처 같다.

사철나무가 가장 많이 쓰이는 곳은 생울타리다. 여럿을 뭉쳐 심어도 싸움질 없이 의좋고, 또 주인 마음대로 이리저리 가지치기를 해도 불평 없이 새로운 싹을 여기저기 내밀며 잘 자라기 때문이다. 조선시대 양반 가옥의 안채에는 외간 남자와 얼굴을 바로 대할 수 없도록 만든 취병翠屏이라는 나지막한 담이 있다. 이때도 흔히 돌담을 쌓기보다는 사철나무로 생울타리를 만든다. 전통적으로 집은 남향으로 자리를 잡는데, 손님은 대체로 해가 있는 낮에 오므로 사철나무 취병을 만들어두면 햇빛 때문에 손님에게는 안채가 잘 보이지 않으나 반대로 안채에서는 바깥손님을 잘 살필 수 있게 된다. 〈동궐도〉를 보면

덕수궁 • 사철나무

궁궐에도 여기저기 취병이 있었고 대나무로 담장을 거푸집처럼 엮고 안에다 줄사철나무를 심어 타고 올라가면서 가리개가 되도록 했다.

또 전통 혼례식에서 신랑과 신부가 서로 절할 때 마주보는 교배상에는 떡, 과일, 곡물과 함께 늘 푸른 대나무나 사철나무를 놓아 변치 않는 사랑을 강조한다. 요즘은 일 년 내내 푸름을 유지하면서도 대

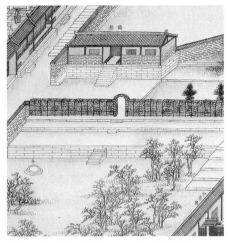

동궐도에서 확인할 수 있는 창덕궁 연영합 앞 취병

기 오염에 강해 삭막한 도회의 풍경을 부드럽게 바꾸어주는 나무로 각광받고 있다.

사철나무는 늘푸른 넓은잎 작은키나무로 사람 키보다 조금 크게 자라는 것이 보통이나 때로는 높이가 4~5m, 줄기의 둘레가 50~60cm에 달하기도 한다. 잎이 마주나고 두꺼우며 타원형으로 작은 달걀 크기만 하다. 잎 가장자리에 둔한 톱니가 있고 표면에 윤기가 자르르하다. 초여름에 4장의 도톰한 황백색 꽃잎을 가진 새끼손톱 크기의 작은 꽃이 잎겨드랑이에 여남은 개씩 모여 핀다. 우주인의 모습처럼 삐죽 튀어나온 수술대가 재미있게 생겼는데 주의 깊게 보아야 찾아낼 수 있을 만큼 아주 작다. 열매는 굵은 콩알만 하고 붉은빛이 도는 보라색으로 익는다. 늦가을에서 초겨울에 열매껍질은 넷으로 갈라지고 가운데에서 기다란 실에 매달린 빨간 씨앗이 나타난다. 초록 잎에 붉은 씨앗이 조화를 이루는 바로 이때가 사철나무가 가장 멋있는 시기이다. 사철나무는 원예 품종이 여럿 개발되어 있다. 잎에 백색 줄이 있는 것을 은테사철, 잎 가장자리가 황색인 것을 금테사철이라 해서 많이 심는다. 사철나무와 생김새가 같으나 줄기가 나무나 바위를 기어오르는 줄사철나무도 있다.

8

싸리보다 더 싸리 같은

광대싸리

Suffrutescent securinega

광대싸리는 마치 흉내를 잘 내는 광대처럼, 언뜻 보아 나무의 모양새가 싸리와 매우 비슷하다. 그래서 싸리 흉내를 잘도 냈다는 의미로 붙여진 이름이다. 북한에서는 싸리버들옻이라고 부른다. 이 나무가 속하는 대극과를 버들옻과라고 하는 데서 따온 이름인 것 같다.

광대싸리는 어린잎을 나물로 먹기도 하고, 민간에서는 소아마비 후유증을 치료하는 데도 쓴다. 그러나 가장 중요한 용도는 화살대였다. 우리나라에서 쓰는 전통 화살의 몸은 주로 이대로 만들었지만 아쉬울 때는 산죽山竹이라 불리는 조릿대로도 만들었다. 조릿대는 종류에 따라 함경도까지 분포하나 추운 지방으로 갈수록 품질이 나빠져서 화살대로 쓰기는 어려웠으므로 대용품이 필요했다. 이에 싸리와 광대싸리를 대신 사용하게 되었다. 싸리보다는 광대싸리가 더 많이 이용된 듯하다. 특히 화살촉을 쇠로 만들거나, 날아가면서 소리가 나는 화살인 효시嚆矢를 만들 때는 광대싸리가 쓰임새에 더 맞았던 것으로 보인다. 고려에 사신으로 왔다가 돌아간 송나라의 서긍이 당시 고려의 풍속을 적어놓은《고려도경》'궁시弓矢'조를 보면 "화살은 대나무를 사용하지 않고 버드나무 가지로 만드는데 아주 짧고 작다"는 기록이

↖ 잎겨드랑이에 피는 연한
　녹색을 띠는 꽃

보기 드물게 크게 자란
덕수궁 중화문 남서쪽의 광대싸리

과명	대극과	학명	*Securinega suffruticosa*	분포 지역	전국 산지, 중국, 일본

어긋나기로 달리는 긴 타원형의 잎, 팥알 크기만 한 열매, 세로로 길게 갈라지는 줄기

있으나 버드나무를 화살대로 썼다고는 믿기 어렵다.

　광대싸리는 서수라목西水羅木이라고도 한다. 두만강이 동해로 빠지는 끝자락, 나진-선봉지구에 서수라라는 곳이 있다. 조선 세종 때 동북 방면의 여진족 습격에 대비해서 개척한 육진의 출발점, 경흥慶興 땅이다. 군사적 요충지인 서수라를 지키는 군사들이 대나무 화살이 아니라 주로 광대싸리 화살을 사용했기에 서수라목이 된 것으로 보인다.

　《삼국사기》 고구려 미천왕 31년330의 기록을 보면 "후조의 석륵에게 사신을 보내 광대싸리 화살을 주었다[遺使後趙石勒 致其楛矢]"는 내용이 있다. 호楛를 싸리로도 추정할 수 있으나 광대싸리로 보는 것이 더 타당할 듯하다. 광대싸리 쪽이 덜 휘어지고 분포 지역도 싸리보다는 더 북쪽이기 때문이다. 그러나 싸리가 전혀 없는 것은 아니므로 고구려는 광대싸리나 싸리를 화살대로 많이 쓴 것으로 보인다. 반면에 통일신라, 고려에서는 주로 대나무 화살을 사용했다. 《고려사》에 보면 신라 경명왕 2년918에 "후백제 견훤이 고려 태조가 즉위했다는 소식을 듣고 사신을 파견해 축하하고 공작 부채와 대나무 화살[竹箭]을

바쳤다"고 했다.

광대싸리는 우리나라 어디에서나 흔히 자라는 잎지는 넓은잎 작은키나무로 높이는 사람 키 정도에 굵기도 손가락 굵기 정도가 고작이나, 드물게는 발목 굵기까지 굵어지기도 한다. 잔가지가 많으며 끝이 밑으로 늘어지고 대체로 갈색을 띤다. 손가락 한두 마디만 한 타원형의 잎이 어긋나기로 달리고 앞면은 진한 녹색이며 뒷면은 흰빛이 돈다. 암수딴그루이고, 여름날 잎겨드랑이에 작은 꽃들이 여러 개씩 달린다. 열매는 팥알 크기 남짓하고 가을에 맺힌다. 홈이 3줄씩 파져 있고 익으면 3조각으로 갈라진다.

땅비싸리와 낭아초 알아보기

광대싸리와 땅비싸리는 이름과는 달리 싸리 종류가 아니다. 광대싸리는 대극과이니 싸리와는 한참 먼 사이고 땅비싸리는 같은 콩과지만 속이 다르다. 땅비싸리는 우리나라 산 어디에서나 흔히 만날 수 있다. 숲 속의 자그만 공간이라도 찾으면 곧장 둥지를 튼다. 햇빛이 부족하면 광합성을 줄이고 양분이 부족하면 콩과 식물인 친족들과 마찬가지로 뿌리혹박테리아로 공기 중의 질소를 고정하여 쓴다. 다만 다 자라도 허리춤 남짓한 키에 손가락 굵기가 고작이라 눈에 잘 띄지 않을 뿐이다. 땅비싸리가 우리 눈에 들어올 때는 늦봄에서 초여름에 걸치는 꽃 피는 시기다. 약간 연초록의 아까시나무를 닮은 잎사귀 사이사이에 나비처럼 생긴 분홍빛 꽃이 곳곳에 얼굴을 내민다. 덩치와는 달리 제법 긴 꽃대를 만들고 10여 개가 넘는 꽃들이 모여 작은 꽃방망이가 된다. 널리 알려지지는 않았지만 궁궐 정원의 한구석을 차지하기에 충분한 자격을 갖추었다. 다행히 덕수궁 정관헌 앞에 땅비싸리 몇 그루가 모여 살고 있다. 궁궐에서는 유일하게 땅비싸리가 자라는 곳이다. 극진한 보살핌 덕분인지 키도 제법 크고 산에서는 보기 어려울 만큼 줄기도 굵다. 5월 말에서 6월 초 궁궐을 뒤덮다시피 많이 심은 영산홍이나 산철쭉이 져버렸을 때 바로 찾아가면 땅비싸리 꽃을 만날 수 있다.

땅비싸리와 잎과 꽃의 생김새가 매우 비슷한 낭아초狼牙草가 있다. 이름과는 달리 풀이 아니라 나무이며 남부 지방의 해안가에 주로 자란다. 낭아초는 땅비싸리보다 늦은 7~8월에 꽃을 피우고, 꽃대는 위로 서 있는 경우가 많다. 열매도 길이가 2~3cm로 4~5cm인 땅비싸리 열매보다 짧다.

덕수궁 정관헌 앞 화계에서 자라는 땅비싸리. 긴 꽃대에 달린 분홍빛 꽃, 콩깍지처럼 생긴 열매

9

번창하고 또 번창하기를 소망한다

말채나무

Walter's dogwood

독특한 특징을 가지고 있는 나무라면 전문가가 아니더라도 쉽게 그 이름을 기억할 수 있을 것이다. 말채나무가 그렇다. 큰 나무의 줄기를 한번 보면 잘 잊어버릴 수 없게 생겼다. 진한 흑갈색의 두툼한 나무껍질이 깊게 가로세로로 길쭉길쭉한 그물 모양으로 갈라지기 때문이다. 봄에 한창 물이 오를 때 가늘게 늘어진 가지는 말채말채찍로 쓰면 안성맞춤이겠다는 느낌이 들게 한다. 그래서 말채나무다.

　1999년 경복궁을 복원하면서 수정전修政殿 월대 앞 계단 사이에서 잘 자라고 있던 50~60살 된 말채나무를 잘라내자 시민들의 항의가 빗발친 적이 있다. 이에 문화재청에서는 원래 궁궐에는 전각 가까이에 나무를 심지 않았다며 세 가지 이유를 들었다. 첫째, 임금을 해치려는 자객이 나무에 가려 보이지 않으면 낭패이기 때문이다. 둘째, 문과 건물의 일직선상에 나무가 있으면, 문 밖에서 볼 때 한자로 門에 木이 더해진 한가로울 한閒 자 모양이 되어 나라가 번창할 수 없다는 것이다. 셋째, 담 안쪽의 가운데에 나무가 있으면 역시 한자로 口에 木이 더해진 곤궁할 곤困 자 모양이 되므로 그 또한 왕조의 앞날을 암담하게 만들 수 있다는 것이다. 그러나 수정전 건물 남쪽에는

↖ 끝이 뾰족하고 가장자리가
밋밋한 잎

덕수궁 중화전과 분수대
사이에서 자라는 말채나무

과명 층층나무과	학명 *Cornus walteri*	분포 전국 산지, 중국, 지역 일본

여럿이 모여 하얗게 피는 꽃, 콩알 굵기의 까만 열매, 그물 모양으로 갈라지는 독특한 나무껍질

말채나무 두 그루를 남겨두었고, 지금은 아름드리로 자라 수정전의 운치를 더해주고 있다.

　말채나무와 관련되어 전해 내려오는 재미난 옛날이야기가 있다. 어느 산골 마을에선 한가위 보름달이 뜨면 천년 묵은 지네들이 떼를 지어 몰려와서 힘들게 키운 곡식들을 모두 먹어치웠다. 동네 사람들은 늘 배고프고 가난하게 살 수밖에 없었다. 어느 해 한가위가 가까워오자 동네 사람들이 마을 앞 정자나무에 모여 걱정을 했다. 때마침 그 앞을 지나가던 한 젊은이가 사람들의 걱정을 듣더니 좋은 수가 있다고 했다. 한가위 보름달이 뜨기 전까지 독한 술 일곱 동이를 빚어서 지네들이 나타나는 마을 어귀에 가져다놓으라는 것이다. 보름달이 뜨자 예년과 마찬가지로 우레와 같은 큰 소리가 나더니 큰 지네 일곱 마리가 입에서 독기를 뿜으며 졸개들을 거느리고 나타났다. 그러곤 술을 보더니만 정신없이 들이켜는 것이었다. 지네들이 모두 곯아떨어진 사이, 젊은이는 그 지네들의 목을 모조리 베어버렸다. 다음 날 젊은이가 떠나려고 하자 마을 사람들이 모두 아쉬워했다. 젊은이는 가지고 다니던 말채를 땅에 꽂

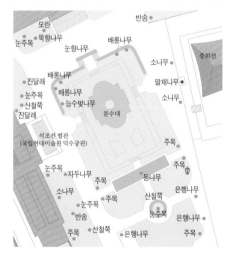

더니 이것이 여기 있는 한, 다시는 지네의 습격이 없을 것이라고 했다. 말채는 봄이 되자 뿌리를 내리고 싹을 틔워 마침내 크게 자랐다. 젊은이 말대로 지네는 다시 나타나지 않았다. 동네 사람들은 그 나무를 말채나무라고 불렀다. 그래서인지 말채나무 가까이에는 지금도 지네가 범접하지 않는다고 한다. 마을 입구의 당산 숲 속에 흔히 말채나무가 심어져 있는 까닭은 지네를 퇴치하기 위해서라고도 한다. 우리나라에서 가장 크고 오래된 말채나무는 경북 청송의 개일리라는 외진 마을 앞에 있는 당산나무다. 높이 15m, 가슴 높이 둘레 3.6m에 나이는 약 350살에 이른다.

　　말채나무는 잎지는 넓은잎 큰키나무로 전국 어디에서나 아름드리로 잘 자란다. 나무껍질은 어릴 때는 보통 나무처럼 적갈색이나, 줄기가 굵어지면서 흑갈색의 그물 모양으로 갈라진다. 감나무 껍질도 비슷한 모습으로 갈라지나 말채나무의 껍질은 더 깊고 짙은 색이라 징그럽기까지 하다. 잎은 마주나기로 달리고 타원형이며 차츰 끝이 뾰족해진다. 잎 뒷면은 흰빛이 돌고 가장자리가 밋밋하며 잎맥은 4~5쌍이다. 꽃은 초여름에 하얗게 피는데, 멀리서도 알아볼 수 있을 만큼 많이 핀다. 둥근 열매는 가을에 까맣게 익으며, 단단한 씨앗이 과육에 둘러싸여 있다.

곰의말채와 흰말채나무

말채나무와 크기나 생김새가 비슷한 곰의말채가 있다. 차이점은 말채나무는 잎맥이 4~5쌍이며 곰의말채는 6~9쌍으로 말채나무보다 더 많다. 이외에 조경수로 흔히 심는 흰말채나무가 있다. 작은키나무로 꽃과 열매가 하얗다고 우리 이름은 흰말채나무다. 잎이 지고 나면 줄기와 가지가 빨갛게 되므로 중국에서는 홍서목紅瑞木이라고 한다.

곰의말채나무 잎

흰말채나무 열매

10

선비님들 너무 미워하지 마세요, 우리도 먹고살자니…

등나무

Japanese wisteria

사람과 사람 사이에는 살아가면서 크고 작은 갈등이 생기게 마련이다. 이때 갈등의 갈葛은 칡이고, 등藤은 등나무를 말한다. 둘은 전혀 다르게 생겼으나 살아가는 방식은 비슷하다. 주위의 다른 나무들과 피나는 경쟁을 해서 삶의 공간을 확보하는 것이 아니라, 손쉽게 다른 나무의 등걸을 감거나 타고 올라가 어렵게 확보해놓은 광합성 공간을 점령해버린다. 두 무법자가 선의의 경쟁에 길들여져 있는 숲의 질서를 엉망으로 만들어버릴 때 나무 나라의 갈등도 골이 깊어진다. 사람이나 나무나 갈등의 근원은 지나친 욕심에서 비롯된다. 한 발짝만 비켜서서 보면 부질없는 욕심이 허망할 따름이다.

조선의 선비들은 스스로 바로 서지 못하고 다른 물체에 신세를 지는 등나무를 아주 못마땅해 했다. 중종 34년1539 전주 부윤 이언적의 상소문에 "간사한 사람은 등나무나 담쟁이덩굴[藤蘿] 같아서 다른 물체에 붙지 않고는 스스로 일어나지 못합니다"라는 내용이 있다. 인조 14년1636 부수찬副修撰 김익도도 상소문에서 "빼어나기가 송백과 같고 깨끗하기가 빙옥氷玉과 같은 자는 반드시 군자이고 빌붙기를 등나무나 담쟁이같이 하는 자는 반드시 소인일 것입니다"라고 했다. 공자가 가장 경계했던 소인배에 비유된 등나무는

↖ 긴 꽃차례에 치렁치렁 매달린
연보랏빛 꽃

덕수궁 분수정원 앞
쉼터의 등나무

과명 콩과	학명 *Wisteria floribunda*	분포 지역 전국 식재. 일본

13~17개의 작은잎이 붙어 있는 깃꼴겹잎, 부드러운 털로 덮인 열매, 서로 의지한 채 뻗어 오른 줄기

멸시의 눈초리를 받아야 했다. 하지만 오늘날에는 아름다운 꽃으로 봄을 풍요롭게 하고 한여름 햇살을 비켜서게 해주는 고마운 나무일 따름이다.

한동안 등나무로 만든 가구, 즉 등가구가 유행했다. 그러나 등가구는 쌍떡잎식물이며 콩과에 속하는 등나무와는 사돈의 팔촌도 넘는 사이인 래탠Rattan이란 나무로 만든다. 래탠은 열대에서 자라는 외떡잎식물로 야자수과에 속하고 덩굴처럼 수십m씩 길게 자란다. 중국이나 일본에서는 진짜 등나무는 등藤이라 하고 래탠은 등籐이라 하여 서로 다른 이름으로 쓴다. 그러나 그들도 가구의 재료로 쓸 때는 명확하게 구별하지 않으므로 '등가구'라고 하면, 흔히 보는 진짜 등나무로 만들었다고 착각하게 된다.

경북 경주 오류리에 있는 천연기념물 제89호 등나무는 신라시대 임금 사냥터에 있는 등나무라고 해서 용등龍藤이라 불렸다. 그 꽃잎을 말려 신혼부부 금침에 넣으면 부부의 정이 더욱 두터워진다고 알려져 있다. 또 잎을 삶은 물을 마시면 잃었던 금슬도 되찾을 수 있다고 한다. 한마디로 '사랑의 묘약'이다. 여기에는 오래전부터 전해 내려오는 전설이 있다. 신라 때 이 마을에는 얼굴도 곱고

덕
수
궁
・
등
나
무

자매의 전설이 서린 경북 경주 오류리의 천연기념물 제89호 등나무. 연보랏빛 꽃이 주렁주렁 달린다.

마음씨도 착한 자매가 살고 있었는데, 자매는 씩씩하고 늠름한 옆집 청년을 함께 남몰래 사모하고 있었다. 어느 날 청년이 나라의 부름을 받아 싸움터로 떠나자 둘은 무사히 돌아오기만 빌었다. 그러나 청년의 전사 소식이 전해지자 두 자매는 연못에 몸을 던져버렸다. 그 후 연못가에 등나무 두 그루가 자라기 시작했다고 한다. 이런 이야기의 정석대로, 청년은 훌륭한 화랑이 되어 돌아온다. 죽은 자매의 사연을 들은 그도 스스로 연못에서 목숨을 끊어버렸는데, 그 자리에는 팽나무가 자라기 시작해 등나무와 얽히게 되었다고 한다. 지금도 등나무는 이 팽나무를 칭칭 감아 올라가고 있다. 살아 있을 때 이루지 못한 사랑을 죽어서 이룬 것이다.

등나무는 추운 지방보다는 남쪽에서 주로 자라며 잎지는 넓은잎 덩굴나무다. 잎은 어긋나기로 달리고 아까시나무와 닮았으나 더 뾰족하고 잎자루 하나에 13~17개의 길쭉한 작은잎이 붙어 있는 깃꼴겹잎이다. 4~5월에 연보랏빛 꽃이 수없이 치렁치렁 매달리는 모습은 화사한 봄날을 더욱 감미롭게 한다. 콩꼬투리 모양의 납작하고 긴 열매는 보드라운 털로 덮여 있다.

11

오얏이란 이름으로 불리던 이李씨의 나무

자두나무

Plum tree

"너는 나와 성이 같은데/ 봄철 맞아 고운 꽃 피었건만/ 내 얼굴은 전과 달라져/ 귀밑머리 서리가 내렸구나."《동국이상국집》에 실린 〈이화李花〉란 시다. 이처럼 오얏꽃은 우리나라에서 김씨 다음으로 인구가 많은 이씨 성姓을 상징하는 꽃이다.

《고려사》에 보면 이성계가 임금이 되기 4년 전인 우왕 14년1388에, "목자木子, 李를 파자한 단어가 나라를 차지한다"는 노래를 남녀노소 모두 불렀다고 전한다. 종묘제례악으로 세종 31년1449 창제된 〈정대업定大業〉의 가사에도 "……3천 개의 열매 맺은 오얏이 번창하네/ 오얏이 번창하니 즐거움 끝이 없네……"라고 하여 이씨 성을 쓰는 조선 왕가의 번창을 바로 오얏이 많이 달리는 것에 비유했다.

오얏나무자두나무는 《시경》에서 "중국 고대 주나라에서는 매화와 오얏을 꽃나무의 으뜸으로 쳤다"고 하여 중국에서도 귀하게 여기는 나무였다. 《삼국지》'부여夫餘'조에 복숭아, 오얏, 살구, 밤, 대추를 다섯 가지 과일로 기록한 것으로 미루어 우리나라에 들어온 시기는 삼한시대 이전으로 보인다. 오얏나무는 《삼국사기》와 《고려사》에도 복숭아와 더불어 여러 번 등장하

↖ 보통 3개씩 모여 달리는 흰 꽃

덕수궁 석조전 별관
(국립현대미술관 덕수궁관) 입구
왼쪽에 무리지어 자라는 자두나무

과명 장미과	학명 *Prunus salicina*	분포 지역 전국 식재, 중국 원산

가장자리에 잔톱니가 나는 잎, 초여름에 자주색으로 익는 열매, 오래되어 갈라진 나무껍질

는 과일나무이며, 또 꽃을 감상하는 꽃나무이기도 하다. 《훈몽자회》나 《동의보감》 등에 나오는 우리말 이름은 오얏이지만, 《도문대작》 등에는 자도紫桃라고도 했다. 보랏빛이 강하고 복숭아를 닮았다는 뜻의 자도는 다시 자두로 변하여, 오늘날 오얏나무의 정식 이름은 자두나무가 되었다. 북한 이름은 추리나무다.

신라 말 도선국사는 지금은 전하지 않는 그의 저서 《도선비기道詵秘記》에서 500년 뒤 오얏, 즉 이씨 성을 가진 왕조가 들어설 것이라고 예언했다고 한다. 이후 고려시대에 풍수도참설이 유행하면서 '이씨가 한양에 도읍을 할 것이다'라는 이야기가 나돌았다. 고려 조정은 마침 서울 번동 일대에 오얏나무가 무성하다는 말을 듣고 이씨가 흥할 징조라고 여겨 오얏나무를 베어 없애버리려고 벌리사伐李使를 보냈다고 한다. 그래서 마을 이름도 오랫동안 '벌리'라고 했는데 일제 강점기 초 지명이 한자 이름으로 바뀌면서 번리樊里, 번동樊洞이 되었다 한다. 조선왕조의 싹을 없애기 위해 이씨를 상징하는 오얏나무를 베어버렸을 것이라는 상상이 이런 이야기를 만들어냈을 터이다. 그러나 이런

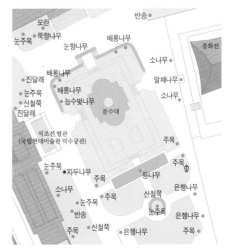

창덕궁의 정전인 인정전 용마루에 장식된 오얏꽃 문양

노력의 보람도 없이 조선이 건국되었고 이후 500년이 넘도록 지속되었다.

　조선이 오얏나무를 왕조의 나무로서 특별히 대접한 적은 없으나, 대한 제국이 들어서면서부터 오얏꽃은 왕실을 대표하는 문장紋章으로 사용되었다. 1895년부터는 우표에 이씨 왕가의 문장인 오얏꽃 문양을 태극 문양과 함께 넣어 발행하기 시작했다. 특히 1900년 발행한 우표들은 오얏꽃이 주로 들어갔기에 이화우표李花郵票라고 부르기도 했다. 조선 말기 백동으로 만든 주화鑄貨에도 표면의 위쪽에는 오얏꽃, 오른쪽에는 오얏나무 가지, 왼쪽에는 무궁화 가지를 새겨 넣었다. 또 창덕궁 인정전의 용마루와 덕수궁 석조전의 삼각형 박공, 순종황제 어가, 대한제국 군대 계급장에도 오얏꽃 문양이 들어 갔다.

1895년 발행된 우표.
모서리마다 오얏꽃 문양이
있다.

　옛 선비들은 "오이밭에는 아예 발을 들이지 않아야 하고[瓜田不納履], 오얏나무 아래에서는 갓을 고쳐 쓰지 말아야 한다[李下不整冠]"는 것을 행동 지침으로 삼았다. 남에게 조금도 의심 살 만한 행동을 하

4월이면 자두나무에는 하얀 꽃이 가지를 덮을 정도로 무수히 핀다.

지 않겠다는 꼿꼿한 선비의 마음이 엿보인다. 한편으로는 오얏나무, 즉 자두
나무가 우리 주변에 흔했다는 방증이기도 하다.

　자두나무는 도리桃李라 하여 대부분 복사나무와 짝을 이룬다. 중국이나
우리 옛 시가에 도리를 노래한 구절은 수없이 찾을 수 있다. 도리는 다른 사
람이 천거한 어진 사람이나 쓸 만한 자기 제자를 가리키는 말이기도 하다.
도리만천하桃李滿天下라고 하면 믿을 만한 자기 사람으로 세상이 가득 찼다
는 뜻으로 실세임을 나타낸다. 우리의 역사서에서 도리는 흔히 이상기후를
나타내는 기준이다. 복사나무나 자두나무의 꽃이 늦가을에 피었다거나 우박
의 굵기가 그 열매만 했다는 기록을 자주 만날 수 있다. 《천자문千字文》에는
과진이내果珍李奈라 하여 과일 중 보배는 자두와 능금이라고 했다. 맛이 좋다
는 뜻이겠으나, 오늘날의 우리 미각으로 본다면 선뜻 동의하기 어렵다. 지금
우리가 먹고 있는 자두는 개량종으로 굉장히 맛이 좋아졌음에도 자두라고
하면 신맛이 연상되어 입 안에 군침부터 돈다.

　중국 명나라 때 서광계가 지은 《농정전서農政全書》에 의하면 "음력 정월
초하룻날이나 보름날에 자두나무의 가지 틈에 돌을 끼워두면 그해에 과일

이 많이 열린다고 하여 나무를 시집보내는 풍속이 있었다"고 한다. 대추나무나 석류나무 등의 다른 과일나무도 시집보내기를 하며, 장대로 과일나무를 두들기기도 한다.

자두나무는 잎지는 넓은잎 중간키나무로 흔히 집 주변에 심는다. 줄기는 윗부분의 가지가 여러 갈래로 갈라져서 우산 모양을 이루고, 나무껍질은 어릴 때는 자갈색이지만 나이를 먹으면 회흑색이 되고 세로로 갈라진다. 거꾸로 세운 달걀 모양의 잎은 끝이 차츰 좁아지고 가장자리에 잔톱니가 있으며 어긋나기로 달린다. 꽃은 봄에 잎보다 먼저 하얗게 피며 보통 3개씩 달린다. 열매는 둥글고 아랫부분이 약간 들어가 있으며 여름에 자주색으로 익는다. 오늘날 우리가 보는 자두는 대부분 개량종이고, 중국 원산의 옛 오얏은 보기 어렵다.

중부 이남 지방에는 관상수로 심는 열녀목烈女木이란 나무가 있다. 잎이나 꽃은 자두나무와 거의 비슷하나, 줄기가 여러 갈래로 갈라져 빗자루처럼 곧바르게 자라는 것이 차이점이다.

12

오해 마세요, 백 일 동안 혼자만 피어 있지 않아요

배롱나무

Crape myrtle

뙤약볕이 너무 따가워 푸른 나뭇잎마저도 늘어져버리는 한낮, 여름 꽃의 대명사 배롱나무 꽃은 비로소 아름다운 자태를 드러내기 시작한다. 줄기는 구부정하고 비뚤비뚤하지만 꽃은 여름 햇빛에 눈부시게 빛난다. 배롱나무는 제멋대로 아무 곳에나 뿌리를 내리지 않는다. 고즈넉한 산사의 앞마당이나 이름난 정자의 뒤뜰, 잘 가꾸어진 무덤 옆에 산다. 그래서 가까이 하기에 조금은 먼 당신이다. 세조 때 문신 강희안은 자신이 지은 원예서인《양화소록》에서 배롱나무를 두고 "정원 주변에 비단 같은 꽃이 노을빛에 곱게 물들어 환하고 아름답게 피어 있으면, 사람의 혼을 뺄 정도로 그 풍격風格이 최고다. 한양에 있는 공후公侯의 저택에서는 뜰에 많이 심어 높이가 한 길이 넘는 것도 있었다"고 했다.

진분홍색 꽃이 가장 흔하고 연보라색 꽃도 가끔 있으며 흰색 꽃은 비교적 드물다. 가지의 끝마다 원뿔 모양의 꽃차례가 달려 있어 마치 커다란 꽃모자를 뒤집어쓰듯이 수많은 꽃이 핀다. 콩알만 한 꽃봉오리가 나무의 크기에 따라 수백, 수천 개가 매달려 꽃 필 차례를 얌전히 기다리고 있다. 살포시 꽃봉오리가 벌어지면서 꽃잎 6장이 화려한 프릴frill 모양으로 얼굴을 내민

↖ 주름투성이 꽃과 꽃봉오리

한여름 내내 붉은 꽃을 피우는
석조전 앞의 배롱나무

| 과명 부처꽃과 | 학명 *Lagerstroemia indica* | 분포 중남부 식재, |
| | | 지역 중국 원산 |

잎자루가 없고 두껍고 윤기 나는 타원형 잎, 가을날 둥근 공처럼 익어가는 열매, 매끄러운 줄기

다. 이글거리는 여름 햇볕이 아무리 뜨거워도 꽃잎에 잡힌 주름을 펴는 데는 역부족이다. 잠깐 피었다가 금세 지고 마는 대부분의 꽃들과는 달리, 배롱나무 꽃은 여름에 피기 시작하여 가을이 무르익어 갈 때까지 석 달 열흘도 넘게 핀다. 그래서 백일홍百日紅이라고도 부른다.

사육신의 시문집인《육선생유고六先生遺稿》에서 성삼문은 배롱나무를 이렇게 노래했다. "어제 저녁에 꽃 하나가 지더니[昨夕一花衰]/ 오늘 아침에 꽃 하나가 피었네[今朝一花開]/ 서로 백 일을 바라볼 수 있으니[相看一百日]/ 너를 상대로 술 마시기 좋아라[對爾好銜杯]." 배롱나무의 진분홍 꽃이 죽음으로도 변치 않는, 단종을 향한 일편단심을 상징하는 듯하다.

나무 이름은 처음에는 '백일홍나무'로 부르다가 '배기롱나무'를 거쳐 배롱나무로 변화한 것 같다. 멕시코 원산인 한해살이풀 백일홍과 구별하기 위하여 나무백일홍, 목백일홍으로 부르기도 한다. 그렇다면 배롱나무 꽃은 정말로 100일 동안 피어 있는 것일까? 한번 핀 꽃 하나하나가 100일을 가는 것은 아니다. 작은 꽃들이 연이어 피기 때문에 사람들이 그렇게 착각하는 것이다. 먼저 핀 꽃

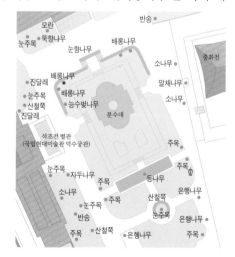

덕수궁 • 배롱나무

이 지면 여럿으로 갈라진 꽃대 아래에서 위를 향하여 뭉게구름 피어오르듯이 계속 꽃이 피어오른다.

배롱나무의 중국 이름은 자미화紫微花다. 요즘 보는 배롱나무는 대부분 진분홍색 꽃이지만 원산지인 중국에서 처음 들어왔을 때는 연보라색 꽃이 많았던 모양이다. 배롱나무는 중국의 유명한 시인 백낙천의 시에, 그리고 우리나라에서는 강희안의《양화소록》등에 자미화란 이름으로 등장한다.

광주 무등산 북쪽 산록에서 북서쪽으로 흐르는 증암천의 옛 이름은 자미탄紫薇灘이었다. 소쇄원瀟灑園, 식영정息影亭, 취가정醉歌亭, 독수정獨守亭 등 한때 정자 72채가 늘어선 이 자그마한 개울가에는 배롱나무가 줄줄이 자라 배롱나무 꽃이 낙화유수를 이루었다고 한다. 그러나 지금은 거의 없어지고, 광주호에 막혀 옛 모습을 볼 수가 없다. 다만 명옥헌鳴玉軒에는 아름다운 배롱나무 100여 그루가 모여 우리나라에서 가장 아름다운 배롱나무 숲으로 명맥을 잇고 있다. 그 외에도 고창 선운사, 강진 백련사白蓮寺, 안동 병산서원屛山書院, 강릉 오죽헌의 배롱나무 등이 유명하다. 부산 양정동 화지산 기슭, 동래 정씨의 시조인 정문도공의 묘소 앞에는 800년이 되었다고 알려진 배롱나무 두 그루가 천연기념물 제168호로 지정되어 있다.

잎지는 넓은잎 중간키나무인 배롱나무는 오래 피는 꽃 말고도 껍질이 유별나게 생겨 사람들의 눈길을 끈다. 오래된 줄기의 표면은 반질반질해 보이며 연한 홍갈색이고 얇은 조각으로 떨어지면서 흰 얼룩무늬가 생긴다. 다른 나무에서 볼 수 없는 배 특징이다. 발바닥이나 겨드랑이의 맨살을 보면 간지럼을 태우고 싶은 충동을 느끼듯이, 중국 사람들은 배롱나무 줄기를 보고 간지럼에 몸을 비비 꼬는 모양이라 하여 파양수怕揚樹라 불렀다. 충청도 일부 지방에서 '간지럼나무'라고 부르는 것도 그 때문일 것이다. 그러나 간지럼을 태우면 가지가 움직인다는 이야기는 착각일 따름이다. 나무에는 자극에 반응할 신경세포가 없으므로 불가능하다. 일본 사람들은 껍질이 너무 매끄러워 나무 타기의 명수인 원숭이도 떨어진다고 해서 '원숭이 미끄럼나무'라는 뜻인 사루스베리[猿滑]란 이름을 붙였다.

13

네덜란드에서 고종에게 보낸 선물?

마로니에

가시칠엽수, Marronnier

네덜란드 화가 반 고흐가 파리 시내를 그린 풍경화 중에는 마로니에 그림도 여러 장 있다. 1887년에 그린 유화 〈꽃이 핀 마로니에〉가 대표적이다. 초록 잎사귀 사이사이를 밀치고 나온 흰 꽃이 돋보인다. 남동부 유럽이 원산인 마로니에는 17세기 초부터 프랑스를 비롯한 유럽 본토와 영국에 널리 심기 시작했다. 반 고흐의 시대는 물론 오늘날에도 파리 전역에 널리 심으며 샹젤리제 거리의 마로니에 가로수는 파리의 명물이다. 영국에서는 5월 말에서 6월에 걸쳐 마로니에 꽃이 활짝 피는 일요일을 체스트넛선데이Chestnut sunday라 하여, 부쉬파크Bushy park 등 런던 교외로 나가 마로니에 꽃을 감상한다고 한다. 이처럼 마로니에는 유럽 문화에 깊숙이 들어가 있는 유명한 나무다. 마로니에는 프랑스 이름이고 영어로는 홀스체스트넛Horse chestnut 혹은 그냥 체스트넛Chestnut이라고도 하여 밤나무와 헷갈릴 때도 많다.

이 마로니에를 우리나라 궁궐에서 만날 수 있다. 덕수궁 석조전 옆 평성문平成門 안에는 줄기 둘레가 두 아름이 훌쩍 넘는 아름드리 마로니에 두 그루가 싱싱하게 자란다. 1938년의 《덕수궁사》란 기록에 따르면 1910년 석조전 완공 후 특별히 외국에서 가져다 심은 나무 중에 '칠엽수七葉樹'가 포함되

↖ 날카로운 돌기가 돋은 열매와
밤처럼 생긴 작은 씨앗

덕수궁 평성문 앞의 커다란
마로니에(가시칠엽수)

과명	칠엽수과	학명	*Aesculus hippocastanum*	분포 지역	전국 식재, 유럽 남동부

잎자루에 7개씩 달리는 잎, 원뿔 모양의 커다란 꽃차례, 얇은 조각으로 떨어지는 회흑색의 나무껍질

어 있다. 이 나무들이 지금 평성문 안의 마로니에로 짐작된다. 이를 두고 사람들은 네덜란드 공사가 마로니에 몇 그루를 고종에게 선물했다고 이야기한다. 이를 확인할 수 있는 근거는 전혀 없다. 당시 대한제국에는 네덜란드 공사가 있지도 않았다. 하지만 1907년 헤이그 밀사 사건으로 황제 자리를 강제로 순종에게 넘겨주고, 이어서 1910년 아예 나라가 망해버리는 아픔을 겪은 고종에게 네덜란드는 비롯한 서양 사람들이 연민을 느끼진 않았을까? 그들이 석조전 조경 공사를 위해 수입할 나무로 자신들이 좋아하는 마로니에를 추천했을 수는 있겠다 싶다. 어쨌든 평성문 안의 마로니에 두 그루는 석조전 완공 당시 심어 100년이 더 된 고목나무이다.

잎지는 넓은잎 큰키나무인 마로니에는 덕수궁의 마로니에처럼 유럽이 고향인 유럽 마로니에와 창덕궁 연경당의 마로니에처럼 일본이 원산인 일본 마로니에로 구별한다. 유럽 마로니에나 일본 마로니에 모두 대체로 7개의 커다란 잎이 달리므로 둘 다 칠엽수란 우리말 이름이 붙었다. 그러나 같은 이름으로 혼란이 있으므로 열매에 가시가 있는 유럽 마로니에는 가시칠엽수 혹은 서

양칠엽수라 부르고 일본 마로니에는 그냥 칠엽수 혹은 일본칠엽수라 부른다. 수만 리 떨어져 자란 두 나무지만 생김새가 너무 비슷하다. 가시칠엽수는 잎 뒷면에 털이 거의 없고, 열매껍질에 돌기가 가시처럼 발달해 있는 반면에 칠엽수는 잎 뒷면에 적갈색의 털이 있고 열매껍질의 돌기가 거의 퇴화하여 흔적만 남아

탁구공 크기에 돌기 없이 매끈한 칠엽수
(일본 마로니에) 열매

있다. 서울 동숭동의 옛 서울대 문리대 캠퍼스 자리에는 마로니에가 여러 그루 서 있는 마로니에공원이 있다. 1928년 서울대가 처음 자리를 잡을 때 심었다고 하니 이제 나이 100여 살에 이른다. 1975년 서울대가 관악산 밑으로 옮겨가면서 대학로의 마로니에 공원 일대는 문화예술의 거리가 되었다. 다만 우리나라에 심긴 마로니에는 칠엽수가 대부분이므로 정확하게는 마로니에공원이 아니라 칠엽수공원이라야 맞는 말이다.

마로니에는 높이 25m, 줄기 둘레 6m에 이르는 큰 나무로 자란다. 목재는 가볍고 연한 황색으로 아름다운 무늬가 생기는 경우가 많아 고급 가구나 여러 가지 기구를 만드는 데 쓰인다. 긴 잎자루 끝에 길이가 한 뼘 반, 너비가 반 뼘이나 되는 좁은 타원형의 커다란 잎이 대부분 7개씩, 때로는 5~6개씩 손바닥 모양으로 달린다. 가운데 잎이 가장 크고 옆으로 갈수록 점점 작아져 전체적으로는 둥글게 모여 있다. 늦봄에서 초여름 사이 역시 한 뼘 정도 되는 커다란 원뿔 모양의 꽃차례가 나오며, 꽃대 하나에 100~300개 정도의 작은 흰 꽃이 모여 핀다. 꿀의 양이 많고 질도 좋아 꿀을 생산하는 밀원식물로도 각광을 받고 있다. 가을에는 탁구공만 한 크기의 열매가 달리는데 과육이 세 개로 갈라져 한두 개의 흑갈색 둥근 씨앗이 나온다. 전분과 단백질이 풍부하고 밤처럼 생겨서 먹음직하지만 씨앗에 들어 있는 사포닌 때문에 쓴맛이 강하고 독성도 있다. 옛 일본인들은 씨앗을 한 달 정도 물에 담가두었다가 잿물에 삶아서 말린 뒤 가루를 내어 떡을 만들어 먹었다고 한다. 가루는 비누로 쓰거나 백일해에 약으로 이용하기도 했다.

14

무엇이든 만들 수 있고 어디에나 쓸 수 있는

싸리

Shrub lespedeza

줄기는 엄지 굵기 정도에 키도 자그마한 싸리를 이제는 아무도 쳐다보지 않는다. 그러나 옛 선조들의 삶에서 싸리는 없어서는 안 될 귀중한 나무였다. 싸리비, 싸릿개비, 싸릿대, 싸리문, 싸리바자, 싸리발, 싸리홰……. 그뿐인가? 부모가 서당에 아이를 맡기면서 싸리 묶음을 훈장에게 준 것은 그 회초리로 자식을 사람답게 길러달라는 뜻이었다. 다만 훈장은 싸리로는 빗자루를 만들어 쓰고 실제 종아리를 때릴 때는 덜 단단한 물푸레나무 가지를 사용했다. 제자를 사랑하는 마음에서였다.

　화살도 싸리로 만든 게 좋았던 모양이다. 명궁이었던 이성계는 활을 쏠 때면 큰 깍지가 달려 있어 소리가 나는 효시를 즐겨 사용했는데, 이 화살대를 싸리로 만들었다고 한다. 싸리의 또 다른 중요한 쓰임은 횃불이었다. 성종이 죽자 연산군 1년1495에 장례 절차를 논의하는 과정에서 한치형 등이 아뢰기를, "발인할 때에 도성에서 전곶箭串, 지금의 서울 화양동까지는 사재감司宰監, 궁중에서 사용하는 식염, 연료, 횃불, 진상품 등을 관리하는 관청에서 싸리 횃불을 장만해 노비에게 들게 하고, 전곶부터 능소陵所, 지금의 서울 삼성동의 선릉까지는 경기·충청·강원도에서 싸리 횃불을 준비해 군인에게 들려야 할 것입니다"라고

↖ 잎겨드랑이에서 긴 꽃대를
내밀고 그 끝에 피는 꽃

덕수궁 석어당 뒤에서
자라고 있는 싸리

과명 콩과	학명 *Lespedeza bicolor*	분포 전국 산지, 중국, 지역 일본

3장씩 모여나는 타원형의 잎, 긴 꽃대 끝에 매달려 익은 납작한 열매, 세로로 줄이 난 갈색 줄기

했다. 왕실에서도 싸리를 횃불로 널리 이용했다는 이야기다. 요즘 TV 사극을 보면 가끔씩 기름 묻힌 솜뭉치 횃불이 등장하곤 한다. 하지만 들깨나 쉬나무 열매에서 어렵게 얻은 기름으로 호롱불이나 간신히 밝히던 그 시절에 솜뭉치에 묻혀 밝힐 만한 기름을 조달하기란 무척 힘들었을 것이다.

순조 1년1801에 강화 유수 황승원은 "가시 울타리를 다시 엄하게 더 튼튼하게 막도록 해 목책을 많이 세우고 싸리 울타리를 단단히 동여매어……엄히 지켰습니다"라고 장계를 올렸다. 싸리로는 울타리뿐만 아니라 광주리나 바구니도 많이 만들었다. 문종 1년1451에 "구엽초九葉草 뿌리는 싸리 광주리에 담아서 부엌 안의 연기가 있는 곳에 걸어두어 마르기를 기다려 가루를 만들어 씁니다"라는 기록이 있고, 인조 27년1649에는 "전에는 제물을 다 가죽 통에 담았으나 근래에는 싸리 바구니로 대용한다"는 내용이 나온다.

싸리는 줄기에 수분이 적고 참나무 종류에 맞먹을 만큼 단단해 비 오는 날에 생나무를 꺾어서 불을 지펴도 잘 타며 화력도 강하다. 게다가 연기도 거의 나지 않으니 예부터 전쟁터에서 중요한 군수 물자 대접을 받았다. 이렇게 화살, 횃불, 사립문, 울타리, 생활용품 등 갖은 용도로 쓰였으니 왕실에서부터 서민에 이르기까지 싸리가 없는 삶은 생각할 수도 없었을 것이다.

어떤 연유에선지 우리나라 절에는 건물 기둥을 비롯해 불상, 구시구유에 이르기까지, 굵고 큰 목제 유물을 싸리로 만들었다는 이야기가 많다. 순천 송광사에는 싸리로 만들었다는 비사리 구시가 2개 있다. "1724년 남원 세전 골에 있던 싸리가 태풍으로 쓰러진 것을 가공해 만든 것"이라는 것이다. 그러나 굵기가 기껏 2~3cm에 불과한 싸리로 구시를 만들었다는 것은 도저히 믿을 수 없는 일이다. 실제로 사찰 몇 군데의 '싸리 기둥'에서 손톱 크기의 표본을 수집하여 현미경으로 세포 모양을 조사했더니 흔히 괴목이라 불리는 느티나무로 만든 것이었다. 그런데 왜 싸리로 만들었다고 알려지게 되었을까? 느티나무는 사리함 등의 불구를 만드는 재료로 매우 적합했기에 절에서 흔히 사용했다. 절에서 쓰는 물건 중에서 사리함이 으뜸이니, '사리함을 만든 나무'란 뜻으로 느티나무를 '사리舍利나무'로 부르다가 싸리나무가 된 것은 아닌지 생각해본다.

싸리는 전국 어디에서나 흔히 자라는 잎지는 넓은잎 작은키나무로 사람 키를 조금 넘는 정도로 자란다. 줄기는 갈색으로 세로로 줄이 있으며 잎은 하나의 잎자루에 3개씩 달려 있다. 잎 모양은 거의 원형이며 잎끝에는 흔히 잎맥의 연장인 짧은 침 모양의 돌기가 있다. 짧은 원뿔 모양의 꽃은 잎겨드랑이나 가지 끝에 달리고 여름 내내 붉은 보라색으로 핀다. 납작하고 갸름한 열매는 끝이 부리처럼 길고 가을에 익는다.

싸리 종류 구별하기

싸리는 10여 종류가 있으나 싸리, 참싸리, 조록싸리가 대표적이다. 싸리는 잎의 끝이 흔히 오목하고 꽃대의 길이가 길며, 참싸리는 잎끝이 그냥 동그랗고 꽃대의 길이가 짧다. 조록싸리는 잎의 끝이 차츰차츰 뾰족해져 긴 삼각형처럼 생겼다.

참싸리 꽃

참싸리 열매

조록싸리 잎

15

"우선 살구보자"

살구나무

Apricot

중국 오나라의 동봉董奉이란 의사는 환자를 치료해준 다음 치료비 대신에 중환자는 살구나무 다섯 그루, 병이 가벼운 환자에게는 살구나무 한 그루를 심도록 했다. 얼마 지나지 않아 동봉은 수십만 그루가 자라는 살구나무 숲을 가지게 되었다. 사람들은 이 숲을 '동선행림董仙杏林' 또는 그냥 '행림杏林'이 라고 불렀다 한다. 그는 여기서 나오는 살구를 곡식과 교환해 가난한 사람을 구제하기도 했다. 그 뒤로 '행림'은 진정한 의술을 펴는 의원을 가리키는 말 이 되었다. 다만 행화촌杏花村은 술집을 점잖게 부르는 말이다.

동봉은 왜 하필 살구나무를 심으라고 했을까? 우스개로 "우선 살구보 자"라고 해서 살구나무라고 한다는데, 한방에서는 살구씨가 만병통치약으로 알려져 있다. 동쪽으로 뻗은 가지에 매달린 살구 다섯 알을 따서 씨를 발라 내고 동쪽에서 흐르는 물을 길어 이를 담아둔다. 그리고 이른 새벽에 이것을 꺼내 잘 씹어 먹으면, 오장의 잡물을 씻어내고 육부의 풍을 모두 몰아내며 눈을 밝게 할 수 있다고 한다.

《본초강목》에도 딸꾹질, 오한, 중풍, 하혈에서부터 개에 물린 데에 이르 기까지 살구씨를 이용한 치료 방법이 200여 가지나 실려 있다. 이 정도라면

↖ 붉은 잎자루와 가장자리의
톱니가 특징인 달걀 모양의 잎

초봄이면 덕수궁 석어당을
하얀 꽃으로 장식하는 살구나무

과명 장미과	학명 *Prunus armeniaca*	분포 지역 전국 식재, 중국 원산

젖혀진 꽃받침이 특징인 연분홍 꽃, 초여름이면 황적색으로 익는 살구, 회갈색 줄기

'약방의 감초'가 아니라 '약방의 살구'라고 해야 할 지경이다. "살구 열매가 많이 달리는 해에는 병충해가 없어 풍년이 든다"고도 하며 "살구나무가 많은 마을에는 염병이 못 들어온다"는 이야기도 있다. 《고려사》에 보면 병약했던 문종이 약재를 보내달라고 송나라에 요구했을 때 송나라에서는 약재와 함께 의원도 보내왔다. 그러자 문종은 태자를 순천관順天館에 보내 송나라 사신을 인도해오게 했는데 송나라 사신이 가져온 물품 중에는 살구씨로 빚은 약술 10병이 포함되어 있었다고 한다.

덕수궁 석어당昔御堂 옆에는 둘레 한 아름 반이나 되는 큰 살구나무가 있다. 나무 전체를 뒤덮듯이 피는 연분홍 꽃은 봄날의 덕수궁을 한층 화사하게 해준다. 나이를 두고 논란이 있는데 지은이가 국가기록원 사진자료 등으로 추정한 바로는 약 70살 남짓이다.

살구는 복숭아, 자두와 함께 우리의 대표적인 옛 과일로서 역사 기록에 흔히 등장한다. 옛사람들은 살구꽃이 피는 시기를 보아 기후가 이상인지 정상인지를 판단했고, 철 따라 종묘의 제사에 올리는 제물 가운데 앵두와 살구는 빠지지 않았다. 맑고 은은한 목탁 소리도 살구나무 고목이라야 제대로

경복궁 자경전 꽃담을 배경으로 서 있는 가을날의 살구나무. 노랗게 단풍이 들었다.

낼 수 있었다.

1920년대 고무 공장에 다니던 조선 처녀들이 발목이 약간 드러나는 동강치마를 입고 다녔다. 이를 두고 이런 노래가 만들어졌다. "공장 큰아기 발목은 살구나무로 깎았는가/ 보기만 해도 신 침이 도네/ 공장 큰아기 발목은 마개 빠진 술병인가/ 보기만 해도 알딸딸하네." 살구나무의 속살은 맑고 깨끗한 흰색이 특징인데, 치마 아래로 살짝 내보인 발목이 그렇게 매력적이었던 모양이다.

과실나무인 살구나무는 집이나 마을 주변에 많이 심었던 잎지는 넓은잎 중간키나무다. 나무껍질은 회갈색으로 변하고 세로로 갈라진다. 잎은 달걀 모양이며 잎 가장자리에 불규칙한 톱니가 있고 잎자루는 대체로 붉다. 꽃은 4월에 잎보다 먼저 연분홍색으로 핀다. 열매인 살구는 지름이 3cm 정도로 둥글며 털이 있고 초여름에 황적색으로 익는다. 유사종인 개살구나무는 나무껍질에 코르크가 발달하므로 살구나무와 구별할 수 있다.

16

여왕이 선물받은 아름다운 여인의 표상

모란

Tree paeony

"목어木魚를 두드리다/ 졸음에 겨워/ 고오운 상좌 아이도/ 잠이 들었다/ 부처님은 말이 없이/ 웃으시는데/ 서역 만 리 길/ 눈부신 노을 아래/ 모란이 진다."

조지훈의 시 〈고사古寺〉에서처럼 모란은 봄이 무르익어 가는 산사의 대표적인 꽃이다. 모란의 이름은 한자로는 모단牡丹 혹은 목단牧丹이지만 우리말 모란으로 다시 태어났다. 시를 하나 더 읽어보자. 모란을 말할 때 김영랑의 시 〈모란이 피기까지는〉을 어찌 빼놓겠는가.

"모란이 피기까지는/ 나는 아직 나의 봄을 기다리고 있을 테요/ 모란이 뚝뚝 떨어져 버린 날/ 나는 비로소 봄을 여읜 설움에 잠길 테요/ 오월 어느 날, 그 하루 무덥던 날/ 떨어져 누운 꽃잎마저 시들어버리고는/ 천지에 모란은 자취도 없어지고/ 뻗쳐오르던 내 보람 서운케 무너졌으니/ 모란이 지고 말면 그뿐, 내 한 해는 다 가고 말아/ 삼백예순 날 하냥 섭섭해 우옵내다/ 모란이 피기까지는/ 나는 아직 기다리고 있을 테요, 찬란한 슬픔의 봄을."

모란은 예로부터 자주 시의 소재가 되었던 모양이다. 고려 예종 17년 1122 왕이 사루紗樓에 나가 아끼는 신하들을 불러 모란에 관한 시를 짓게 하

↖ 가장자리가 3~5갈래로
갈라지는 잎

덕수궁 함녕전 뒤 화계에 활짝
꽃을 피운 모란

과명 작약과	학명 *Paeonia suffruticosa*	분포 전국 식재, 지역 중국 중남부 원산

갓 움튼 새싹, 화려하고 탐스러운 커다란 꽃, 까만 씨앗을 품고 있는 열매

고 비단을 차등 있게 나누어주었다. 시 잘 짓기로 명성을 날렸던 강일용은 그날따라 시상詩想이 떠오르지 않아 초고를 소매에 넣고 나가서 대궐 뜰의 개천에 처넣어버렸다. 임금이 환관을 시켜 가져다가 보고 칭찬하기를, "비록 다른 사람이 장원을 했지만 이는 옛사람이 말한 바와 같이 '늙은이가 온 얼굴에 꽃 장식을 하더라도 서시의 절반 단장만 못하다'는 것과 같다"고 하고 강일용을 위로하여 돌려보냈다고 한다. 조선시대에는 연산군 10년1504에 모란 한 송이를 승지들에게 내려보내고 율시를 지어 바치도록 했으며, 팔도의 관찰사에게는 도내에 모란꽃이 필 때에 품종이 좋은 것을 가려서 표를 세워두었다가 가을이 되거든 올려보내라 했다. 이처럼 연산군은 영산홍과 더불어 모란꽃을 각별히 좋아했으니, 가까이 있던 신하는 율시를 짓느라 머리 썩이고, 지방관은 올려보내는 모란이 혹시 잘못될까 봐 전전긍긍했을 것이다.

모란은 선덕여왕의 일화로 유명하다. 당태종이 붉은빛과 자줏빛, 흰빛으로 그린 모란꽃 그림과 씨 세 되를 함께 보내오자 선덕여왕은 이 그림을 보더니 "이 꽃은 반드시 향기가 없을 것이다" 하면서 뜰에 심게 했다. 뒤에 신하들이 향기가 없는 꽃인 줄 어떻게 알았냐고 물었더니, 꽃 그림에 나비가 없어 향기가 없음을 알 수 있었다고 했다. 옛 사람

덕수궁 · 모란

겹홍모란 꽃

백모란 꽃

들은 흔히 모란을 수꽃만 있다고 생각해 모단牡丹이라고도 했다.

위 일화에서도 알 수 있다시피 모란꽃의 색깔은 예로부터 다양했다. 경기체가의 효시로 알려져 있는 고려 때의 〈한림별곡〉 중에도 홍모란, 백모란, 정홍모란丁紅牡丹이 등장한다. 조선 인조 23년1645, 일본에서 보내주기를 희망한 품목 중에는 "청모란, 황모란, 흑모란, 백모란, 적모란"이 들어 있다. 이에 대하여 조선의 조정에서는 "오색五色 모란은 옛 서적에서도 볼 수 없으며 청모란과 흑모란은 중원의 낙양에서만 생산되고, 다른 곳에는 백모란도 희귀하므로 적모란만 보내겠다"고 했다. 그러나 우리 주변에서 흔히 보는 모란은 대부분 붉은 보랏빛이며 하얀 꽃도 가끔 찾아볼 수 있다.

중국 북서부가 고향인 모란은 귀족에서 왕실까지 중국인들도 아끼고 좋아하는 꽃이었다. 당나라의 여황제 측천무후는 최초의 여황제로서 서기 692년 섣달에 즉위식을 마치고 정원에 꽃구경을 나갔다. 겨울이라 꽃이 피지 않았음을 보고 서운해하자 아부하는 부하가 이렇게 아뢴다. "아마 폐하의 명령이 없었기 때문으로 보입니다. 성지聖旨를 내리시면 꽃을 관장하는 신들이 즉시 명령을 받들 것입니다." 만족한 황제는 꽃의 신들에게 자신의 뜻을 전하도록 했다. 다음 날 아침 정원을 둘러보니 매화를 비롯한 모든 꽃들이 하룻밤 사이에 예쁘게 꽃을 피우고 있었다. 다만 모란만은 황제의 뜻을 거역하고 꽃을 피우지 않는다는 보고를 받았다. 측천무후는 모란이 그렇게 고집을 피운다면 피울 때까지 불을 때서 눈을 뜨게 하라고 명령을 내렸다. 그러나 관리인들이 아무리 불을 때도 모란은 끝까지 꽃을 피우지 않았다. 화

모란꽃이 가득 들어찬 모란병풍은 큰 잔치가 있을 때마다 어김없이 등장했다.

가 난 황제는 정원의 모란을 몽땅 뽑아 낙양으로 추방해버렸다. 이후 모란의 다른 이름은 낙양화洛陽花가 되었다. 또 불을 땔 때 연기에 검게 그을린 모란 줄기를 보고 사람들은 '초골焦骨모란'이라 부르기도 한다. 지금도 모란 줄기는 검다. 왕의 솔선수범을 비유할 때 흔히 드는 고사에도 모란이 등장한다. 송나라 때 인종이 귀비의 머리에 얹는 장식품을 옥구슬 대신 모란꽃으로 바꾸자, 며칠이 안 되어 장안의 옥구슬 값이 폭락했다는 것이다.

옛사람들은 탐스럽고 화려하게 피는 커다란 모란꽃을 아름다운 여인과 비교했다. 모란은 예로부터 모든 꽃의 왕이며 최고로 아름답다 칭송받았고, 부귀의 상징으로 인식되어 왔다. 그래서 모란을 소재로 그림을 그리고 시 한 구절을 읊조리는 것이 옛 풍류객의 멋이었다. 모란도[牡丹圖]는 왕실의 장식화나 혼례용 병풍으로 쓰였으며, 고려청자 상감과 분청사기의 꽃무늬, 나전칠기의 모란당초[牡丹唐草], 모란꽃 수놓은 꽃방석, 기와 마구리의 꽃무늬, 화문석의 밑그림까지 모란의 상징성을 살린 쓰임새는 끝이 없다.

모란은 잎지는 넓은잎 작은키나무로 다 자라도 사람 키 높이도 채 안 된다. 껍질은 회흑색이며, 가지는 굵고 성기게 갈라진다. 잎은 어긋나기로 3개씩 나오는데 이중으로 나기도 한다. 잎 가장자리는 3~5갈래로 갈라지며 뒷면은 흰빛이 돈다. 암수한그루이고 붉은 자줏빛의 여러 겹꽃잎이 커다란 꽃을 이룬다. 열매는 손가락 두 마디쯤 되며 길쭉하고 황갈색에 짧은 털이 빽빽하다.

모란과 작약 구별하기

모란과 작약은 둘 다 탐스럽고 화려한 꽃이 피고 약재로도 쓰이므로 우리 선조들은 예부터 흔히 심어왔다. 모란은 나무이고, 작약은 겨울에 땅 위의 줄기가 모두 죽어버리고 뿌리만 살아 있는 여러해살이풀이다. 꽃의 모양이나 색깔, 크기 및 피는 시기가 비슷하고 잎 모양도 닮아서 흔히 모란과 작약을 혼동한다. 모란은 나무, 작약은 풀이라는 것이 이 둘의 가장 큰 차이점이다. 작약 꽃은 함박꽃이라고도 한다.

모란꽃과 모양이 거의 흡사한 작약 꽃

17

아가씨가 바람난다는 아가씨꽃

명자꽃

명자나무, Japanese quince

봄꽃들의 화려한 잔치가 무르익어갈 즈음, 정원 한구석에서 나지막한 키에 가지 끝이 변한 가시까지 달고 있는 꽃나무가 비로소 우리들 눈에 들어온다. 명자꽃 혹은 명자나무라 부르는 사람 키 남짓한 자그마한 나무다. 명자란 이름은 한자 이름 명사榠樝가 변한 것으로 짐작한다. 매화처럼 선비들의 편애를 받은 유명한 나무는 아니지만 정원에 빠질 수 없는 나무다.

　명자꽃에 잎이 피고 나면 잎겨드랑이마다 지름 3~4cm에 이르는 붉은 꽃이 서너 개씩 매달린다. 꽃은 장미과의 유전자를 그대로 물려받아 5장의 꽃잎은 오목하게 벌려져 있고, 안에는 샛노란 꽃밥을 머리에 인 수십 개의 수술이 들어 있다. 원래 꽃은 붉은색이지만 원예 품종으로 개발한 수많은 품종이 있다. 짙은 붉은색, 분홍색, 흰색까지 꽃의 색깔도 다양하고 크기도 조금씩 달라 취향에 따라 골라 심을 수도 있다. 꽃이 한꺼번에 다 피어버리지 않기 때문에 꽃봉오리와 활짝 핀 꽃이 함께 섞여 더욱 운치가 있다. 벚꽃처럼 너무 화사하지도, 모란처럼 너무 화려하지도 않으면서 너무 소박하지도 않은 꽃이 바로 명자꽃이다. 한마디로 적당히 곱고 향기로운 꽃이다. 그래서 경기도 일부에서는 아가씨꽃나무라고도 하며, 옛사람들은 이 꽃을 보면 여

↖ 크기는 작으나 모과를
쏙 빼닮은 열매

유난히 붉은 꽃으로
사람들의 눈길을 끄는
명자꽃(명자나무)

과명	장미과	학명	*Chaenomeles speciosa*	분포 지역	전국 식재, 중국 중남부 원산

가시로 보호받는 타원형 잎과 턱잎, 샛노란 꽃밥을 품고 5장의 꽃잎을 단 꽃, 무리 지어 나는 줄기

자가 바람난다고 하여 명자꽃을 집 안에 심지 못하게도 했다.

　꽃이 지고 나면 띄엄띄엄 열매가 달리기 시작한다. 한여름이 되면 작달막한 키에 어울리지 않게 작은 것은 달걀 크기 정도에서 크게는 주먹만 한 열매가 달린다. 처음에는 초록빛의 타원형이나 익으면 노랗게 된다. 모과와 사촌뻘이라는 유전인자는 속이지 못하여 울퉁불퉁한 못난이 열매다. 또 손가락 굵기 정도의 줄기에 사람 키도 못 넘는 작은 키를 가진 나무가 너무 큰 과일을 달고 있어 보기에 무척 애처롭다. 작은 몸체지만 온갖 시련을 이겨내고 가을이면 노랗게 잘 익은 예쁜 열매를 키워낸다. 가슴 깊이 품고 있는 씨앗에 줄 영양분도 잔뜩 있고 사람에게 필요한 비타민, 능금산 등 유용성분도 빠뜨리지 않았다.

　이 열매는 《동의보감》에 보면, "효능은 모과와 거의 비슷한데 토사곽란吐瀉癨亂으로 쥐가 나는 것을 치료하며 술독을 풀어주고 메스꺼우며 생목이 괴는 것 등을 낫게 한다. 냄새가 맵고 향기롭기 때문에 옷장에 넣어두면 벌레와 좀이 죽는다"고 하여 한약재는 물론 좀약 대용으로도 널리 쓰였음을 알 수 있다. 또 모과

처럼 향기가 좋아 술을 담그면 그 맛이 일품이다.

《훈몽자회》에는 명자꽃을 뜻하는 글자로 명자 명樧, 명자 사樝 두 자를 실어두었다. 못생기고 열매가 향기롭다는 섬은 같지만 모과나무는 모과 무櫨라 하여 예부터 따로 구별했음을 알 수 있다. 지금 일부 옥편에는 명자 사樝의 뜻이 '풀명자'라고 나와 있다. 하지만 풀명자는 원래 우리나라에 있던 나무가 아니라 일본에서 들어온 나무이므로 옳지 않다. 명자꽃의 또 다른 이름은 산당화山棠花다. 명자꽃과 별개의 나무라고 하는 견해도 있으나 같은 나무로 보는 것이 일반적이다. 산당화와 비슷한 산다화山茶花는 동백나무를 가리킨다.

명자꽃의 원래 고향은 중국이라고 하나 우리나라에 언제 들어왔는지는 알 수 없고 중부 이남에 주로 심는다. 잎지는 넓은잎 작은키나무로 외따로 자라지 않고 무리 지어 자란다. 자른 가지에서 싹이 쉽게 잘 돋아나 마음대로 나무 모양을 조절할 수 있으므로 생울타리나 분재를 만들기 쉽다. 잎은 어긋나기로 달리고 긴 타원형이며 잎끝이 뾰족해 보이는 경우가 많다. 잎 길이는 손가락 두세 마디 정도이며 가장자리에 조금 날카로운 겹톱니가 있다.

명자꽃과 비슷한 나무로 풀명자가 있다. 잎지는 넓은잎 작은키나무인 풀명자는 명자꽃보다 약간 작게 자라며 포기를 이루는 줄기 중 가장자리의 줄기들은 땅에 누워 자란다. 잎 가장자리의 톱니가 둔한 것이 명자꽃과의 가장 큰 차이점이다. 열매의 크기도 2~3cm 정도로 명자 열매보다 작다. 꽃은 연한 주황색으로 명자꽃의 꽃 색깔과 다르지만 구별할 기준으로 삼기는 어렵다. 흔히 명자꽃과 함께 심고 있으며 원산지는 일본으로 우리나라에는 일제 강점기 때 들어온 것으로 알려져 있다.

18

그윽한 향기로 못생긴 생김새를 뛰어넘는

모과나무

Chinese flowering-quince

모과는 '나무에 달린 참외'라는 뜻의 목과木瓜에서 나온 말이다. 노랗게 익는 열매의 크기와 모양이 참외를 쏙 빼닮았다. '어물전 망신은 꼴뚜기가 시키고 과일전 망신은 모과가 시킨다'고 한다. 울퉁불퉁한 모양이 뭇 과일 중에서 못생기기로 으뜸이라는 것이다. 그래서 사람의 생김새, 특히 좀 제멋대로 생긴 남자를 두고 모과 같다고 한다. 영아 사망률이 두 자리 숫자에 이르던 시절, 할머니들은 태어난 손자가 모과처럼 못생겨도 좋으니 제발 목숨이나 부지하라고 "울퉁불퉁 모개야, 아뭇대나 굵어라"고 자장가를 불러주었다.

사람을 외양만으로 평가할 수 없듯 모과도 생김새만 탓하기에는 쓰임새가 아주 많다. 우선 열매에서 풍기는 그 매혹적인 향기와 함께 한약재로 널리 알려져 있다. 첫서리를 맞고 뼈만 남은 나뭇가지에 외롭게 매달린 모과를 몇 개 따다가 서재에 놓아두면 두고두고 그윽한 향기에 취할 수 있다.

《동의보감》에는 "갑자기 토하고 설사하면서 배가 아픈 위장병에 좋으며 소화를 잘 시키고 설사 뒤에 오는 갈증을 멎게 한다. 또 힘줄과 뼈를 튼튼하게 하고 다리와 무릎에 힘이 빠지는 것을 낫게 한다"고 소개하고 있다. 민간약으로도 널리 쓰여 각기병, 급체, 기관지염, 토사, 폐결핵은 물론 심한 기

↖ 가장자리에 침 같은 톱니가
촘촘한 잎

크게 자라면 높이가 약 10m에
이르는 모과나무

| 과명 | 장미과 | 학명 | *Chaenomeles sinensis* | 분포
지역 | 전국 식재,
중국 중남부 원산 |

연한 붉은빛이 도는 꽃, 그윽한 향이 특징이나 못생겨야 대접받는 모과, 얼룩무늬가 있는 나무껍질

침과 신경통 등에도 효과가 있다고 한다.

　　중국이 고향인 모과나무가 언제부터 우리나라에 재배되기 시작했는지
는 명확하지 않다. 그러나 《동국이상국집》에 "스님이 금귤과 모과, 홍시를
손님들에게 대접했다"는 내용이 있는 것을 보면, 고려 이전에 우리나라에 들
어온 것 같다. 조선왕조실록에는 세종 10년1428에 "강화부는 사면이 바다로
둘러싸여 있어 습도가 높아 초목의 성장이 다른 곳보다 나은 편이오니 모
과 등의 각종 과일나무를 재배하도록 하소서' 하니 임금이 그대로 따랐다"
는 내용이 있다. 임금이 병들었을 때 약재로 사용했다는 기록이 선조 때도
몇 번 있으나 광해군 1년1609의 기록이 특히 흥미롭다. "나는 본시 담증膽症
이 있어서 모과를 약으로 장복하고 있다. 그런데 충청도에서 쌀을 찧는다고

핑계를 대고 하나도 올려보내지
않았다고 하니 매우 놀라운 일이
다. 속히 파발을 띄워 상납하도
록 독촉하여서 제때에 쓸 수 있
게 하라"는 내용이다. 모과 하나
도 마음 편히 먹지 못한 임금의
처지가 안쓰럽다.

　　모과에는 사포닌, 비타민 C,
사과산, 구연산 등이 풍부하며
향기가 좋아 차나 술의 재료로

애용되고 있다. 깨끗이 씻은 모과를 하룻밤쯤 그늘에 말린 다음 껍질째 얇게 썰어서, 모과 2개에 소주 반 되의 비율로 담가 밀봉해서 두 달쯤 두면 모과주가 된다.

모과나무는 화리花梨, 樺榴, 華櫚라는 한자 이름 탓에 엉뚱하게 조선시대 고급 장롱을 만드는 나무로 잘못 알려져 있다. 진짜 화리는 미얀마, 타이에서부터 필리핀에 걸쳐 자라며 속살이 홍갈색으로 아름답고 장미향이 나서 예부터 자단과 함께 고급 가구재로 쓰인 나무다. 화리와 모과나무를 혼동해 고전소설 〈흥부전〉에 등장

모과나무로 기둥을 만든 구례 화엄사 구층암의 승방

하는 화초장花草欌이 모과나무로 만들어졌다고도 한다.

하지만 모과나무는 비중이 0.8이나 되어 참나무 종류만큼 단단하고 나뭇결이 고르지 않아 화초장을 비롯한 장롱의 재료로는 적합하지 않다. 모과나무로 장롱을 만든 예도 찾을 수 없다. 일부 최고급 화초장이 수입 화리로 만들어졌을 수도 있으나, 대부분 화초 그림이 그려진 고급 장롱을 두고 화초장이라 불렀다고 생각된다.

모과나무는 중부 이남에서 주로 재배되며, 잎지는 넓은잎 중간키나무이나 높이가 10m 전후에 이르기도 한다. 충북 청주 연제리에는 높이 12m, 줄기 둘레 3.4m인 모과나무 고목이 천연기념물 제522호로 지정되어 있다. 오래된 모과나무 줄기는 껍질이 비늘 조각으로 벗겨지면서 매끄럽고 윤기가 흘러 다른 나무와 구별된다. 잎은 어긋나기로 달리고 타원형이며 가장자리에 거의 침처럼 뾰족한 톱니가 있다. 턱잎도 있으나 일찍 떨어져버린다. 동전 크기의 꽃은 늦봄에 연분홍색으로 피며 1개씩 가지 끝에 달린다.

19

신라 최고의 미인 수로부인이 꺾어달라던

철쭉

Royal azalea

분홍빛 진달래가 지고 복사꽃마저 사라져도 연분홍 철쭉이 있으니, 봄날의 산은 여전히 아름다운 꽃 세상이다. 철쭉은 산기슭의 큰 나무 그늘에서부터 바람이 쌩쌩 부는 산꼭대기까지 어디에서나 잘 살 정도로 생명력이 강하다. 그러나 숲 속에서 덩치 큰 소나무나 참나무 종류들과 경쟁하겠다고 덤비는 법은 없다. 일찌감치 다른 나무들은 힘들다고 올라오기를 꺼리는 높은 산꼭대기에 하나둘씩 옹기종기 모여들어 자기들만의 세상을 만드는 그 영리함이 돋보인다. 태백산, 소백산, 지리산 등지에서 볼 수 있는 철쭉 군락지가 그렇게 해서 만들어졌다. 봄의 끝자락 5월 중하순이면 아름다운 '산속 정원'을 만나려는 등산객의 발길이 끊이지 않는다.

철쭉은 한자 이름인 척촉躑躅이 변화된 것으로 보인다. 꽃이 너무 아름다워 지나가던 나그네가 자꾸 걸음을 멈추어 철쭉 척躑 자에 머뭇거릴 촉躅 자를 썼다고 하며, 또 다른 이름인 산객山客도 철쭉꽃에 취해버린 나그네를 뜻한다. 이렇게 아름다운 꽃 때문에 철쭉은 오래전부터 사람들이 좋아했으며, 여기에 얽힌 이야기도 많다.

《삼국유사》에는 철쭉꽃과 관련해 수로부인水路婦人의 이야기를 싣고 있

↖ 가지 끝에서 5장씩 모여나는 잎

우리나라의 대표적인 봄철
꽃나무 중 하나인 철쭉

과명	진달래과	학명	*Rhododendron schlippenbachii*	분포 지역	전국 산지, 중국 동북부, 러시아 동부

가지 끝에 모여 피는 연분홍색의 꽃, 익어가는 긴 타원형 열매, 회흑색의 줄기

다. 신라 제33대 임금인 성덕왕 때 순정공純貞公이 강릉 태수로 부임하는 길에 바닷가에서 점심을 먹게 되었다. 주변에는 돌 봉우리가 병풍처럼 바다를 두르고 있었는데 높이가 천 길이나 되는 그 위에는 철쭉꽃이 활짝 피어 있었다. 순정공의 부인 수로가 이것을 보고 하인들에게 말하기를 "저 꽃을 꺾어다줄 사람은 없는가?" 했다. 그러나 "거기는 사람이 갈 수 없는 곳입니다" 하고 아무도 가지 않았다. 이때 암소를 끌고 지나가던 늙은이가 그 꽃을 꺾어 부인에게 바쳤다. 다시 이틀을 편안히 가다가 임해정臨海亭에서 점심을 먹는데, 갑자기 바다에서 용이 나와 부인을 끌고 바다로 들어가버렸다. 순정공이 발을 동동 굴렀지만 어찌할 수가 없었다. 이때 또 한 노인이 나타나더니 "옛말에 여러 사람의 말은 쇠도 녹인다 했으니, 바다의 용인들 어찌 여러

사람의 입을 두려워하지 않겠습니까? 마땅히 경내의 백성들을 모아 노래를 지어 부르면서 지팡이로 강 언덕을 친다면 부인을 만나볼 수 있을 것입니다" 라고 했다. 공이 그 말대로 했더니 과연 용이 부인을 도로 데리고 나왔다. 바다에 들어갔던 일을 묻자, 부인이 대답하기를 "칠보궁전에 음식은 맛있고 향기로

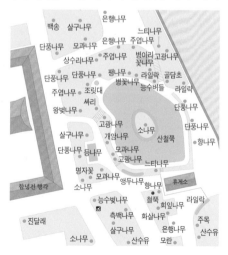

워 인간들이 먹던 음식이 아니었습니다" 하는데, 부인의 옷에서 풍기는 이상한 향기도 세상에서는 맡아보지 못한 것이었다. 용모가 뛰어나게 아름다운 수로부인은 이후에도 깊은 산이나 큰 못을 지날 때면 여러 번 붙잡혀 다녀오기를 반복해야 했다.

신라 최고의 미인 수로부인은 천 길 절벽에 매달린 철쭉을 따달라고 했을 만큼 주책이 없었으며, 바다의 용은 물론이고 걸핏하면 물귀신에게도 잡혀 다녔다. 그렇지만 순정공은 한 번도 부인을 탓하지 않았고, 지나가던 노인마저도 암소를 팽개치고 절벽에 기어올라 철쭉꽃을 따다 노래까지 지어 바쳤다 하니, 그 대단했던 미모를 어떻게 짐작할 수 있을까?

《삼국유사》의 원문에 '척촉躑躅'이라 나온 것을 그대로 철쭉으로 번역했으나 바위 절벽에 붙어 자랐다면 진달래일 가능성도 높다. 진달래는 철쭉보다 해가 잘 드는 남쪽 면을 더 좋아하고 바위틈에서도 잘 자라기 때문이다. 진달래, 철쭉, 산철쭉, 영산홍映山紅은 꽃 모양이 비슷해 구별하는 일이 어렵다. 철쭉, 산철쭉, 영산홍을 두고 흔히 '철쭉'이라고 부르기 때문에 더욱 구별이 어려워진다. 수로부인이 따달라고 한 꽃이 진달래냐 철쭉이냐를 가리려는 의도는 없으니, 여기서 그 이야기는 잠시 접어두자.

조선왕조실록에는 철쭉, 영산홍, 일본철쭉[倭躑躅]이 서로 뒤섞여 여러 번 기록되어 있다. 태조 6년1397 11월 12일에는 철쭉 두 분盆을 승정원에 내려주고 "이 꽃이 때가 아닌 때 피어서 구경할 만하다" 했으며, 세조 10년1464 에는 "이제 철쭉꽃이 피었으니 속히 문소전에 올려보내라"는 내용이 있다. 성종 2년1471 장원서에서 영산홍 한 분을 올리니, "겨울에 꽃이 핀 것은 인위에서 나온 것이고 내가 꽃을 좋아하지 않으니 앞으로는 올리지 말도록 하라"고도 했다.

연산군은 말년에 들면서 특히 철쭉 종류를 좋아해서 연산군 11년1505 1월 26일에 "영산홍 1만 그루를 후원에 심으라" 했으며, 같은 해 4월 9일에는 "장원서 및 팔도에 명해 일본철쭉을 많이 찾아내어 흙을 붙인 채 바치되 상하지 않도록 하라" 했다. 중종반정으로 왕위에서 쫓겨나는 해1506의 1월 25일에도 "영산홍은 그늘에서 잘 사니 그것을 땅에 심을 때는 먼저 땅을 파고 움막을 지어 추위에 말라죽는 일이 없게 하라" 했으며, 2월 2일에는 "영

양 떼가 만들어놓은 지리산 바래봉의 산철쭉 군락. 매년 5월이면 진분홍 꽃이 온 산을 뒤덮는다.

산홍을 재배한 숫자를 해당 관리에게 시켜서 알리게 하라"고 했다.

　강희안의《양화소록》에는 세종 23년1441 봄에 일본에서 철쭉 두 분을 보내왔다고 기록되어 있다. 왕이 이 꽃을 대궐에 심도록 했는데 무척 아름다워 중국 춘추전국시대의 미녀인 서시西施와 비교할 만하다 했다. 그 꽃은 홑꽃이고 색깔은 석류꽃을 닮았다고 한다. 이수광의《지봉유설》'훼목부卉木部' '화花'에 보면 "영산홍은 나무의 이름인데, 꽃이 피기는 진달래보다 뒤이고, 철쭉보다는 이르다. 그리고 나무는 철쭉보다 높고 크며 지금 남쪽 지방에 많이 있다" 했다.《왜어유해》에도 영산홍이라 쓰고 읽는 방법은 '기리시마'라고 표기했다.

　조선왕조실록이나 옛 문헌에 실려 있는 철쭉, 영산홍, 일본철쭉이 오늘날의 영산홍을 두고 서로 달리 부른 것인지, 아니면 산철쭉이나 철쭉을 말한 것인지 명확히 알 수가 없다. 한편 조선 후기의 실학자인 홍대용이 쓴《담헌서湛軒書》의 '연기燕記'에는 "산언덕에는 두견화가 붉게 피어 있었는데 이 고장 사람들은 그것을 영산홍이라고 불렀다" 하여, 중국에서도 영산홍이란 이름은 있었던 것으로 보인다.

그러나 영산홍이 본격적으로 우리나라에 들어오기 시작한 것은 일제 강점기 이후부터다. 일본 사람들이 개량하여 수출한 영산홍은 사찰의 대웅전 앞에 심어져 있거나, 심지어 이순신 장군의 사당이 있는 한산도 제승당, 울릉도 도동에 있는 독도박물관에도 살고 있다. 단지 꽃이 예쁘다는 이유 하나만으로 때와 장소를 가리지 않고 심었기 때문이다.

철쭉꽃에는 마취 성분을 비롯해 유독 성분이 있다. 《본초강목》에는 "양이 철쭉을 잘못 먹으면 죽기 때문에 양척촉羊躑躅이라는 이름이 있다"고 적혀 있다. 지리산 산철쭉 꽃으로 대표되는 바래봉은 원래 숲이 울창했으나 1971년 시범 면양 목장을 설치해 운영하면서 면양을 방목하자 이들이 산철쭉만 남기고 다른 잡목과 풀을 모두 먹어버려 자연스럽게 산철쭉 군락이 형성되었다고 한다. 철쭉 종류만 먹지 않고 남겨둔 양들의 능력을 본능이라고 치부해버리기에는 너무나 신비롭다. 음력 3~4월에 따서 말린 꽃은 약으로 쓴다.

진달래, 철쭉, 산철쭉, 영산홍 구별하기

우선 진달래는 꽃이 핀 다음에 잎이 나오고 또 제일 먼저 꽃이 피므로, 꽃과 잎이 거의 같이 피는 철쭉 종류와는 쉽게 구별할 수 있다. 철쭉은 가지 끝에 달걀 모양으로 매끈하게 생

산철쭉 꽃   영산홍 꽃

긴 잎이 네댓 장 돌려나며, 꽃이 흰빛에 가깝다고 할 정도로 연한 분홍색이다. 그래서 남부 지방에서는 '색이 연한 진달래' 혹은 '진달래에 연이어서 핀다'는 뜻으로 연달래라 부르기도 한다. 산철쭉은 잎 모양이 새끼손가락 정도의 길이로 길고 갸름하게 생겼으며, 꽃이 붉은빛을 많이 띤 분홍색이어서 오히려 붉다고 봐야 한다. 영산홍은 일본에 자라는 철쭉의 한 종류인 사츠키철쭉을 기본 종으로 하여 개량한 원예 품종 전체를 일컫는다. 대표적인 품종으로 기리시마철쭉, 구루메철쭉 등이 있으나 서로 교배하고 육종한 것이 수백 종이 넘어 일일이 특징을 말하기도 어렵고 너무 복잡하여 다 알 수도 없다. 한마디로 영산홍이란 사츠키철쭉을 대표 종으로 '품종 개량한 일본 산철쭉 무리'라고 생각하면 된다. 4~5월에 걸쳐 작은 키에 여러 가지 색깔의 꽃이 무더기로 달리므로, 우리나라에서도 정원에 많이 심는 꽃나무다. 영산홍은 잎이 작고 좁으며, 겨울에도 잎이 완전히 떨어지지 않고 부분적으로 푸른 잎이 남아 있는 깃이 산철쭉과의 차이점이다. 그러나 영산홍의 품종에 따라 산철쭉과 비슷한 종류도 많아 구별이 어렵다.

20

부석사 조사당 앞 비선화의 수난사

골담초

Chinese peashrub

골담초는 만병초, 낭아초, 인동초 등과 마찬가지로 이름에 풀 초草 자가 들어 있지만 실제로는 나무다. 옛사람들은 나무라도 키가 작고 무성하게 자라거나 덩굴이면 흔히 풀로 생각했다. 잎지는 넓은잎 작은키나무인 골담초는 사람 키 남짓하게 자라며 여러 줄기가 아래서부터 나와 포기를 이루고 위로 갈수록 옆으로 퍼진다. 줄기는 회갈색이고 완만하게 구부려져 있으며 잎 아래에 날카로운 가시가 쌍으로 붙어 있다. 타원형인 잎은 가장자리가 밋밋하며 잎자루 하나에 4개씩 달려 있다. 봄이 무르익을 즈음 동전만 한 나비 모양의 독특한 노란 꽃이 뒤로 완전히 젖혀져 핀다. 꽃의 노란색 때문에 금金 자가 들어간 금작목金雀木, 금계화金鷄花 등의 다른 이름을 갖고 있다. 가을이면 길이가 손가락 두 마디쯤 되는 가늘고 통통한 콩꼬투리 모양의 열매가 매달리는 전형적인 콩과 식물이다. 하지만 열매가 잘 맺히지 않아 만나기가 쉽지 않다. 함께 사는 뿌리혹박테리아가 질소를 고정하므로 척박한 땅에서도 잘 자란다. 중국에서 들어온 나무로 알려져 있으나 일부 학자들은 우리나라 자생식물이라고도 한다.

골담초骨擔草란 글자 그대로 뼈를 책임지는 풀이란 뜻이다. 옛사람들이

↖ 타원형의 작은잎이 잎자루에
    4개씩 달리는 겹잎

봄이 무르익으면 수없이 많은
노란 꽃을 지천으로
피우는 골담초

과명 콩과	학명 *Caragana sinica*	분포 지역 전국 식재, 중국 원산

나비 모양의 독특한 꽃, 이제 갓 익기 시작하는 가늘고 긴 열매, 짙은 갈색의 줄기

이름을 붙일 때부터 나무의 쓰임새를 알고 있었던 듯하다. 뿌리를 말린 것을 골담근이라 하는데 무릎이 쑤시거나 다리가 부을 때 또는 신경통에 쓴다고 한다. 예쁜 꽃을 감상할 수 있고 뿌리는 약으로 쓰므로 시골집 돌담 밑에 흔히 심었다. 우리 선조들과도 친근했던 나무다.

　골담초는 뿌리를 약으로 쓰기 위해 캐내버리므로 오래된 고목은 찾기 어렵다. 그러나 이중환의 《택리지擇里志》 '산수山水'편에 따르면 영주 부석사 조사당 처마 밑에 자라는 한 그루는 신라 때 화엄종을 연 의상대사의 전설이 담긴 고목이다. 대사가 도를 깨치고 서역의 천축국으로 떠날 즈음 거처하던 방문 앞에다 지팡이를 꽂으면서 "내가 떠난 뒤 이 지팡이에서 새싹이 돋아날 것이다. 나무가 말라죽지 않는 이상 내가 살아 있는 줄 알라"고 했다고 한다. 지팡이에는 곧 가지와 잎이 돋아났으며, 햇빛과 달빛은 받으나 비와 이슬에는 젖지 않았다. 늘 지붕 밑에 있으면서도 지붕을 뚫지 않고 겨우 한 길 남짓한 나무가 천년이 지나도 한결같았다. 세월이 흘러 퇴계 이황은 영주 부석사에 들렀다가 이 나무를 보고 〈부석사 비선화 飛仙花〉란 시 한 수를 남긴다.

"옥을 뽑은 듯 당당하게 절문에 비켜섰는데[擢玉亭亭倚寺門]/ 스님은 지팡이가 신령스런 나무로 변했다고 하네[僧言錫杖化靈根]/ 가지 끝에는 마르지 않는 샘물이 있으니[枝頭自有曹溪水]/ 하늘이 내려주는 비와 이슬의 은혜도 입지 않는구나[不借乾坤雨露恩]."

　여기서 말하는 비선화는 물론 골담초이며 선비화[禪扉花 혹은 仙扉花라고도 한다. 광해군 때는 경상도 관찰사 정조가 절에 왔다가 이 나무를 보고 "옛사람이 짚던 것이니 나도 지팡이를 만들고 싶다"라고 하면서 톱으로 잘라 가지고 갔다. 나무는 곧 두 줄기가 다시 뻗어나와 전처럼 자랐지만, 그는 다음 임금인 인조 때 역적으로 몰려 참형을 당했다.

　또《순흥지順興誌》에는 영주 출신으로 숙종 때 집의執義 벼슬을 했던 박홍준과 관련한 이야기가 실려 있다. 박홍준은 소년 시절 이 절에서 글을 읽었는데, 선비화 이야기를 듣고 엉터리라고 비난했지만 스님이 퇴계의 시를 들어 사실임을 주장하면서 이 나무를 해치는 사람은 죽는다고 했다. 이에 박홍준은 "퇴계의 시는 중의 말을 그대로 옮겨 적었을 뿐 믿을 것이 못 된다. 그럼 이제 내가 이 나무를 꺾어버릴 것이니, 결과를 보면 누구의 말이 맞는지 알게 될 것이다"라고 하고 나무를 잘라버렸다. 박홍준은 무사했고 나무는 다시 세 줄기로 자라 예전과 다름이 없었다. 그러나 몇십 년 뒤 그도 곤장을 맞아 죽었다고 한다. 불교를 멸시하던 조선의 선비들이 선비화를 함부로 다루다가 화를 입었다는 이야기로 나무의 신비스러움을 강조한 것이다.

　이후로 나무를 잘라 지팡이를 만들겠다는 선비는 없었지만 이 나무를 달여 먹으면 아기를 낳을 수 있다는 말이 돌아 꺾어가는 여인들이 있었다. 그래서 보호의 필요성을 느낀 스님들이 촘촘한 스테인리스 철망으로 손가락 굵기 남짓한 나무를 둘러싸버렸다. 부석사 골담초는 알려진 대로라면 나이가 1,300여 살에 이르지만 나무의 크기로 봐서는 의상대사 지팡이나무의 증손자나 고손자가 아닐까 싶다. 또 '하늘이 내려주는 비와 이슬의 은혜도 입지 않는다'고 하나 비 오는 날 바람이 조금만 불면 처마 밑으로 빗물이 들이치기 마련이니 신비로움을 강조한 이야기일 뿐이다. 이 나무는 사시사철 푸르며 또 잎이 피거나 지는 일이 없다고 알려져 있으나, 실제로는 잎도 지고 꽃도 핀다.

찾아보기

박상진

1963년 서울대학교 임학과를 졸업하고 일본 교토대학에서 농학박사 학위를 받았다. 산림과학원 연구원, 전남대학교 및 경북대학교 교수를 거쳐 현재 경북대학교 명예교수로 있다. 한국목재공학회 회장, 대구시청 및 문화재청 문화재위원을 역임했다. 2002년 대한민국 과학문화상, 2014년 문화유산 보호 유공자 포상 대통령표창, 2018년 롯데출판문화대상 본상을 받았다.

저서로는《궁궐의 고목나무》,《청와대의 나무들》,《청와대의 나무와 풀꽃》,《우리 나무 이름 사전》,《나무탐독》,《우리 나무의 세계》I·II,《우리 문화재 나무 답사기》,《나무에 새겨진 팔만대장경의 비밀》,《역사가 새겨진 나무 이야기》를 비롯하여 아동서《오자마자 가래나무 방귀 뀌어 뽕나무》,《내가 좋아하는 나무》가 있다. 해외 출간 도서로는《朝鮮王宮の樹木》,《木刻八万大藏経の秘密》,《Under the Microscope: The Secrets of the Tripitaka Koreana Woodblocks》등이 있다.

🌐 http://treestory.forest.or.kr   ✉ sjpark@knu.ac.kr

📘 https://www.facebook.com/profile.php?id=100004640404361

궁궐의 우리 나무
109가지 우리 곁 나무와 친해지는 첫걸음

초판 1쇄 발행	2001년 9월 20일
개정1판 1쇄 발행	2010년 3월 31일
개정2판 1쇄 발행	2014년 11월 10일
개정3판 2쇄 발행	2024년 6월 4일

지은이	박상진
펴낸이	김효형
펴낸곳	(주)눌와
등록번호	1999. 7. 26. 제10-1795호
주소	서울특별시 마포구 월드컵북로16길 51, 2층
전화	02-3143-4633
팩스	02-6021-4731
페이스북	www.facebook.com/nulwabook
블로그	blog.naver.com/nulwa
전자우편	nulwa@naver.com

책임편집	임준호, 김지수
표지·본문디자인	엄희란
편집	김선미, 김지수, 임준호
디자인	엄희란
제작 진행	공간
인쇄	더블비
제본	대흥제책

ISBN	979-11-89074-67-8 (03480)

ⓒ박상진·눌와 2001